国家林业局经济发展研究中心 主编

# 气候变化、生物多样性和荒漠化问题动态参考2013年度辑要

U0876732

中国林业出版社

**图书在版编目(CIP)数据**

气候变化、生物多样性和荒漠化问题动态参考年度辑要.2013 / 国家林业局经济发展研究中心主编. –北京:中国林业出版社, 2014.7
ISBN 978 –7 –5038 –7577 –9

Ⅰ.①气… Ⅱ.①国… Ⅲ.①气候变化–对策–研究–世界 ②生物多样性–生物资源保护–对策–研究–世界 ③沙漠化–对策–研究–世界 Ⅳ.①P467 ②X176 ③P941.73

中国版本图书馆 CIP 数据核字(2014)第 149186 号

**出版** 中国林业出版社(100009 北京西城区刘海胡同 7 号)
**电话** 010 – 83229512
**发行** 中国林业出版社
**印刷** 北京中科印刷有限公司
**版次** 2014 年 7 月第 1 版
**印次** 2014 年 7 月第 1 次
**开本** 787mm × 1092mm 1/16
**印张** 17.5
**字数** 330 千字
**定价** 68.00 元

气候变化、生物多样性和荒漠化问题动态参考

# 编委会


组　　长：王焕良

副 组 长：戴广翠　王剑波　王春峰

编委会成员：吴柏海　赵金成　曾以禹　贺祥瑞
张　多　韩志扬　林　琳　吴　琼

执行主编：吴柏海　赵金成　曾以禹

# 前　言

近年来，我国林业深入贯彻落实党中央确立的以生态建设为主的发展战略，大力推进林业重点工程建设和林业重大改革，不断加强森林、湿地、荒漠生态系统和生物多样性保护管理，取得了举世瞩目的成就，为社会提供了丰富多样的林产品和生态服务，逐步成为国家生态建设的主战场、大舞台和支撑点，为国家可持续发展打下了较好的基础。据第八次全国森林资源清查结果，我国森林覆盖率21.63%，森林蓄积151.37亿立方米；森林生态系统每年提供约10万亿元的生态服务价值；全国沙化土地面积由20世纪90年代后期年均扩展3436平方千米扭转为年均缩减1717平方千米；90%的陆地生态系统类型、85%的野生动物种群和65%的高等植物种群得到有效保护。在全球森林资源总体减少的背景下，我国成为世界上森林资源增长最快和生态治理成效最为显著的国家。同时，我国山区面积占国土面积的69%，山区人口占全国人口的56%。林业作为重要的绿色经济部门，一直在山区林区可持续发展和消除贫困中具有基础地位和起着关键作用，为我国社会主义小康社会建设作出了巨大的贡献。

党的十八大提出大力推进生态文明建设，努力建设美丽中国，形成了中国特色社会主义事业“五位一体”的总体布局。十八届三中全会作出了全面深化改革的决定，并对包括林业在内的各个重要领域树立改革目标、提出明确要求和做出安排部署。在这一新形势下，林业迎来了千载难逢的战略机遇，进入了转型升级的关键阶段，发展生态林业和民生林业成为当前阶段的核心任务。如何进一步强化林业在国家生态文明建设中的主体地位和支撑作用，是摆在中国林业面前的一个重大课题。

在这一阶段，新形势、新情况千变万化，新矛盾、新问题层出不穷，新做法、新经验不断涌现。国家林业局党组要求认真贯彻落实党中央的要求，不断加强学习，坚持理论武装，树立世界眼光，善于把握规律，富有创新精神，努力提高执政能力和执政水平，以适应形势的变化和工作的需要。要树立问题意识，找准理论与实践的结合点，以辩证的态度对待问题，以科学的方法分析问题，以正确的理论指导解决问题。要大兴调查研究之风，把调查研究作为培育和弘扬良好学风的重要途径，引导广大林业工作者在深入实践中学习，在总结经验中提高。目前，中国林业改革发展面临着一系列重大问题，需要从理论到实践上不断探索、认真总结、抓紧研究，同时借鉴国际经验，寻找解决的途径和方法。

按照国家林业局党组的要求，国家林业局经济发展研究中心从2007年起编发《气候变化、生物多样性和荒漠化问题动态参考》（以下简称《动态参考》），以气候变化、生物多样性和荒漠化治理问题为重点，密切跟踪国内外林业建设和生态治理进程，搜集、整理和分析重要政策信息，为广大林业工作者提供一个跟踪动态、了解信息、学习借鉴的平台。2013年，《动态参考》汇集了近百份有价值的重要信息资料，主要集中在4个方面：一是林业与国际气候变化谈判，重点关注林业在未来全球减排协议中的地位；二是林业在生物多样性、荒漠化、湿地国际公约和主要国家治理行动中的重大决策和重要地位；三是林业应对气候变化的重要地位和各国战略、政策及行动，关注国家气候行动计划、全球气候立法进展、林业碳汇交易动向、REDD+资金机制等；四是林业促进可持续发展，涉及林业与城市化、粮食安全、绿色经济、森林治理、森林可持续经营、保护区管理、林产品贸易与打击非法采伐等。这些信息必将对广大林业工作者开拓国际视野、指导当前工作起到参考作用。

今年，根据各方的要求和建议，国家林业局经济发展研究中心将2013年《动态参考》整理汇编，形成了一本内容全面、重点突出、资料详实、剖析深入的年度辑要，集中展现了林业生态治理的重要政策信息和理论创新成果。今后，在各方的支持下，《动态参考》及其年度辑要，会常办常新、越办越好，使广大林业工作者及时了解国内外林业建设和生态治理的进程动态和政策信息，从中学习借鉴好经验、好做法，为探索林业建设的新路子，加快推进生态林业和民生林业建设，为建设生态文明和美丽中国作出新的更大的贡献。

编 者<br>2014年6月

# 目 录

## 第二篇 涉林公约动态

# 第三篇 林业与气候变化

## 第一节 应对气候变化



## 第二节 森林碳汇

## 第二节 林业与粮食安全



## 第三节 绿色经济

**第四节 森林治理和林业发展**



**第五节 森林可持续经营**

## 第六节 生物多样性和保护区管理

# 第一篇

# 国际气候谈判

# 波恩气候谈判无果而终：聚焦两个关键性议题 出现三个新迹象

## 波恩气候谈判会议概况

在卡塔尔首都多哈举行的联合国气候变化框架公约谈判（COP 18）已经过去差不多4个月了。在多哈会议上，参会国家决定完成《京都议定书》的第二期承诺，着手解决巴厘行动计划一系列决定的落实问题，并设定到2015年达成一项新的国际气候法律协议。

2013年4月底到5月初，各方代表齐聚德国波恩，开始了自多哈会议以来的第一次正式对话，也意味着启动了联合国2013年首度气候变化谈判。会议历时5天，于2013年5月3日落幕。来自175个国家和地区的1千多名代表参加了会议。会议主题突出，各方分歧明显，谈判没有取得实质性突破，本次波恩会议无果而终。但是这次波恩会议气氛开放，一些令人鼓舞的新迹象显现出来。

## 波恩气候谈判聚焦于两大议题

这次波恩会议是一次低调却重要的谈判，聚焦在两个关键性的议题：一是如何充分加强国家、企业、城市和民间社会的减排力度（level of ambition），二是如何确保到2015年建立一个强有力的国际气候法律协议，争取在2020年生效和适用于全球每个国家。在这两个问题上取得进展，将有助于世界进一步采取应对气候变化的强有力的国际性行动。

### 1. 持续增强的“减排雄心”

在德班举行的第17次缔约方会议（COP17）上，各国认识到，目前的温室气体减排承诺不足以使全球平均气温低于2℃（防止气候变化带来的灾难性影响的警戒线）。在这次波恩会议上，专家将针对如何在短期内增强“雄心”提出新的建议。与会国家代表也将强调突出最佳做法和成功事例，特别是土地利用在增强减缓和适应气候变化政策中发挥的作用。

### 2. 关注2015年协议讨论的五个问题

波恩会议将更多地具体讨论到2015年建立一个国际气候行动协议的核心要素，总结起来可能包括：

系列承诺(spectrum of commitments)：这是一些国家所提倡的方法。但仍然存在一系列问题：这到底意味着什么，确定这种方法有哪些标准？在此种方法中如何确保减排目标？

棘轮机制(ratchet mechanism)：2015 年协议中怎样包含一个棘轮机制，能够随着时间的推移来增加减排雄心？正如各国在《京都议定书》中表达的那样，能否持续增强他们的减排雄心？应该有什么样的定期审查？

公平：公平是谈判的关键。一些专家已经确定了一个公平基准的概念(一种公平参考框架)，这可以适用于国家减排承诺。

协议的结构(architecture of the agreement)：各国对如何构建 2015 年协议有不同的主张。一些国家主张集中化或自上而下的协议，一些国家则关注分散化或更多的自下而上的协议。就像立法工作一样，通常结果追寻到平衡各方的“最佳点”(sweet spot)，那就是集中立法、整合立法、灵活立法，让制度安排具有强制力、执行力和灵活性，既能推动各方采取行动又能反映各方具体需求。

法律形式：2015 年的协议中的哪些部分将具有法律约束力，哪些将是自愿的？各国迫切需要转变他们的谈判方式，从纯“头脑风暴”到确定建立一个国际气候协议的关键因素和决议。建立该协议的截止日期(2015 年 12 月)将很快到来，需要加快立法进度。

## 波恩气候谈判出现三个新迹象

与以往的气候谈判会议相比，本次波恩会议作风清新，更加开放、包容，更具参与氛围。尤其是此次会议不争论议程，谈判人员静下心来讨论目前如何提升国家的减排承诺，以及达成 2015 年国际气候行动协议——这是两个势在必行的目标。代表们提出一系列议题讨论以实现这两项目标，在三个方面出现新的迹象。

### 1. 系列承诺

此方案由美国提出，认为每个国家都应确定本国的对遏制全球气候变化的“贡献”，并将其展现给国际社会。这“一系列”的各种承诺终将会出现，其可能包含在一些正式协议中。

这个概念引出与会代表讨论这一概念本身以及它将如何在实践中实现。第一个问题是，是否会有一些国家提出如何实现这样承诺的指导规则或模型。第二个问题是，是否以及如何对减排贡献进行审查。美国提议事前审查，但没有规定这种审查是否将导致初始报价(initial offer)发生变化。其他问题包括：可以用来提升“减排雄心”的机制，以及在不知道可能会提供何种类型的金融支持的情况下，发展中国家如何提供减排贡献。显然，一个关键的问题是如何确保国家提供的承诺能够增强提升全球平均气温上升在2℃以内的行动水平。虽然会谈产生的问题多于取得的答案，但是在谈判过程中，讨论“系列承诺”确实拓展了新思路。

**2. 减排雄心**

如何提高各国的减排承诺一直是也应该是各方所关心的问题。大气二氧化碳浓度接近400微升/升阈值，将地球置于一个极其危险的境地。代表们努力想通过减少温室气体的排放来防止气候变化带来的最坏影响。他们了解目前城市居民、农民和商人转移从事低碳经济的做法。但是这些如何进行累加，以及如何为国家在减排的道路上走得更快、更远来创造效益。

在一系列减排承诺的背景下，关键的问题是如何确保能够采取使得世界上任何地方将温度上升控制在2℃以内的集体性行动。许多人指出，当前减排雄心差距存在的原因是因为自下而上的承诺和审查制度的失败。如果我们采取同一种途径，为什么产生的情形会不同？在代表们寻找用来促进更多行动的新的思路和激励机制的时候，我们经常听到“棘轮机制”这一概念。这一能够使各国随着时间的推移加强他们的减排承诺的“提升”进程，可能会结合一项定期审查和一套有力的可统计、可测量、可报告和可核实的规则（accounting, measurement, reporting, and verification rules）。

**3. 公平**

公平和气候正义问题在许多会议和主要的非正式餐桌辩论中被鼓吹。虽然在德班平台中没有特别提到公平，但是现在非常清楚的是，确定如何实现2015年国际气候协议的公平性将是此协议形成的关键之一。

有些代表质疑“公平参考框架”的方式是否可以发挥作用。一些专家已经分析了不同指标，可以帮助评估一个国家气候行动计划是否公平。在谈判中讨论这套指标，可能会延长谈判进程，但是与会代表承认，寻找出有记录、可操作、将公平融入决策过程的方式是富有意义的。

（来源：www. unfccc. org，insight. wri. org，2013－05－07）

# 德班平台谈判：
## 美国就 2015 协议性质、原则、全面约束力和努力可比性等内容提出观点

德班平台(Durban Platform for Enhanced Action，ADP)谈判分成两个工作流(workstream)，一个讨论 2015 新协议的架构，另一个则讨论提高 2020 前减排雄心与增强行动。2013 年 3 月，美国向德班平台第一工作流提出关于 2015 年气候协议的提议，主要内容如下：

我们(指美国方面，下同)认为，去年关于 2015 年协议的概念性讨论非常有价值，尤其是大家比较一致的协议属性。如许多缔约方认为，它应该是"雄心勃勃的"、应该"有利于广泛参与"(conducive to widespread participation)和"灵活的"(flexible)。2013 年应该按照这些描述，对 2015 年协议的结构和其他特征进行具体化。

我们认为，目前关于"根据公约原则"的观点纷繁，尚多分歧，还需进一步讨论 2015 协议"根据公约原则"(under the Convention)意味着什么。在我们看来，"根据公约原则"的主要含义是，该协议应进一步促进公约目标。缔约方实施行动所实现的目标要与公约一致，尤其应遵循公约第 3 条所述原则指导。因为(公约的这些)原则是达到目的的手段，而不是目的本身，我们需要利用这些原则促进减排雄心，实现 2020 后公约目标。

我们希望，2015 年协议包(package)包括很多用于气候制度的要素(如减缓、报告或评估、适应、资金、技术)，在我们提议中重点讨论减缓，同时需要对减缓主要问题启动新的谈判，因为坎昆减缓承诺(以及有关的京都承诺)一般不涉及 2020 后。

我们认为，检验减缓设想的关键标准在于这些设想是否能够促进现实世界的雄心(real-world ambition)，即按照商定的目标保持全球升温低于 2℃。如果 2015 协议仅在纸面上反映减排雄心，但(一些)国家不加入或虽然加入但是没有实施，那么该协议在现实世界中毫无效果，也不会推动实现气候公约目标。此外，如果该协议吸引(一些)国家加入和实施了行动，但行动水平极其不足，那么该协议也不能满足现实世界的减排雄心。

我们认为，该协议应让所有缔约方考虑到自身的国情、能力，以及它们认为相关的其他因素，界定自己的减缓贡献。可能草拟一份模板(template)反映各种(减缓)贡献。

一些观点认为，“让缔约方确定了自己的减缓贡献将促进减排雄心”与直观感觉是自相矛盾的，因为缔约方可能留给自己一定空间，选择低水平的减排雄心。然而，我们得出了不同的结论：①首先，“适用于所有缔约方”(applicable to all parties)。鉴于各缔约方处于一个唯一的位置来判断各自处境，如果它们已经设计了自己的减缓贡献，它们更可能参与到协议中。这样的方法，换句话说，促进了该协议“适用于所有缔约方”。②其次，出于(上述)同样原因，如果各方已经设计了自己的减缓贡献，它们更可能采取实施行动。如上所述，如果它们不实施，纸面上(设计)的完美减缓贡献是毫无意义的。③即使在各缔约方设计自身的减缓贡献的情况下，存在很多方式促进减排雄心。④最后，我们尚未看到更好的替代性选择。由外部施加减缓贡献的方法，既不现实(realistic)也不能产生广泛的参与或实施。很难想象以任何公式或标准强制(分配)实施减缓贡献的协议，因为这将产生最有争议的问题；也很难想象，某缔约方愿意由其他缔约方决定其减缓贡献，即使其他缔约方对它进行了照顾。

为鼓励缔约方在决定它们的减缓贡献时努力迈进到更大的减排雄心，2015 协议可以采取(以下)很多方式(它们并不相互排斥)：①应在减缓贡献草案提出后，通过纳入一个咨询协商期(consultative period)来鼓励减排雄心。该协商期允许每个缔约方按照“可比努力[①](comparative effort)和根据全球气温目标的总体减排水平”的原则，分析其它缔约方的(减排)措施。广大公众也有机会审议减缓贡献并提供评论。该协商期的时机选择(timing)及其时间跨度(length)，需要进一步考虑。虽然并未要求缔约方的减缓贡献草案接受评估，但(协商期)过程可能产生“鼓励有意义的减缓贡献的”效果，并可能因为向国际社会作出回应而产生更有雄心的减缓贡献。②2015 协议也可能通过纳入一个清晰度要件(clarity component)，鼓励减排雄心。尽管缔约方在设计它们的减缓贡献时具有灵活性，但它们需要就减缓贡献作出各种事前清晰度(ex-ante clarity)的界定，如范围、时机、严格性、假设等。这种清晰度将促进对单个个体(individual)的减缓贡献的理解，并有利于对(缔约方)总体(aggregate)减排努力的分析。因此，提出减缓贡献应同时提出某些类型的必要信息。

减排雄心必须与缔约方核心利益一致；同时，缔约方需要超越它们关于什么与核心利益一致、什么与核心利益不一致的思维界限。假如国家把气候变化视为一种事后结果，我们不会实现预期目标。

由于缔约方到 2015 年并不能完全提出 2020 后的全方位措施，各缔约方需要有灵活性以更新它们的减缓贡献。根据定义，上述规定的方法将反映区

---

① 衡量“可比努力”时，综合考虑国情、能力以及其他相关因素。

别(differentiation)。减缓贡献适用所有缔约方(最不发达国家可能例外),否则的话不能达到必要的应对气候变化的雄心的水平。同时,缔约方确定的减缓贡献沿着一个幅度(along a spectrum or continuum)自然下降。因此,(缔约方)虽然就提出减缓贡献有一个共同承诺,但是缔约方自我识别的减排措施会导致根据国情、能力等的自我区别(self-differentiation)。

减排雄心需要实施方面的透明度。缔约方以及国际社会,有兴趣想知道其他缔约方实现减缓贡献(的进度)。透明度有助于为所有缔约方继续减缓努力建立必要的信任。它还有助于缔约方从总体努力的程度上判断,它们是否处于全球升温控制的正确轨道上。2020 后,我们设想一个常见的温室气体报告和评估体系,它以目前的温室气体盘查与双年报告等现有工具为基础,结合必要的灵活性,同时确保足够的信息,来了解和衡量减缓贡献范围的进展。

最后,我们并不介意 2015 协议名称或国际法律文书的形式,如无论是"协定"(protocol)、"协议"(agreement)或"实施协议"(implementing agreement)。无论如何,我们认为该协议包可能会由轮毂和辐条(hub and spokes)构成,轮毂包含协议的核心要素,相关的轮辐含有大量细节。

(摘译自:ADP Workstream 1:2015 Agreement Submission of the United States)。

## 德班平台谈判:<br>欧盟就 2015 协议提出制定减缓承诺的四个步骤

2013 年 3 月,欧盟就德班平台关于 2015 年气候协议向气候公约提出主题为"为确保 2015 协议的雄心勃勃减缓承诺的进程"(Process for Ensuring Ambitious Mitigation Commitments in the 2015 Agreement)的提议,主要内容如下:

本提议的主要目的是从细节角度探索制定 2015 协议减缓承诺(mitigation commitments)的"明智方法"(wise approach)的步骤。我们需要明白现在所处的位置,即我们准备在 2015 年通过具有法律约束力的协议,它包含所有缔约方的减缓承诺,促进集体努力、雄心勃勃足以让我们以公平、有效和透明的方式,把全球升温控制在 2°C 以内。欧盟的目标是形成一份"鼓励并确保所有缔约方最大可能的减排努力,以及那些有最大责任和能力的缔约方起到带头作用的"协议。2015 协议本身也应包括一个机制,即确保它对科学要求足够灵活并且动态响应,确保集体"(减排)雄心"足以把全球升温控制在 2°C 以内。

欧盟提出了采用明智方法制定减缓承诺的四个步骤：

### 步骤一：探索 2020 年后减缓承诺的选项(2013 年)

如果我们要实现全球升温低于 2°C 的目标，建议的减缓承诺要被铭刻(inscribe)在 2015 协议上，它必须是雄心勃勃的、可量化的、透明的和健全的(ambitious，quantifiable，transparent and robust)，并且允许(根据减少温室气体排放的影响)比较各缔约方的减排努力。减缓承诺也应该是公平的，并适合每一个缔约方的低排放发展战略。第一步是探讨有关选项，实现减缓承诺的上述要求。关键挑战是在实践中如何做到及时为 2015 协议提出针对所有缔约方的减缓承诺。需考虑的关键问题是：可以考虑什么类型的减缓承诺？应考虑哪些标准？什么样的事前清晰度要素(ex-ante clarity elements)，才可确保透明、量化和可比性？

包括欧盟在内的许多缔约方都呼吁在 6 月的德班平台会议上抓住机会，提出并解释各方所作的 2020 前减缓承诺，并详尽阐述是否已经想过可能在 2015 协议作出何种减缓承诺。讨论何种减缓承诺适合 2020 后的情况，大有益处。在讨论不同类型减缓承诺的时候，考虑可能的标准也是很有价值的。例如，讨论不同类型减缓承诺实现事前要求的清晰度(量化和可比性)所需的要素，是大有益处的。

缔约方对其建议的减缓承诺提供清晰度，对于考虑事前透明、量化和可比性等标准来说非常关键。为了这个目的，缔约方提出的减缓承诺最起码需要提供以下信息：①减缓承诺的类型；②减缓承诺的范围(全经济系统(economy wide)、覆盖的部门、温室气体)；③关于减缓承诺的建议时间表；④减缓承诺预期的量化影响；⑤在制定减缓承诺中利用的任何假设包括方法学问题(如基线、方法学等等)；⑥在决定承诺公平性以及承诺公平反映缔约方责任和能力时利用的指标。核心问题是：这是需要的正确信息么？是否还有其他应包含的要素？缔约方如何提供信息，以便能快速和容易地理解和比较建议的减缓承诺？

减缓承诺的类型决定了事前清晰度(透明、量化和可比性)所需要的信息，这也是后续 MRV 和计量所需要的那种信息。深入讨论缔约方可能建议何种类型的减缓承诺是很有价值的。对 2020 前减缓承诺进行分析，揭示了减缓承诺类型的下述可能性：①绝对的减排目标(全经济系统、部门)限制或减少排放或实现碳中和；②经济活动相关的相对排放指标(排放强度目标)或人口水平(人均排放量减少)；③量化减排的政策和措施；④达到可持续发展其他参数衡量的水平或变化，同时实现量化减排的目标，如能源结构、土地利用领域或活动。关键问题：这是一个全面的列表吗？还有什么遗漏的选择么？

每一个可能的减缓承诺类型都有一组特定的定义参数（时间表、基线等）。这些需要作为事前清晰度的一部分由缔约方清楚列明。因此，在讨论减缓承诺类型的选项时，我们需要开始思考关于 MRV 和计量规则，它们追踪气候行动控制全球升温在 2°C 以内的目标的进展。

**步骤二：缔约方表明它们建议 2015 协议采取的减缓承诺**（2014 年）

缔约方需要在 2015 年前提前制定和提出健全的和雄心勃勃的（robust and ambitious）减缓承诺，留出时间以便：①其他方理解它们的减缓承诺为 2°C 目标的减排做出什么贡献；②与其他方比较建议的减缓承诺；③对建议的减缓承诺的整体充足性（overall adequacy）进行审议，假如不能实现 2°C 目标，需要增加减排雄心。各缔约方应在 2014 年提出一份指示（indication），载明其为 2015 协议建议的减缓承诺。建议的承诺应附有（前述要求的）足够信息，允许其他缔约方迅速了解和比较彼此提出的承诺。在华沙举行的第 19 次缔约方会议，应为准备和沟通示意性承诺（indicative commitments）铺平道路。

**步骤三：评估建议的减缓承诺，调和这些承诺使其满足实现全球升温控制在 2℃以内的目标要求**（2014 ~ 2015 年）

按照下述进行评估：①减缓承诺是否充分透明、量化和可比较；②是否有足够雄心，实现全球升温控制在 2°C 以内的目标；③公平并与气候公约原则相一致。

关于个别承诺的公平性和充足性的评估，以及减排努力的可比性，似乎许多缔约方认为，客观指标如果以非指令性的方式（non-prescriptive way）利用可以为对话发挥作用。这些指标也可能帮助缔约方发展形成它们提出的承诺。关于评估程序仍有很多问题需要讨论：评估步骤会采取什么样的形式？谁来进行？其结果会是什么？在评估个体和整体的减排雄心时，客观指标可以发挥什么作用？评估步骤的时间段（time period）是什么？

**步骤四：在第 21 次缔约方会议上，铭刻（inscribe）与 2℃目标一致的减缓承诺。**

（摘译自：Submission by Ireland and the European Commission on Behalf of the European Union and Its Member States. This submission is supported by Albania, Bosnia and Herzegovina, Croatia, the Former Yugoslav Republic of Macedonia and Serbia. Dublin, 27 May 2013 Subject: Process for Ensuring Ambitious Mitigation Commitments in the 2015 Agreement）

# 德班平台谈判：澳大利亚就2015协议的性质、要素和结构等内容提出观点

2013年3月，澳大利亚就德班平台关于2015年气候协议向气候公约提出提议，主要内容如下：

## 一、2015协议的性质

一是所有国家参与(for all)，所有国家作出贡献，减少排放，主要经济体位于核心；二是灵活(flexible)，能够容纳一系列的努力，让国家根据多样化和不断变化的国情和能力，灵活定义它们的减排努力；三是健全(robust)。通过清晰的透明度和计量制度安排，让国家了解别国正在开展的减排努力，以及它们的效果如何；四是动态调整(dynamic)。考虑到国家不断变化的国情和能力以及最新科学，要随时间推动减排努力升级；五是实际可操作(practical)，能够按照国内能力和政策在全国范围内实施，包括通过碳市场；六是公平(fair)，建立起所有国家都贡献自己的公平减排份额的信心，整体结果在一个动态和不断变化的世界中促进公平。

## 二、2015协议的范围

2020国际气候制度旨在促进应对气候变化的减缓和适应两方面，通过实施手段帮助发展中国家实现减缓和适应目标。2015协议将是这一制度的核心部分，但(2015协议)并非起始于真空(vacuum)。20多年来，(发达)国家在国际和国内两个层面，投资在发展中国家的承诺、规则、制度和实施框架。这包括气候公约坎昆会议后发展的新的机构和实施框架，它们正趋于成熟。2015协议(已具有基础)，并不需要重建以上整个“基础设施”(infrastructure)。

德班平台应考虑2015协议的范围，包括1/CP. 17决议中第5段确定的领域，一个新的法律协议通过寻找附加价值(value-add)，可以为全球气候制度带来有效性和连贯性(effectiveness and coherence)。虽然在某些领域为了21世纪制度需要大量的新思维，但是聚焦于实施而不是聚焦于德班平台进一步的谈判，能够实现最大的进展。

减缓必须在2015协议中居于中心地位。(许多缔约方)判断是一致的，即世界在把全球升温控制在2℃以内做得不够。一个解决方案取决于协调一致

的国际反应。经验教训是，尽管《京都议定书》和坎昆承诺是建设国际减缓行动的关键步骤，但它们二者设定的减缓目标的方法，已被证明无力催化现在需要的参与、减排雄心和减排努力的实现。我们需要德班平台纳入新思维，从 2013 年开始，设计一个气候有效的(climate-effective)减缓结构。

## 三、2015 协议的设计考虑

2015 协议要具有气候有效的减缓框架特性，必须证明符合以下特征：它必须纳入所有参与方、是灵活的、健全的、可动态调整的、可实际可操作的和公平的。这些特征可以通过表 1 中的设计要素加以实现：

**表 1　2015 协议的设计要素**

| 要素 | 设计特征 | 选项 |
|---|---|---|
| 记录减缓承诺的结构(architecture for recording commitments) | ①所有国家作出贡献；②灵活性：允许国家描述其所有减排努力的类型和规模，并不仅仅如议定书的量化排放限制和减排目标(QELRO)或碳预算；③健全：提前清楚设定国家需要做什么；④动态调整：周期性设计以促进更深的减排努力；⑤公平：反映国家之间真实的多样性，改变过去的双房(two-room)制度，它不能反映国家的能力和责任，削弱了集体行动的信心、变成了不作为的借口 | 2015 协议附件的国家时间表，可以允许每个国家根据国情刻划其减排承诺 |
| 界定减缓承诺的程序(a process for defining commitments) | ①所有国家参与；②灵活和健全的平衡：为界定不同类型的减排承诺应设置一些参数(如全球变暖潜能值、气体等)，以提高可比性；适应国情界定减排承诺时应允许一定的灵活性；对减排承诺的量化影响有清楚理解；科学和全球减排目标获取信息；③公平：包括考虑国家是否作出了应有的贡献；④实际可操作的：承诺是国家作出的 | 国家提交承诺被认为是通过一个“评判每个国家的减排贡献及其影响”的限时程序。国家确定的承诺可能会被锁定在时间表上。<br>所有主要经济体在其经济体内能减少或限制排放；发达国家和能力最强的国家，可以执行全经济范围(economy-wide)的减排；其它的安全能力采取量化减排努力 |
| 实施减缓承诺和追踪减排绩效的系统(a system for implementing commitments and tracking performance) | ①所有国家保持透明度，通过健全的测量、报告和核查，包括定期编制清单；②灵活和健全的平衡：追踪减排承诺的基础是提前明确设定的；减排承诺追踪的规则保持必要的灵活性，既关注环境完整性又考虑国情和能力的差异；核查和问责也保持必要的灵活性，既关注环境完整性又考虑能力差异；③实际可操作的：与国家实施框架一致；④公平：国际支持帮助弥补识别出的实施能力差距 | 一个健全的透明度和计量框架设计时应具有足够灵活性，以支持一系列的承诺和考虑国家能力的差异。旨在支持国家实施行动的机构和流程可以建立有效的互动 |

（续）

| 要素 | 设计特征 | 选项 |
|---|---|---|
| 随时间推移扩大减排努力的机制（a mechanism to build efforts over time） | ①动态调整：驱动国家随时间推移增加减排努力的雄心；②健全的：基于科学证据，并对最新的科学作出响应；③公平：面向未来，随时间推移国家国情和能力的变化作出响应 | 构建评估机制，可以让国家定期重新审视自己的减排努力，迈向一个随时间推移调整减排努力的黄金标准（gold standard） |

## 四、2015协议的结构

澳大利亚认为，2015年协议可能包括下述组合：①具有法律约束力的“核心”承诺（‘core’ commitments）；②配套的规定、规则和机构，它们可能具有约束力或不具约束力效果；③作为协议附件的国家时间表（national schedules）。澳大利亚认为，国家时间表作为新协议结构的一种模式具有巨大潜力。这个想法很简单，每个国家将拥有自己的国家时间表作为2015协议的附件，铭刻着（inscribe）国家对全球减排努力所作贡献的详情。时间表与2015协议协同运作，该协议特别设定与时间表内容、编辑进程和法律效果相关的国际确定参数（internationally determined parameters）。

通过这种方式，国家时间表可以“捕捉到”（capture）国家之间真实存在的多样性，可容纳一个完整的各种类型和规模（full-spectrum）的减排努力，赋予国家“在以规则为基础的国际制度内”，根据本国国情量身定做减排努力的灵活性。国家时间表将促进2015协议设计更加健全，为追踪各国减排努力制定预先设定的参考点（reference point）。国家时间表也是动态调整的，它允许各国随时间推移更新和加强减排努力，而无需对整个协议进行重新谈判。

虽然澳大利亚认识到2015协议必须考虑到国家减排努力的类型、规模和实质的区别，但是区别不能扩大到协议的法律形式。即所有国家的减排努力必须在相同的法律平台上，并共享相同程度的法律约束力，以反映采取行动的共同意愿。把国家承诺作区别，将破坏作为一个真正全球气候响应的2015协议的信心。

（摘译自：Australia Submission under the Durban Platform for Enhanced Action | March 2013 The 2015 Climate Change Agreement | ADP）

# 欧盟提出气候变化全面约束力 2015 协议的核心内容和设计安排

2011 年的德班气候大会上，各缔约方决定启动“德班平台”(ADP)，负责在2015 年前形成适用于《联合国气候变化框架公约》所有缔约方的法律文件或法律成果，作为2020 年后各方贯彻《公约》、加强减排和应对气候变化的依据。2013 年3 月 26 日，欧盟委员会推出了通讯，题为“2015 年气候变化协议：塑造2020 年后的国际气候政策”，开启“2015 年的气候协议设计”公众咨询活动。

这份通讯将作为公众咨询、协商基础，勾勒出国家需要更为雄心勃勃的应对气候变化行动、2020 ~2030 年国际气候政策的挑战和机遇、2015 年协议的基石，以及 2015 年协议的可能设想。

咨询将从现在持续至6 月 26 日，并将于 4 月 17 日在布鲁塞尔举行利益相关者大会。咨询活动的目的是解决下述问题：满足气候升温控制在 2°C 以内的目标，确保经济可持续发展，同时鼓励公正和公平分担温室气体(GHG)减排份额；如何以最佳方式确保所有主要经济体和部门的(减排)贡献，尽可能减少潜在碳泄漏；如何有效地在所有相关政策领域把气候变化纳入主流；用什么标准来引导公平分配减缓承诺的决心；在解决适应性挑战方面，2015 年的协议的角色定位，以及其他问题。

关于 2015 年全球气候协议的基石和具体的设计，这份通讯的主要观点如下：

## 一、2015 气候协议的三大核心内容及其关键问题

核心内容一：(各方)为减少全球温室气体排放量，开启(和承担)必要的减排目标。

关键问题一：如何设计 2015 气候协议，既使各方确保经济可持续发展，同时又鼓励它们为控制全球升温在 2°C 以内，做出公正、公平的温室气体(GHG)减排份额的努力？如何避免目前形势的重复，即各方自愿承诺仍然与控制全球升温在 2°C 以内的减排目标要求存在差距？

核心内容二：各主要经济体和各行业要为全球减缓努力做贡献。

关键问题二：2015 协议如何最好地确保所有主要经济体和行业的贡献，并尽量减少高度竞争经济体之间碳泄漏的潜在风险？

核心内容三：把气候变化纳入主流与其他(国际)进程和倡议相互加强。(欧盟认为2015年协议，必须承认和加强更广泛的可持续发展目标，并支持把气候变化目标全面整合、纳入到相关政策领域。这包括“Rio +20”会议的后续行动，以及2015年千年发展目标(MDG)评估，还有有关协议的实施，如《生物多样性公约》的实施。同时，2015协议重要的是要鼓励双边、多边和区域倡议，根据气候公约补充完善并加快减排努力。目前这些倡议有，G20逐步取消化石燃料补贴、“Rio +20”减少短期气候污染物(short-lived climate pollutants)包括氢氟烃(HFCs)排放的进程和努力背景下的倡议。

关键问题三：2015协议如何才能最有效地鼓励气候变化纳入所有相关政策领域的主流呢？如何才能鼓励补充性的(减排)进程和倡议，包括非国家行为者所进行的进程和倡议？

## 二、关于2015气候协议的设计

### (一)2015协议的性质

2011年在南非德班启动的新一轮谈判，反映了国际社会对2015协议虽很脆弱但非常关键的共识。如果它想实现比《京都议定书》、哥本哈根和坎昆会议更多的成果，2015协议必须是包容性的(inclusive)，含有的承诺应“适用于”所有国家，包括发达国家和发展中国家。该协议必须雄心勃勃，纳入将全球升温控制在2℃以内的承诺。它必须是有效的(effective)，能够执行和遵守一套正确的激励机制。它必须被广泛认为是公平和公正(fair and equitable)，分担减少温室气体排放的努力和适应不可避免气候变化的成本。此外，2015协议必须具有法律约束力。必须要有一个具有法律约束力的条约以法律的形式反映最高程度的(减排)政治意愿，以推动必要的减排雄心和全球过渡到低碳经济；确保减排承诺在国家法律层面得到批准和实施；确保政府、民间社会、企业和媒体的长期关注；确保作出减排承诺的适当的透明度和问责制。

2015协议必须着眼于鼓励和帮助各国采取新的和雄心勃勃的减排承诺。同时，它必须借鉴和加强现有的国际气候制度。许多机构、工具和流程，包括绿色气候基金、适应委员会、国际评估和审查、咨询和分析、技术执行委员会、低排放发展战略和国家适应计划，才刚刚开始它们的运作，但有助于2015协议的设计。

2015协议中必须反映最新科学成果，包括将于2014年10月发布的政府间气候变化专门委员会(IPCC)第五次评估报告摘要。它也需要有足够的动力和灵活性进行调整，反映科学知识的进一步发展、技术单位成本(unit costs of technologies)，以及国家或地区的社会经济情况的变化。最近达成的《京都议定书》第二承诺期，通过定义评估程序鼓励在承诺期内增加减排雄心或弥补减排差距，设定了动态制度设计（dynamic regime design）的一个有趣先例。同时，这种活力（dynamism）应与反映可预测性和确定性的事业的（减排）期望有效平衡。

## （二）2015 协议的主要内容

### 1. 减缓

为了保持生存的可能机会，控制全球升温低于 2°C，2020 年之前全球温室气体排放量的增长趋势必须扭转，2020 年后全球温室气体排放量必须开始下降。因此，为满足这一具有挑战性的目标，2015 协议需要到 2030 年全球温室气体排放量低于 1990 年的水平，相当于全球范围内温室气体排放比 2010 年减少 25% 左右。

关键问题四：2015 协议采用什么标准和原则反映各缔约方的基本国情确定其公平分担减排承诺，并使减排雄心足以完成 2°C 目标。2015 协议如何将特殊的排放部门（如航空、航海）纳入进来？

### 2. 适应

关键问题五：2015 协议解决适应挑战的作用应该是什么，这些作用怎样根据基于公约的持续有效工作得到实现？2015 协议如何激励把适应活动纳入所有相关政策领域主流？

### 3. 实施手段

（1）资金。探讨以适当的资金帮助和支持贫困国家实现其减排承诺并解决适应挑战，是制定 2015 协议的一个核心要素。为减缓和适应气候变化，未来几十年需要完全集成到所有公共和私人投资。绿色气候基金在这个过程中全面运作。哥本哈根会议上，发达国家承诺，自 2020 年开始每年动员 1000 亿美元，为实施层面开展有意义的减排行动和促进减排透明度。展望 2030 年，由于所有主要的和新兴的经济体持续的经济增长，预计将进一步加强它们采取行动应对气候变化，以及提升联手提供支持的能力。

现在根据公约被认为是“发展中国家”的 32 个国家，比欧盟成员国中人均国内生产总值最低的国家，有较高的人均国内生产总值。2020 年这一数字还会增加。探讨 2015 协议的执行手段需要考虑这一新情况，应超出发达国家和发展中国家的固有范式，上升到一个更广泛纳入新兴国家的层面，这些国家需要分担提供必要（支持）手段的责任。2015 协议还需要探讨调动私人资金和创新的金融资源的问题。对国际航空和海上运输的碳排放设置国际价格，既帮助实现其主要减排目标，也有助于提供必要的金融资源，支持国际气候变化减缓和适应措施。

（2）技术。2020 年气候政策已经获得了很多最便宜的减排选项，特别是提高能源效率，最有竞争力的可再生能源方案。

(3)基于市场的机制。2015 协议在 2020 年后实施具有成本效益的减排方式，对抗气候变化才会成功，因此需注重基于市场的工具。欧盟将重点采取市场激励机制减少排放，包括通过排放权交易。然而过去几年，灵活机制已被严厉批评，而任何进一步的发展或改善(包括先进的部门市场机制协议)，已被证明举步维艰。过去五年基于市场机制的主要发展，发生在国内或公约外部，趋势表明仿佛更倾向选择双边和多边的解决方案。

关键问题六：未来 10 年特别是到 2030 年，公约和 2015 协议在资金、基于市场的机制和技术方面的作用是什么？如何累积现有的经验并进一步改善框架？

**4. 透明度和问责性**

上一轮谈判，特别集中在通过对可测量、可报告和可核查(MRV)系统的一个完整大修，提高透明度。这种改进后的系统，在 2015 年已经完成了它的第一个完整周期。同时，《京都议定书》框架下的计量已取得了丰富的经验。然而，目前的法律属于拼凑型的，没有提供一个健全的计量框架。下一轮谈判提供了一个独特的机会，在建立这样的法律框架时考虑到京都体系的经验教训。具有较强的法律性质的国际协议，应确保遵守和执行方面有一个强大的系统，能够确定某一缔约方是否已遵守其承诺，提供便利，为某一缔约方履约提供便利，不履行承诺的缔约方须被问责。

关键问题七：2015 协议如何进一步提高针对国家和国际的透明度和问责制？在何种程度上计量制度全球标准化？某国没有履行承诺时应如何承担责任？

(摘译自：EC Launches Consultation on International Climate Agreement、Climate Action：Designing the 2015 Global Climate Change Agreement)

## 欧盟准备 2015 气候协议：“2020 年环境行动计划”达成协议“保护自然和增强生态弹性”是三大主题目标之一

据欧盟网站环境子版 6 月 20 日的消息，欧盟有关机构就新的环境行动计划达成协议。欧盟环境专员 Janez Potočnik 说：“昨晚(6 月 19 日)，欧洲议会和理事会就新的全欧盟至 2020 年环境行动计划达成协议。该协议发出了一个明确信号，即欧盟及其成员国坚决支持坚强和智慧(smart)的环境政策，为健康生活，以及有竞争力、资源节约和低碳经济的欧洲创造条件。”这份第 7 个环境行动计划由欧盟委员会于 2012 年 11 月提出，并在 2013 年 3 月和 5 月，相关机构提出了建议，后经过谈判达成协议。以下就该计划的背景以及与林业有关的重要内容摘编如下，供参考。

## 一、欧盟 2020 环境行动计划的一个主要背景是为 2015 年全球气候协议框架提出有关气候政策行动

欧盟第一个环境行动计划于 1973 年制定，目的是促成当时的欧共体成员国形成统一的环境政策。2012 年，第六个欧盟环境行动计划到期，为了延续共同环境政策，欧盟委员会提议制定第七个环境行动计划。欧盟第六个欧盟环境行动计划(2001 ~ 2010)，即《我们的未来，我们的选择》，十分重视应对气候变化，提出了具体目标和行动，是落实《京都议定书》的政策行动指南。第六次计划指出，遏止气候变化，欧洲必须在减少温室气体排放方面带头，意味着首先要实现温室气体减排的目标。该计划提出遏止气候变化方面的目标是：把大气中温室气体的浓度维持在一个不会使地球的气候发生非自然变化的水平上。为了实现以上目标，欧盟在未来几年将做以下工作：①达成国际社会对《京都议定书》中的共识，并付诸实践；②在主要的经济部门设立减少温室气体排放的目标；③制定一份到 2005 年欧盟温室气体减排的计划表；④支持可再生能源，如风能和太阳能；⑤协助成员国做好应对气候变化的后果。

森林与欧盟资源网络分析认为，欧盟第七个环境行动计划将延续第六个计划的气候政策行动，特别是目前处在制定 2015 年全球气候协议框架的建议时期，该计划将明朗欧盟参与 2015 年全球气候协议的气候政策行动。如，森林与欧盟资源网络指出，第七次行动计划提出了设计《欧盟减少毁林和森林退化行动计划》，是为“2015 协议提出根据毁林诱因减少毁林的有关建议行动”奠定基础。

## 二、欧盟 2020 环境行动计划关于森林和生物多样性的主要内容

欧盟 2020 年环境行动计划的正式文件名为《在我们星球的边界内好好生活》(*Living well, within the limits of our planet*)，该计划包括九个优先目标，这九个目标分为三类：主题目标(含三个优先目标)、执行框架(含四个优先目标)、应对挑战(含两个优先目标)。三大主题目标分别是：①保护自然和加强生态弹性(Protecting nature and strengthening ecological resilience)；②推动可持续的、资源节约的、低碳的增长；③有效解决与环境相关的健康威胁。该计划规定了一个执行框架，支持实现这些目标，如更好地实施欧盟环境法、

提高科技支撑、确保支持环境和气候变化政策的必要投资、环境政策更多更好地反映落实公众的环境关注和要求。该计划详细阐述“保护自然和加强生态弹性”，现把其中关于森林、生物多样性的内容摘编如下：

第一，欧盟经济繁荣和福祉由欧盟自然资本支撑，这些自然资本包括提供基本物品和服务的生态系统。生态系统服务功能多样，从肥沃的土壤和多功能的森林到富含生产力的土地和海洋，从新鲜水和清洁空气到授粉，洪水控制和气候调节，以及防止自然灾害。欧盟立法寻求保存、保护和增强自然资本，包括栖息地和鸟类指令、水框架指令（WFD）、海洋战略框架指令（MS-FD）、空气质量及相关指令。立法应对气候变化、化学品、工业废气和废物，也有助于减轻对生物多样性，包括生态系统、物种和栖息地的压力。

第二，新近评估显示，欧盟生物多样性仍在丧失，多数生态系统严重退化。欧盟2020生物多样性战略设定了阻止这些负面倾向以及增强生态系统服务的目标和行动。必须全面实施该战略，使欧盟到2020实现其生物多样性总体目标。鉴于该战略包括提高鸟类和栖息地指令实施的内置措施（包括欧盟自然2000网络），为实现2020总体目标，要求“所有现行旨在保护自然资本的法律”全面实施。

第三，尽管采取很多努力，至今只有约53%的地表水体满足欧盟水框架指令“到2015年实现良好的生态状态”的要求。

第四，基于生态系统方法（ecosystem-based approaches）减缓和适应气候变化，同时也有利于生物多样性和其他生态系统服务的提供，应当把它作为欧盟气候变化政策的一部分。有关可再生能源的决策应充分考虑生物多样性保护和水保护的目标。

第五，欧盟土地利用的退化、破碎和不可持续，危及几个关键生态系统服务的提供、威胁生物多样性，并且增加欧洲暴露于气候变化和自然灾害的脆弱性。这也驱动了土壤退化。超过25%的欧盟领土受水侵蚀影响，破坏了土壤功能、影响了淡水质量。土壤污染和土壤致密层也是长期存在的问题。

第六，生物多样性战略恢复15%的退化生态系统，以及扩大使用绿色基础设施，有助于阻止土地破碎。将进一步增强自然资本和生态系统弹性，可以为减缓和适应气候变化和灾害风险管理提供低成本方案。同时，成员国绘制和评估生态系统及其服务，并计划在2015年实现“零净损失”的倡议，有助于在各种尺度维持自然资本存量。2020年把生态系统服务经济价值纳入欧盟及其成员国层面的核算和报告系统，将优化欧盟自然资本管理。

第七，为保护欧盟自然资本，该计划确保到2020年：①停止生物多样性丧失和生态系统服务退化，维护和加强生态系统及其服务；②进一步减少空气污染对生态系统和生物多样性的影响；③保护森林和它们提供的服务，增强它们抵御气候变化和火灾的弹性。要求欧盟实施以下行动：①全面实施欧盟生物多样性战略；②全面实施保障欧洲水资源蓝图；③制定和实施新的欧盟森林战略，满足对森林多种利益的需求，采取更具战略的方法保护和增强森林。

该计划还旨在帮助欧盟城市变得更加可持续，并提高欧盟能力，以应对区域和全球环境和气候变化挑战。该计划已演进到第 7 版，它基于欧盟 40 年欧盟环境政策取得的显著成就，并借鉴了一些环境领域的最新战略举措，包括资源效率路线图、2020 生物多样性战略和低碳经济路线图。它确保欧盟机构、成员国、地区和地方行政和其他利益相关者承诺到 2020 年针对环境政策采取共同议程。

（摘译自：Commissioners Janez Potočnik and Connie Hedegaard welcome the trilogue agreement on the new Environment Action Programme to 2020，Living well，within the limits of our planet）

# 森林与欧盟资源网络就欧盟参与 2015 全球气候协议框架森林议题提建议

森林与欧盟资源网络（Forests and the European Union Resource Network，FERN），成立于 1995 年，总部位于荷兰，是一个跟进欧盟森林政策信息以及开展森林保护相关的 NGO 活动的欧洲非政府组织。FREN 的主要工作围绕森林以及与森林相关的人权事务，如森林贸易、森林投资或气候变化问题。FERN 的工作总体上由森林学专家、森林与社会学专家、联合国机构成员、金融与通讯专家组成的董事会把握。

2013 年 3 月，欧盟委员会推出了题为"2015 年气候变化协议：塑造 2020 年后的国际气候政策"的通讯（下称欧盟通讯），开启 2015 年气候协议设计公众咨询活动。针对该咨询文件，森林与欧盟资源网络官方网站 7 月 3 日发布回应消息，指出森林排放与化石燃料燃烧的排放本质上不同，因为化石燃料排放的生命周期远远超过森林碳汇或碳储存的生命周期。但是，该组织认为，这并不阻碍将森林应对气候变化议题纳入国家政策和全球气候协议框架。针对欧盟委员会 3 月份推出的"欧盟通讯"中提出的 2015 气候协议涉及的重大问题，该组织对其中的两个问题提出了建议。

一是针对欧盟委员会提出的问题三，即"2015 协议如何才能最有效地鼓励将气候变化纳入所有相关政策领域的主流”。森林与欧盟资源网络认为：首先，欧盟应处理好其由消费需求驱动的毁林。欧盟研究已经指出，它是全球最大的毁林足迹方，为此，欧盟在其第七个环境行动计划中考虑设计“欧盟减少毁林和森林退化行动计划”。欧盟正设计政策，以减少消费对全球环境的影响。这就提供了一个很好的基础，有利于欧盟在2015协议提出根据毁林驱动因素采取减少毁林行动。其次，欧盟应根据其森林良治(FLEGT)行动计划，利用自愿伙伴协议(VPAs)立即改善森林治理，特别要打击非法采伐。欧盟的旗舰性森林良治已在热带雨林国家改善森林治理、打击非法采伐中迈出了重大的步伐。它应当作为国际层面促进全球减少森林损失的一个典范树立起来。自愿伙伴协议是与木材出口国签署的具有法律约束力的贸易协议，既关注贸易，更关注环境和发展问题。这些协议有潜力改善森林治理，因为它把公民社区纳入森林和土地使用权相关的法律改革以及监督遵约的参与进程中。此外，几个自愿伙伴关系协议联合起来组成的协作网具有更强的社会和环境影响，能尊重当地习惯权利、改善社会责任、赔偿受损社区。治理不善是合法和非法毁林的一个重要驱动力，自愿伙伴协议确保森林基于“合法性、可持续性和当地人权利”进行管理。一些研究表明，增加当地社区权属保障是保护森林从而减少排放的最好方式。

二是针对欧盟委员会提出的问题六，即“未来十年特别是到2030年，公约和2015协议在资金、基于市场的机制和技术方面的作用是什么？现有的经验如何累积并进一步改善框架？”森林与欧盟资源网络认为，在要求的时间框架内有效减少排放，唯一的方式是工业化国家更加有力的减排。这要求欧盟从化石能源消耗转变为可持续的可再生能源消耗。虽然存在各种各样的市场机制，可能有助于此，但有一点应该强调，碳交易并没有减少排放，而是使碳排放从一个地方转移到另一个地方。尽管碳交易作为节约成本的机制被引入，却有明确的证据表明碳交易并不符合成本效益目标，而且可以肯定其不会减少排放。欧盟的咨询文件里提出“2015协议在2020年后实施具有成本效益的减排方式，对抗气候变化才会成功。因此，需注重基于市场的工具”。这个论点恰恰忽视了欧盟排放贸易体系并不具有成本效益性。E. ON公司首席执行官Johannes Teyssen解释说：“现在，欧洲正在用最昂贵和最低效的手段保护气候。”欧盟排放贸易体系对公众产生许多隐性成本，却仅为成员国带来有限的收入。最近的波恩气候会议，包括中国、印度等在内的一些国家强调要吸收碳市场崩盘的经验，充分理解碳市场与“减排雄心”之间的联系。在讨论基于非市场机制的方法时，许多国家提出了想法，包括化石燃料补贴改革、上网电价补贴制度(feed-in tariffs)、技术和能源效率标准。除此之外，应解决不可持续的消费模式。逐步淘汰化石燃料，要求欧盟重新思考消费和生产模式。这是一项政治和社会工程，需要探讨如何减少能源需求(关系到所有部门如汽车、工业、农业等)、更高能源效率(如建筑、家电行业)，并转变为可持续发展、当地拥有和管理的可再生能源模式。这些问题应当在2015协议中讨论。

(摘译自：FERN'S CONTRIBUTION TO 2015 INTERNATIONAL CLIMATE CHANGE AGREEMENT：SHAPING INTERNATIONAL CLIMATE POLICY BEYOND 2020)

# IPCC 第五次评估报告发布<br>确认全球气候变化状况　认为气候<br>变化影响加剧及人类活动起到核心作用

## 一、背景介绍

2013年9月27日，在人们翘首以待中，政府间气候变化专门委员会(IPCC)发布了第一工作组(WG1)完成的第五次评估报告——《气候变化2013：物理科学基础》(*Climate Change* 2013：*The Physical Science Basis*)。经过审查最新的权威的科学证据，WG1报告侧重于地球气候系统与气候变化的物理科学。作为国际社会对全球气候变化的最全面评估，这份报告由来自40个国家的800多位作者负责准备工作和参加撰写。

WG1完成的第5次评估报告(AR5)是根据目前最新的权威的科学证据，在科学界达成了共识而形成的产物，其基本观点是：全球正在变暖，影响正在加剧，人类活动对此负有主要的责任。如果各国不立即采取行动来遏制温室气体排放，全球各地越来越多的社区、生态系统和关键基础设施将受到来自洪水、干旱、海平面升高和野火危险等方面的各种影响。

IPCC评估报告每六年发布一次，是对气候科学状态进行的最全面的国际性评估报告，在国际社会上有很大权威性和影响力。IPCC这次发布的第5次评估报告对2007年以来的气候变化研究新进展进行全新的评估，将直接影响和推动《联合国气候变化框架公约》、《京都议定书》等一系列国际重要气候变化协议的制定，为新一轮国际气候变化政策和行动提供新的科学支持。同时，在2013发布的WG1报告之外，IPCC将于2014发布另外两份评估报告，一是集中研究气候变化的全面影响，另一是研究提出应对气候变化的解决方案。

不过，一些科学家说，IPCC 新报告过于保守，没有提到一些最令人担忧的情况。他们声称，IPCC 一直承担着提醒政策制定者关于全球变暖风险的使命，但目前 IPCC 难以胜任这一任务了。

## 二、主要内容

与过去评估报告相比，IPCC 第 5 次评估报告的主要结论或者新的发现，主要包括：

(1)全球变暖是“清楚无疑”。在全球范围内，过去 30 年的大气温度在至少 1400 年以来是最温暖的。美国国家海洋和大气管理局(NOAA)的数据也证实了 IPCC 的研究发现，过去的 10 年是有记录以来最热的 10 年。不过，出乎意料的是大气变暖在过去 15 年中出现放缓的趋势。虽然气候变暖总体上有升无降，但气候变暖却因海洋而“缓滞”。由于海洋变暖，陆地和海上的冰雪正在融化(尤其是在极其炎热的夏季)，北极圈海冰急剧减少。陆地冰雪融化以及热膨胀意味着海平面上升，自 1993 年以来，海平面已升高了两倍，平均每 10 年增加 3 厘米。这是近年来前所未有的。

(2)人类对全球气温升高负主要责任。IPCC 科学家普遍认为，近期全球气温升高“极有可能”是由人类活动造成的。这种共识程度很高，就像香烟有害人体健康这一科学共识一样，可信度高达 95%。还有其他机构也得出这一结论。例如，2009 年，欧盟的国家科学机构共同表示“现在需要采取紧急行动来应对气候变化是一个不争的事实。”2010 年，美国国家科学院得出结论“正在发生的气候变化主要是由人类活动造成的，并且已经对人类和自然系统产生了广泛影响。”

(3)已观察到的气候变化影响急剧增强超过预期。海平面升高速度远超过预期，已经威胁到了生活在低洼沿海社区的 10 亿人中的多数。1993 ~ 2010 年的海平面升高速度几乎是 1901 ~ 2010 年的两倍，IPCC 警告说在未来温室排放情景(emissions scenarios)下，海平面升高速度很可能会超过 1971 ~ 2010 年间的监测速度。IPCC 研究发现，在过去的 10 年，格陵兰和南极冰盖融化速度是 20 世纪 90 年代的数倍。总体而言，夏季北极海冰的范围每 10 年的减少量超过 11%。事实上，在未来更高的温室排放情景下，IPCC 预测到 2050 年，北极夏季将无海冰覆盖。

(4)气候变化引起更频繁、更严重的极端天气事件。新的研究已经发现明确证据，证实水循环正在加剧，原本潮湿的地区和季节变得更加潮湿，原本干燥的地区和季节变得更加干燥。但 IPCC 已经修正了它在 2007 年作出的一些声明，即气候变暖将造成更多的干旱和飓风。

从严重的洪涝灾害、肆虐的野火和灼热的干旱等灾害中，我们目睹了极端天气所带来的影响。2012 年仅在美国，就发生了 11 起天气和气候灾害事件，每起都造成超过 10 亿美元的损失，累计造成 1100 亿美元的损失和 377 人死亡。IPCC 研究发现，全球变暖正在扩大极端天气和气候事件的区域，这包括更加频繁的热浪和较多的强降水事件。在北大西洋，强烈热带气旋的发生明显增加。干旱和洪水发生的区域性趋势也层出不穷，预计到本世纪末将更加恶化。

(5)“照常情景”(Business-as-usual)将导致全球升温远远超出 2℃。按“照常情景”温室排放可能意味着 IPCC 假设的最糟糕情况的出现，那就是到 2100 年，全球气温将比工业革命前水平升高超过 4℃(7.2 华氏度)。在现有的碳密集型排放情况下，我们将很快用尽能够保持全球升温在 2℃内的碳预算。因此，需要立即采取紧急行动以实现这一目标。

(6)变暖减速是 IPCC 报告对未来世纪里气候变暖预期进行边际减少的原因之一。模型设计者们现在预测，如果大气中温室气体浓度增加两倍，会带来的温度上升幅度在 1.5 ~4.5℃之间，而上一次预测是在 2 ~4.5℃之间。

近年来，全球表面空气温度上升缓慢，导致一些人质疑气候变化问题。然而，最近气候变暖“暂停”仅限在大气中，在同一时间内，海洋温度升高持续加速。IPCC 研究发现，事实上，海洋保留了 90% 以上的自 1970 年以来温室气体排放带来的热量。在 10 年的时间尺度上，热能在空气和海洋之间来回循环是很正常的，这样就解释了为什么最近气候变暖“暂停”。然而，迅速升温的海洋，造成热膨胀，加速了海平面上升。二氧化碳排放量增多，除了导致海洋升温以外，还使海洋酸性增强。海洋酸化和温度升高会杀死支持全球各地约 5 亿人生计的珊瑚礁。IPCC 研究发现，在未来温室气体排放情景下，海洋酸化将加剧，将会严重影响珊瑚礁和依赖珊瑚礁的社区。

(7)综上，减少以二氧化碳为主的温室气体排放是全球气候行动的当务之急。2013 年早些时候，大气中的二氧化碳浓度达到 400 微升/升，比以往地球 100 万年中的任何时候都高 25% 以上。考虑到我们已经在过去 250 年里用尽了全球碳预算的一半，在未来的 30 年里将用掉另一半，迫切需要各国考虑减少二氧化碳排放量，以稳定全球气候在相对安全的水平上。IPCC 研究发现，为了避免全球升温超过 2℃，到 2050 年，全球排放量必须在 1990 年的水平上平均下降 50%。这需要采取紧急行动：考虑到发电厂和车辆的数量，我们的能源系统将需要几十年的时间才能使用低碳替代品来实现无碳。

虽然各国还没有采取必要的步骤来应对紧迫的挑战，还没有就避免灾难性气候变暖达成统一协议，但是我们还有时间来控制全球升温在 2℃以内。为了确保一个相对安全和稳定的气候，需要各国领导人采取大胆行动，制定新政策促使经济投资到低碳技术，减少全球温室气体排放，并增强社区和关键基础设施的适应力。

## 三、主要争议

### （一）争议之一：科学还是政治？

经过4年的努力，联合国政府间气候变化专门委员会(IPCC)终于在确定为报告发布日的周五早上5点，对最新报告表述达成一致共识。这一共识在通宵达旦举行的最后讨论阶段形成，各国政府代表对科学家进行交叉盘问，甚至有时试图让科学家对提出的发现难以自圆其说。“政府间专门委员会”这一称谓并非聊胜于无，报告每一部分内容必须获得每一个国家成员同意才可以出版。

这到底是科学还是政治？

撇开一些外围媒体的歇斯底里，大部分主流媒体对IPCC第5次报告的报道可分两派。一些媒体集中在“惊天警告”，即科学家们是如何“比以往任何时候都更加肯定”气候变化以及人类在其中的作用。另一些媒体则以更怀疑的态度，强调专门委员会首次证实了在过去的15年中气候变暖趋势正在放缓。也许由于这个缘故，专门委员会不得不稍微下调了对气候变暖未来趋势的预测。

两个情况都是真实存在的。来自瑞士伯尔尼大学的托马斯·斯托克，即IPCC评估报告科学家联席主席，在新闻发布会上明确表示“人类对气候的影响是明显的”和“气候变化是我们这个时代最大的挑战”。IPCC第5次报告评估的结论是，科学家们现在对“1950年以来的气候变暖主要成因是人类活动”这一结论具有95%的把握，而在2007年发布报告时只有90%的把握。

一些“可怕的情景”已从模型预测中被排除出去，而这模型预测正是IPCC报告的基础。

除了上述两种说法之外，关于IPCC报告还有第三种说法，不过这一说法不太引人关注。参加IPCC报告准备过程的一些人士认为，科学家态度严谨、生性谨慎，他们也希望不要重复以前IPCC报告一些夸张的说法，政客们可能也对科学家成功地施加压力，使得科学家们在作出结论时过于保守，甚至有失偏颇。持有这些观点的人士说，IPCC不应保守地调低变暖的预测而应该做出更加积极的判断。

### （二）争议之二：气候模型存在缺陷还是科学态度严谨？

在IPCC报告对气候变化预测所依据的模型中，一些“可怕的情景”被排除出去，而这些“可怕的情景”来自自然界的报复——人为导致的全球变暖效应在自然界中数倍地放大。当然，一些评论家说，政客们需要知道这些“可怕的情景”，如果他们要认真履行《联合国气候变化框架公约》义务和共同采取行动，防止“危险的气候变化”。

IPCC 报告草案摘要中说，既然由于人类活动造成大量二氧化碳排放，在大气中持续数世纪之久，那么带来的气候变暖在整个“人文尺度”上是“不可回逆的”，至少与大规模的地理工程无关。因此，假如我们要将气温升高不超过前工业时的2℃以内，我们需要实施碳预算制度。通过碳预算制度限制人为排放总量，一直处于 8 千亿至 1 万亿吨二氧化碳的区间，当然这没有考虑到限制二氧化碳之外其他温室气体排放。现在，我们已经排放了 5300 亿吨，用完了整个预算的 2/3 左右。这一结论是纯粹的科学计算，但也遭到中国、巴西和沙特阿拉伯等一些政府的反对。

科学在本质上不是共识达成的过程。科学家们惯于大费周章地反驳彼此的假设，让他们达成协议是很难的。所以问题是：IPCC 自我设定的使命是对浩瀚如海的气候变化各方面的科研进行综述，以达成分量很重的共识文件，同时还要抵制来自政界的干预——IPCC 是否胜任呢?

一方面，IPCC 报告所达成的共识在科学家之间仍然存在争议。最近几周来，许多过去和现在 IPCC 报告的作者们对新报告保守主义的科学评估，表达出强烈的不满。因此，可以预见，对怎么撰写明年即将出炉的两份配套报告——气候变化的影响和如何采取行动，工作组科学家们之间必将发生更加激烈的争议。

一些研究人员对 IPCC 在气候变暖预测中进行边际调减，感到非常生气。他们说，对气候模型分析结果进行整修或者是合理的，但是这些模型本身并没有包括一些令人担忧的正反馈，这些正反馈在今后几十年里加速了气候变暖。其他的批评者则说，虽然 IPCC 报告提高了其预测，认为本世纪海平面上升达到 1 米，第一作者仍然没有接受普遍接受的研究成果，即本世纪海平面的上升可能达到 2 米。

在本质上，造成这一问题的原因是，一些重要因子没有被气候学家们有效地纳入模型之中，而遗漏重要因子的模型研究则成为 IPCC 报告主要预测发现的基础。

曾经担任过 IPCC 报告作者的宾夕法尼亚州立大学的迈克尔·曼教授，现在非常关注 IPCC 报告忽视了陆地冰层崩塌对海平面升高的潜在影响。IPCC 报告发布之前，他针对报告提出：IPCC 报告不能忽视某些事件影响，这些事件影响虽然发生概率低，但具有较高的潜在威胁。这样的潜在后果构成了社会风险的一个重要组成部分。例如，对制定洪灾风险预防机制的人们来说，最想知道的可能是海平面上升预测的最糟糕情况，而不是最有可能情况。

IPCC 报告海平面上升这一章的主要作者，在 IPCC 报告发布后也承认了这一观点：“在科学研究获得的发现，与决策者和防洪工程设计师等实践者所欲了解的情况，二者之间确实存在冲突。”

另一个担忧是甲烷。甲烷是一种潜在的温室气体，在北极圈等寒冷地区，甲烷是在过去几个世纪里腐烂植被的冷冻产品。随着北极永久冻土融化和海床升温，大量甲烷可能会逃逸到大气中。IPCC 估计，本世纪将有多达 80% 的北极永久冻土融化。

甲烷的释放可以大大加快全球变暖进程，但带来的威胁不包括在现有的气候模型之中。科罗拉多大学波尔得分校的凯文·舍费尔教授批评指出，离开了多年冻土反馈(指甲烷释放)意味着“在 IPCC 报告所有的气候预测可能存在错误的偏低。”

凯文·舍费尔教授说，这一遗漏不是撰写报告的科学家们的过错，而是 IPCC 报告撰写的繁琐过程机制所造成的。IPCC 气候模型采纳新数据的截止日期为 2009 年，而“对永冻层(甲烷)反馈的第一评估结果出来是在 2011 年，在时间上是太晚了，”舍费尔说。但同时，费舍尔教授提醒说，IPCC 报告对气候变暖预测偏低的结果可能是迎合各国政府设定温室气体排放的“高调而不实”的承诺目标，2009 年召开的哥本哈根会议提出要控制气候变暖在 2℃以内。

伦敦经济学院的尼古拉斯·斯坦恩教授，在 2006 曾为英国政府提供了一份很有影响力的气候变化经济分析报告，对 IPCC 及其模型的缺陷也持有类似的观点。2013 年 4 月，他参加国际货币基金组织在华盛顿哥伦比亚特区的一次会议上批评说，“科学模型大多遗漏了危险的反馈。”他呼吁要建立“一个新的模型，去关注如何了解事件发生概率集中情况，以及事件发生给人类造成的严重后果，而不是关注哪些影响更容易通过建立模型反映和评估。”

### (三)争议之三：气候变暖“缓滞”是暂时现象还是长期趋势？

一个突出的有争议的新话题是第 5 次评估报告如何处理气候变暖“缓滞”的问题。IPCC 报告草案承认这一问题已经引起了科学家普遍关注，但同时也指出，气候模型通常不会重复显现过去 10 ~ 15 年内所观察到的表面变暖趋势的减缓结果。据报道，一些政府代表的立场是想删除气候变暖放缓的说法。一些人认为，放缓并没有持续足够长的时间，从而足以被认为是气候变化的真正趋势。也许，这些代表们也觉得放缓说法会被否认气候变化的人肆意利用。

联席主席托马斯·斯托克教授也谈到，对气候变暖趋缓的背后原因——他名之曰“缓滞”，引起科学家们的强烈兴趣。IPCC 报告认为，目前无法确定气候变暖趋缓是否为一个暂时现象——这可能是大气和海洋之间热的自然再分配造成的，或者意味着反映全球变暖的气候模式在设计上存在错误。

“我们需要对此问题进行详细观察，”斯托克承认，关于放缓现象“公开发表的文献并不是很多”。这确实是一个问题，因为 IPCC 自己不做研究，只能审查公开发表或出版的文献。但是，提出气候变暖放缓的作者坚持已见，极力将这段文字写入 IPCC 报告并保留了大部分的信息，尽管有关模型存在缺陷的直接声明并没有出现在 IPCC 报告中。

### (四)争议之四：现在的问题是 IPCC 是否仍然胜任其使命?

从 1988 年联合国成立 IPCC 以来，在过去 20 多年里，IPCC 一直在努力地做政治家们所要求的工作：对气候变化各方面的科学发现进行综述，为决策者们提供一系列的评估结果和达成的共识。由于其工作努力，IPCC 在 2007 赢得诺贝尔和平奖。但是现在的问题是：IPCC 是否仍然胜任其使命？IPCC 可能在科学方面搞得好，但它提供了决策者所需要的东西吗？

哈佛大学教授戴维・基思曾经是 IPCC 报告的作者，最近辞去了 IPCC 报告作者的职务。戴维・基思说：“IPCC 显出中年衰老的迹象，包括人员冗多，思想越来越僵化，对自己气候模型过度自信。IPCC 在早期做了了不起的工作，但它现在日益仪式化和官僚化，发布的报告长篇累牍，但对解答政策制定者所面临的棘手难题，几乎毫无帮助。”他声称，“IPCC 需要再造”。

具有讽刺意味的是，IPCC 对政治压力已经挺身而立，努力保持其科学纯洁性，哪怕有点改善也会大有裨益。

## 四、专家意见

**安德鲁・斯蒂尔**(Andrew Steer，世界资源研究所主席)：毫无疑问，气候变化背后的科学情况已经摸清。最新 IPCC 报告证实了我们对气候变化的比较彻底的了解，即气候变化确确实实地发生在这里，且气候变化演化进度比我们意识到的还快。人类活动是造成气候变化的主要原因。

我们能够解析气候变化的细节和对此进行理性的讨论，但我们往往忽略了人类深陷危险的科学警告。我们的切身经验与世界顶尖的科学家的判断，二者相互证实一致。极端天气事件以及气候变化的巨大影响，给人民和经济带来严重的损失。热浪发生更加频繁；冰川和冰盖加速融化；海洋水面迅速升高。在过去连续 342 个月——超过 28 年，全球气温已经超过 20 世纪气温的平均水平。

应对气候变化的成本每天都在倍增。干旱灾害破坏食物供应。海平面上升造成种群灭绝。飓风和台风在世界各地肆虐。气候变化不仅是非常不公平的——贫困人群不造成气候变化，遭受的伤害却最大，而且破坏了经济增长的未来前景。

这些最基本的结论，不仅来自政府间气候变化专门委员会。许多其他的权威机构，如美国国家科学院、全球变化研究计划、美国国家海洋和大气管理局和英国气象局等等，最近都赞同这些最基本的结论。

亡羊补牢为时未晚，但我们需要基于科学证据迅速采取反应和行动。我们需要找到低碳的经济增长途径。我们需要采取行动减少全球温室气体排放，加快转向清洁能源，并提高我们社区修复力。我们知道，在气候变化严峻形势下，与不作为的代价相比，采取行动的成本是适度且可以接受的。未来取决于我们对这个全球挑战是否觉醒。我们时代的领导人迎接时代的呼唤，正当其时。

**珍妮弗·弗兰西斯**(Jennifer Francis，新泽西州罗格斯大学沿海和海洋科学研究中心教授)：刚刚发布的 IPCC 报告总结了过去 6 年在气候科学方面的研究进展，并重申了之前相关报告中提供的信息，但是该报告更明确，更紧迫，更清晰，更具体。报告的结论非常明确，即全球正在变暖，且这种变化是由人类活动导致的。在我看来，报告中最值得注意的内容是趋势的一致性——不仅是存在越来越多的表明气候变化的证据，还有人类应对气候变化日益增强的信心。这份报告应该消除关于现实、因果关系以及问题严重性的任何怀疑。世界上最受人尊敬的科学家应该达成共识，共同拆穿那些在转变以化石燃料为基础的能源基础设施过程中利益受损群体所造的谣言，并帮助公众清楚地认识到该群体提供的虚假信息。

**迈克尔·曼**(Michael Mann，宾夕法尼亚州立大学地球系统科学研究中心主任及气象学特聘教授)：专家组的评估在很多方面过于保守。例如，在新的报告中，小幅降低了温室气体总量不确定区间的下限，以回应当前 $CO_2$浓度较工业前增加一倍的事实。这一下调基于一个勉强的理由：在过去 10 年，气候变暖的速度开始减缓。但是，有许多现象可以对此进行解释——包括海洋吸收的热量发生的自然变异——这并不意味着气候对温室气体的敏感度降低。该工作组对全球海平面上升的研究结果同样保守。报告根据 $CO_2$正常排放量，指出本世纪末海平面上升的上限约为 1 米，但同行评议的预测结果为报告中的 2 倍。我和我的同事设计的“曲棍球棒”曲线图，显示近几十年全球气温呈现大幅攀升现象，而实际上，报告进一步强调了目前全球变暖处于一个特殊状态。新报告表明目前存在一个新的且更真实的“曲棍球棒”曲线，其证实并扩展了原“曲棍球棒”曲线图的结论。最新 IPCC 报告提供的信息是简明扼要的：气候变化是客观存在的，且由人类活动导致，如果我们不减少全球碳排放，将面临更具破坏性且不可逆转的后果。目前该行动的紧迫性超过其他任何行动。

**简·龙**(Jane C S Long，加州未来能源研究，加州科学技术委员会，主席)：IPCC 报告对大气中不断增加的温室气体产生的危害发出了更为尖锐的警告。目前针对这一信息的政策并没有准确反映出该信息的危险性和紧急性。

同时，IPCC 报告对于 $CO_2$浓度加倍的影响也没有提供更为明确的阐释。而实际上，可能出现的结果范围却增大了。具有讽刺意味的是，报告认为，考虑到多年的研究结果导致对未来气温进行估测的精确度降低，因此我们可以设定一个温室气体的排放上限，以将气温上升精确地控制在2℃以内。世界对于已商定的且不断提高的上限犹豫不决，因其对于可能产生的后果不提供任何保障。相关政策和 IPCC 都应改弦易辙，相同的行动并不是多多益善，并不能提高应对气候变化的能力，真正需要的是更具战略性的方法。研究重点应从宏观的综合研究转向更为深入的研究，特别是针对那些目前尚不明确却具有关键作用的现象和影响。首先，反馈机制，气溶胶和云的作用，海平面上升，干旱，洪水，热浪等等，这些都值得关注并需要最新评估。此类研究可为处于黑暗中摸索的气候科学家点亮一盏希望的灯，同样有助于政治家保持清醒。其次，谈判得出的提高温室气体排放上限这一失败战略应尽快被取缔，取而代之的应是不产生任何碳排放的能源结构的转变。每个地区都应加快制定减少碳排放战略的进程，同时 IPCC 应对此类减少碳排放的地区战略给予支持。

**马克·帕加尼**(Mark Pagani，耶鲁大学气候与能源研究所，主任及教授)：工作组总结的详细信息并不令人讶异，但其中两条却让我印象深刻。$CO_2$浓度增加一倍的气候平衡敏感性重新引用 IPCC 第三次评估报告给出的范围，与儒勒·查尼于 1979 年主持的第一次 $CO_2$和气候评估结果相一致。“新”的下限指出 $CO_2$浓度增加一倍气温最少增加 1.5℃，明显低于第四次评估报告中提出的2℃。但是 1.5℃这个结论与近期的气温变化情况并不相符。按照该理论，自工业化以来 $CO_2$浓度增加了 40%，气温应该上升 0.85℃，而实际上，气温却上升了 1.65℃，接近理论值的 2 倍。我也承认，这可能是一个短暂的敏感性估计，由一些人为变量比如炭黑导致，但正是因为人为溶胶可能掩饰真正的变暖趋势，同时对于全球变暖真实情况的充分了解需要一个漫长的过程，我们所需应对的气候平衡敏感性反而应该更高。同时，我也看到，一些极端事件与 $CO_2$浓度在统计上相关，评估结果显示 $CO_2$浓度增加(约 66% ~100%)很可能导致某些地区热浪的发生概率增加一倍。尽管全球变暖可以带来更多的降水，但统计数据却表明全球变暖带来的降水频次超出正常范围，而没有人对此感到惊讶。

**凯文·伦伯斯**(Kevin Trenberth，美国国家大气研究中心气候分析组，著名高级科学家)：新报告的调查内容较上期报告有所增加。与之前的报告相比，最让我关注的是决策者摘要的最后一部分内容。它指出，为了控制气温自 19 世纪中叶以来上升幅度不超过 2℃，全球允许排放到大气中的 $CO_2$累计量不得超过 800 亿吨。而截至 2011 年，已有 531 亿吨 $CO_2$排放到大气中。该报告还指出，大量人为排放的 $CO_2$所导致的气候变化在几百年甚至上千年的时间尺度上是不可逆转的。报告预测地球表面气温在几个世纪内将一直维持在较高水平，甚至人类已经停止向大气中排放 $CO_2$。此外，报告提到，由于长期以来热量过度地从海洋表面向深处转移，海洋变暖，海平面上升，冰川融化将持续数个世纪。这可能导致格陵兰岛的冰盖发生不可逆转的损失，并导致海平面在1000 年左右上升 7 米。对于新报告的一个担忧是飓风、龙卷风、干旱的发生风险被低估。报告于 3 月 15 日出版或提交，2013 年新增加了该主题的所有内容并强调了 IPCC 报告的保守性。

**加文·施密特**（Gavin Schmidt，美国国家航空和宇宙航行局戈达德空间研究所气候学家及气候建模师）：IPCC 的每个报告都包括一个图表，其显示了自前工业化时代以来大气中不同气体对辐射强迫的不同贡献。每个报告都较前一个报告更全面，因其对辐射强迫进行了更好的量化，但第五次评估报告在某些内容上却与其他报告大相径庭：不再显示与强迫有关的大气中每种气体的变化情况，而是将强迫归因于排放量的改变。这使得非 $CO_2$气体的贡献更为清晰：甲烷的作用更加凸显，通过其对大气化学过程的影响，连同其他一些更为常见的空气污染物，生动地显示了空气质量和气候变化之间的联系。但可能更重要的是，IPCC 工作组将更加严肃地对待自己的工作，因其认识到工作成果将与政策制定息息相关。更为有益的结果是，决策者已经在监测和控制报告中总结的气候变暖原因，而不是反复将其归为科学家的责任。如果你想向决策者传递信息，你最好更好地回答他们的问题，而不是将其假想为科学家。

**安德斯·莱韦尔曼**（Anders Levermann，德国波茨坦气候变化研究所，IPCC 第五次评估报告海平面章节的首席作者）：IPCC 第一工作组没有计划为未来气候变化影响提供风险评估。它提供了在不同社会经济情景下的未来最有可能的全球平均温度以及其他变量，如区域降水量变化。针对海平面这一变量，社会可能想知道科学家对海平面上升高度的最佳猜测是多少，但是对于用于实际用途的海岸保护来讲，海平面上升的任何相关情况都是糟糕的。海平面上升的上限值不同于最佳猜测，它至少有两个重要特性。首先，出于实践目的，上限值不能过高。这意味着，如果你根据这个上限值来进行海岸保护，那么你是安全的，这独立于科学上的不确定性或社会经济情景。其次，实用的信息越多，我们估计的上限值会越低。例如，我们加深了对相关科学的认识。一开始，我们采用最高数字，然后寻求可以减少这一最高数字的科学证据并降低数值，直到我们不能找到进一步减少的原因。这时，我们就得出了安全的上限值。

我们在最新的 IPCC 评估报告中并没有提供海平面上升上限，但是允许有创意的读者进行构建。在最高的气候变化情景下，2100 年海平面上升的可能范围是 52～98 厘米。然而，报告指出，在 21 世纪，如果南极的基于海洋的冰盖部分融化，全球海平面可能会额外上升几十厘米。因此，最终估计的海平面上升的可能上限值范围是 1.2～1.5 米。这是 22 世纪需要进行沿海保护的全球平均上限。

**吴昌华**(气候组织大中华区总裁)：确定性增加，显然能进一步加深我们对气候变化原因的科学认识，使我们对结论更有信心。但在实际中，这并未改变行动方案，2007 年政府间气候变化专门委员会(IPCC)评估报告发布甚至更早之前，这就非常明确了。如今，我们只是对问题又更加肯定了一点儿，而这问题我们早就非常确定了。

气候敏感性问题无疑是一个非常重要的争论，因为各国政府将据此作出政策反馈。不过，气候敏感性变化范围的缩小，似乎主要适用于高值。科学家新提出的估值范围(我想是 2～4.5℃)依然会对很多国家和经济体产生非常严重甚至是灾难性的后果，世界银行等主要机构也指出了这一点。一些持怀疑态度的人称，气候敏感性有所降低，因此一切都会正常，我们不用再担心碳排放增加，这是完全错误的。气候变化的风险依然存在，谨慎、务实的做法是立即采取行动减少碳排放，从而避免损失严重的破坏性影响。

2007 年 IPCC 报告指出，由于温度升高，海水膨胀，过去 150 多年中海平面约上升了 20 厘米。近几十年，上升速度加快，科学家把这归因于陆地冰川及冰盖的冰雪减少(注意：海冰融化不会造成海平面升高)。现在最主要的风险在于，这会加剧海岸侵蚀、大潮等自然现象，这些对低洼地区尤其是较小的岛国无疑会造成严重影响。

再来看中国，这是近几十年最容易受气候变化影响的国家。中国沿海海平面上升幅度高于全球平均水平；极端天气，尤其是洪涝、干旱，更为频繁、剧烈，影响范围更大，其中一些地区此前从未遭遇过这种灾害。中国水资源本就呈现“水多、水少、水脏”问题，受上述因素影响，脆弱不堪的水资源安全对国家经济增长和国民生活质量构成更大威胁。中国年均 GDP 增长总有部分被极端天气抵消，因此中国必须认真考虑如何提高应对气候变化的能力。

**迈克·休姆**(伦敦国王学院气候与文化学教授)：IPCC 报告绝不能再采用现在这种形式。这份报告篇幅冗长(2000 页)，耗费的时间精力、涉及的科学家都太多，但对气候领域的决策却没有实质性帮助。我一直主张，报告应该篇幅更短、用时更少，重点关注气候科学的特定领域，对世界主要地区分别进行评估，报告的撰写者则应该是研究气候变化如何影响适应性、能源和发展的专家及各利益攸关方。这些不一定非要 IPCC 独立完成。

一方面，IPCC 报告称，现在科学家更加确定人类对气候系统产生了重要影响——这一点我们早就知道了！——但另一方面，报告又明确表示，未来气候系统到底将如何变暖（即气候敏感性问题），我们依然所知甚少，局部降水模式、暴风雨如何变化也尚不清楚。这些问题还有很大的不确定性。在复杂的科学领域，研究越多，问题越多；IPCC 第四次评估报告也是如此，一个问题得到解答，两个新问题又随之而生。这就是科学的本质。

20 世纪 90 年代以来，全球升温变缓，这使很多科学家感到震惊，也告诉他们，对现有气候知识保持批判态度是件好事。科学从来都没有最终产品，只有暂时的结果。但对气候科学持怀疑态度，并不意味着人们可以否定气候政策——考虑到我们现有的知识，问题只是在于什么样的气候政策是最恰当的，即最有效、最合理的。即使气候敏感性仅为 1.5℃，我们也应采取一定方法解决能源供应、气候风险和空气质量问题。

IPCC 对气候科学的最新评估，可能会使人不再关注如何解决气候变化的核心问题，即寻找有效、合理的干预性政策——这也是政治上的一大挑战。实施减轻气候变化危害的政策之所以存在困难，并不是因为科学知识不足。使大众相信人类“极有可能”——而非“很有可能”——是导致气候变化的重要因素，这并未改变气候变化的政治问题。困难来自于风险涉及的利益群体以及人们对风险的态度各不相同。只有政治策略不再受限于全球要达成一致的要求，上述困难才能得以解决。

我们需要的是更加务实的气候变化政策，而非更权威的科学。

（资料来源：Climate Change 2013：The Physical Science Basis 等摘录，以及 www. ipcc. ch，www. wri. org，Yale environmental 360，中外对话等网站资料）

## 联合国气候变化大会在华沙闭幕<br>就 REDD +、损失和损害等取得进展

2013 年 11 月 23 日，联合国气候变化大会在华沙落下帷幕，各国政府将继续为在 2015 年达成一项具有法律约束力的普遍协议而努力，包括帮助发展中国家减少来自毁林和森林退化导致的温室气体排放和就损失损害补偿机制问题达成协议。

气候公约第 19 次缔约方大会（COP19）主席 Marcin Korolec 说：“华沙气候变化大会为各国政府达成新的普遍气候协议提供了草案文本，并在明年秘鲁

气候变化大会上讨论。这为2015年在巴黎气候变化大会达成最终协议奠定了基石。”

各国政府决定启动或加强国内准备，为在2015年前达成新协议而努力。新的协议将于2020年生效。各缔约方将于2015年第一季度在巴黎召开的COP21前提交清晰和透明的减排草案。各国政府还决定通过加强技术工作和各国部长更加频繁的接触，努力缩减2020年前的排放差距。

大会还决定成立一个“国际机制”，旨在为最易遭受因全球变暖而引起的极端气候事件和海平面上升等缓慢发生事件袭击的国家和地区提供资助，帮助他们对抗气候变化造成的损失和损害。“华沙损失损害国际机制”的具体工作将于明年开始。

气候公约秘书处执行秘书菲格雷斯说：“我们看到了重大的进展，但是我们必须再次表明我们正在经历越来越多，越来越频繁的极端气候事件，贫困地区和弱势群体已经付出了巨大的代价。”

“现在各国政府，尤其是发达国家，必须做出更多的努力，只有这样才能在巴黎气候变化大会之前提交更加可行的减排方案。”她表示。

此外，各国政府提供了更加清晰的资金支持，帮助发展中国家采取行动减少排放和适应气候变化，包括要求发达国家在2014~2020年间每两年提交一次扩大资金支持的策略和方案。

华沙气候变化大会还宣布即将到来的公共气候融资以支持发展中国家采取应对气候变化的行动，资金来源国家包括挪威、英国、欧盟、美国、韩国、日本、瑞典、德国和芬兰。

与此同时，绿色气候基金董事会正在加快快速启动资金进程，要求发达国家在2014年12月COP20召开前兑现承诺。

## 减少来自毁林和森林退化的温室气体排放

这次协议包括一组重要的决定以帮助发展中国家减少来自毁林和森林退化的温室气体排放，此类排放约占人为排放的1/5。美国、挪威和英国承诺为“REDD+华沙框架”提供2.8亿美元的支持。

Korolec主席表示：“我为这项具体的成就感到骄傲。我们都知道森林在碳汇、稳定气候和保护生物多样性方面发挥着核心作用。通过谈判，我们为森林的保护和可持续利用做出了重大贡献，这将使居住在森林周边的居民和全世界的居民受益。我非常自豪，这项成果叫做‘REDD+华沙框架’”。

## 损失和损害补偿机制初步达成协议

设立损失和损害补偿机制的目标，是让发达国家补偿正遭受气候变暖而造成自然灾害的国家。这一“补偿”概念已经谈了3年，在华沙会议上，发达国家终于同意对此开启谈判，但并未对何时以及如何建立补偿机制作出承诺。

## 帮助发展中国家进一步采取行动

全球48个最贫困的国家在华沙通过一项里程碑式的决定，共同完成了一组全面应对不可避免的气候变化影响方案。这些贫困国家可通过这组方案更好地评估气候变化的直接影响，其资助需求变得更加的弹性。发达国家，包括奥地利、比利时、芬兰、法国、德国、挪威、瑞典、瑞士，已经提供或承诺提供超过1亿美元的资金投入到适应基金，并已经开始资助国家项目。

气候技术中心和网络（CTCN）的建成使得可以快速响应发展中国家对技术转让建议和帮助的需求。CTCN已经启动并鼓励发展中国家设立重点项目加速技术转让。

## 所有级别的气候行动

COP19已经展示了企业、城市、地区和公民社会为应对气候变化采取的行动。公约秘书处还通过庆祝一年一度的“改变的动力：灯塔活动”，展示创新融资的积极结果和妇女与贫困城市居民采取的气候行动。此外，该计划将启动一个新的领域，关注信息和科技部门为削减排放和提高适应能力所做的努力。“所有的社会阶层都在采取行动。COP19所有的参与者不仅展示了他们为气候变化所做的一切并认为他们还能做得更多更好。明年，他们将把想法转变成实际行动。”菲格雷斯说。

## 2014年纽约峰会/下一届气候公约会议

联合国秘书长潘基文在华沙重申他的邀请，希望所有的国家和政府首脑、金融和商业界领导人以及公民社会的代表参加2014年9月23日在纽约举办的气候峰会，这一峰会将为气候公约谈判提供助力和补充。他说：“我询问了所有带来大胆的和全新的公告和行动的人们。到2015年初，我们需要将这些承诺转化成世界行动，为将全球气温升幅控制在2℃达成一份新的协议。”

公约下一次德班平台特别工作小组会议将于2014年3月10～14日在德国波恩举行。

（摘自：联合国环境规划署中文网）

# 第二篇

# 涉林公约动态

# 全球生态治理 2013 年有 6 个关键话题<br>中国生态建设进程和森林治理问题列入其中

## 一、全球生态治理 2013 年的 6 个关键话题

2013 年 1 月 15 日，世界资源研究所主席安得烈在美国华盛顿的国家记者俱乐部进行第十年度全球生态问题展望，列出了 2013 年需要观察的 6 个关键话题。

### 1. 能源需求如何满足?

现在全球有超过 13 亿人缺乏能源，而不断壮大的中产阶级将需求更多的电。我们如何在满足这些能源需求的同时，仍然控制全球温室气体排放量?有三类能源将特别要关注：天然气、煤炭和可再生能源。

### 2. 中国将如何启动其“生态建设”?

中国是世界上最大的二氧化碳排放国，每年占全球二氧化碳排放量的1/4以上。但中国领导层已经做出表示，中国已经认识到其生态环境恶化所带来的挑战。那么，中国将如何实现其气候和能源的目标?

### 3. “非洲狮子”们将如何成长?

非洲声称，2001 ~ 2010 年的经济增长最快的 10 个经济体中，非洲占有 6 个。这 6 个国家就是所谓的“非洲狮子”。非洲的增长是将导致这些国家更严重的环境退化，还是将促进这些国家采取更多的保护措施以保证“绿色增长”?

### 4. 森林保护是否处在拐点?

森林是全球 80% 的陆地生物的家园，并且每年为全球经济做出超过 7200 亿美元的贡献。然而，我们每年因为采伐而失去了超过 1300 公顷的森林。印度尼西亚和巴西等国家，已经取得了一些进展，但是这些进展可否维持下去?

### 5. 绿色投资可否在金融危机中生存下去?

绿色投资需要长远的判断和长期的坚持，但全球经济的不确定性导致了更多的短期思维和短期行为。在 2013 年，绿色投资将何去何从?

### 6. 奥巴马政府是否对气候变化采取行动?

最近一系列极端天气和气候事件，造成重大的生命财产损失，可能助推了对全球变暖采取行动的政治势头。奥巴马总统能否利用这个机会把美国推

进一个更安全的温室气体排放轨道？

## 二、美国气候变化立场的变化

面对国内外形势和压力，奥巴马政府承诺优先处理应对气候变化的问题，但奥巴马政府是否有作为仍拭目以待。

2013 年 1 月 21 日，美国总统奥巴马发表第二任期就职演讲中称，“我们，人民，仍然相信，我们作为美国人的义务不只是对我们自己而言，还包括对子孙后代。我们将应对气候变化的威胁，认识到不采取措施应对气候变化就是对我们的孩子和后代的背叛。一些人可能仍在否定科学界的压倒性判断，但没有人能够避免熊熊火灾、严重旱灾、更强力风暴带来的灾难性打击。通向可再生能源利用的道路是漫长的，有时是困难的。但美国不能抵制这种趋势，我们必须引领这种趋势。我们不能把制造新就业机会和新行业的技术让给其他国家，我们必须明确这一承诺。这是我们保持经济活力和国家财富——我们的森林和航道，我们的农田与雪峰——的方法。这将是我们保护我们星球的办法，上帝把这个星球托付给我们。这将给我们的建国之父们曾宣布的信条赋予意义。”

自 2012 年 11 月竞选连任以来，奥巴马一直表示将把气候变化问题作为第二个任期内优先处理的问题。在第一个任期内，奥巴马曾试图推动国会就气候变化问题立法，但最终失败。

据分析人士称，今后美国的气候变化立场将发生很大的改变。一方面，美国需要发展新能源、新技术，为本国创造就业机会，提高竞争力以保持全球领先地位。另一方面，美国 2012 年共遭遇 11 场自然灾难，包括半个多世纪以来最严重的旱灾、备受关注的飓风“艾萨克”以及年末重创美国东北部地区的飓风“桑迪”等，给受影响地区造成了严重损失。

这些极端气候灾害与全球气候变化具有很强的关联性。美国国家气候数据中心 1 月 8 日发布报告说，2012 年是美国本土有记录以来最暖年份，同时其极端天气严重程度排名第二。本月出台的《美国国家气候评估》草案认为，气候变化现在已影响到美国的很多方面，包括健康、基础建设、水供应和农业等。报告认为，过去半个世纪中可观测到的气候变化“主要是由于人类活动，特别是化石燃料的使用导致的”，全美各地都受到这些变化的影响，极端天气将成为新常态。现在，从民间社会到科学领域，人们达到了空前一致的共识，认为美国不能在应对气候变化的问题上一直保持沉默、无所作为。

从国家层面上，美国应对气候变化政策有三个要点：一是加强减排力度，确保目前所定减排目标的实现——到 2020 年在 2015 年基础上减少 17% 的排放。二是大力发展新能源和可再生能源，形成新的富有竞争力的产业；三是与《联合国气候变化框架公约》相配套，提出更加积极的应对气候变化方案，主导国际气候变化谈判。

（摘译自：www. wri. org, Stories to Watch 2013；新华网，2013 - 1 - 22。）

## 联合国大会批准关于生物多样性实施草案的决议

2012 年 12 月 11 日，联合国大会批准"关于生物多样性公约实施草案及其对可持续发展的贡献的决议"，欢迎于 2012 年 10 月在印度海得拉巴举行的生物多样性公约第 11 次缔约方大会上形成的成果。

生物多样性公约实施草案强调动员有效的金融、人力和技术资源支持实施 2011 ~ 2020 年生物多样性战略计划，并欢迎旨在增强发展中国家升级能力建设的制度机制的海得拉巴承诺（the Hyderabad Pledge）。实施草案鼓励各国政府分享遗传物质（genetic materials）利用研究和开发的成果，并应采取措施实现《名古屋协议》[①]关于获取遗传资源和公正、公平分享其利用所产生惠益的规定。重申爱知生物多样性目标的重要性，草案重视应努力把这些目标主流化，并纳入 2011 ~ 2020 年生物多样性战略计划。草案鼓励利益相关者在制定"后 2015 发展进程计划"中，考虑三维层面的可持续发展，把战略计划和爱知目标详细分解纳入。强调私营部门参与生物多样性保护的重要性，实施草案呼吁商业主体调整政策，考虑纳入生物多样性保护、可持续利用和公正公平分享其利用所产生惠益。草案还强调，原住民和当地社区在自然可再生资源的监督利用和可持续管理方面，占据十分重要的地位。

（摘译自：UNGA Second Committee Approves Resolution on CBD Implementation）

① 指的是 2010 年 10 月在日本名古屋举行的第 10 次生物多样性公约缔约方大会上形成的名古屋协议。

## 国际重要湿地公约特别是水禽栖息地公约等机构发布《水和湿地生态系统和生物多样性经济学》报告

2013 年 2 月 1 日，国际重要湿地公约特别是水禽栖息地公约——拉姆萨尔公约秘书处、联合国环境计划署(UNEP)和合作伙伴发布题为《水和湿地生态系统和生物多样性经济学(TEEB)》的报告。

报告敦促对湿地的态度产生重大转变，认识到它们“提供水、原材料和食品，以及它们维护人民生计和可持续发展世界经济”的价值。报告为 2013 年的湿地日(World Wetlands Day)而发布。2013 年的湿地日的主题是突出“保护和加强水和湿地提供的生态系统服务的”重要性。报告概述了与水有关的关键生态系统服务，目的是鼓励增强的政策姿态、商家承诺和投资以保护、恢复和合理利用湿地。

报告的主要信息包括：水、食品和能源之间的关系是社会的基本关系，也是面临的挑战之一；水安全是一个重要的、越来越多受到关注的挑战，湿地提供了解决这一挑战的一种方案；水循环强烈依赖于湿地，湿地在水、碳和养分循环中扮演了关键角色，但政策没有充分考虑到这两者之间的相互联系；湿地支持减缓和适应气候变化、健康、生计、地方发展和消除贫困；与人造基础设施解决方案相比，湿地维护和恢复成本效益往往更显著；尽管湿地具有经济价值，但它们已经并继续丧失或退化。

(摘译自：TEEB Report Highlights the Ecosystem Services Provided by Wetlands)

## 欧盟拟修正 2013 年空气污染政策　提出 2020 年减少森林酸沉降等四大治污战略目标

2013 年 2 月 8 日，欧盟环境署宣称清洁空气是欧盟 2013 年环境政策讨论的焦点。2013 年，欧盟委员会将评估应对空气污染的主题战略以及相关政策。欧盟环境署认为空气污染是关系公众健康和环境的头等大事。2013 年欧盟委员会将与广泛的咨询机构协商有关的政策选项，制定主题战略。在过去10 年，对公众健康构成威胁的空气污染物几乎没有减少。特别是空气污染产生的环境影响，如酸化和富营养化，比预期的情况更为严重。部分原因在于生态系统比以前变得更加敏感。

欧盟提出，2020 年较 2000 年形势，主体战略应实现四大目标：

——林区和地表淡水区各自减少 74% 和 39% 的过量酸沉降；

——暴露于富营养化的区域或生态系统减少 43%；

——暴露于颗粒物致使平均寿命缩短的比例降低 47%；

——暴露于臭氧导致的急性死亡率减少 10%。

（摘译自 EU to Revise Air Pollution Policies in 2013；Thematic Strategy on Air Pollution）

## 欧盟环境署发布 2013 年年度方案<br>关注空气污染、气候变化和能源

2013 年 1 月 28 日，欧盟环境署发布其“2013 年年度管理计划”，概述了欧洲经济区工作方案，涉及问题广泛，包括：空气质量和噪音、空气污染物排放、减缓气候变化、适应气候变化、能源和运输。

年度管理计划包括以下部分：欧洲经济区的使命宣言、愿景和战略目标；2013 年的主要活动；欧盟环境署 2013 年的预算概要；欧盟环境署的职能和战略指标；2013 年初步的出版计划和年度工作计划。该计划确定了欧盟委员会的“空气年”，包括出版第三次《年度空气质量报告》，以及区分 2013 年减缓和适应气候变化的重点。关于减缓气候变化，该计划强调年度温室气体的数据编制和根据《联合国气候变化框架公约》实施可测量、可报告和可核查的能力建设活动。关于适应气候变化，计划将维护、升级和改善适应气候变化平台（the Climate-ADAPT Platform），出版适应气候变化报告，以及跟踪将于2013 年 3 月出版的欧盟适应气候变化战略。

（编译自：EEA 2013 Work Programme to Address Air Pollution，Climate Change，Energy）

# 联合国粮农组织发布“森林和水”20 项国际议程

2013 年 3 月 21 日是世界森林日，联合国粮农组织发布题为《森林与水：国际动力和行动》的报告，为森林和水的研究和政策提供一份全面实用的国际议程。这份报告是基于 2008 ~ 2012 年间由粮农组织和其他机构组织的活动提炼的综合成果和建议。报告意识到世界 80% 的人口已经生活在饮水不安全地区，报告评估了森林对水生态系统和资源可持续管理的重要性①，以及水对森林生态系统可持续性的重要作用。报告的主要贡献是提供森林和水 20 项国际议程，供决策者参考。

### （一）（森林和水关系）进程理解和研究

1. 制定和实施跨学科的研究活动（包括实地项目）和科学调查，通过季节、气候区、地质条件、林分发育状态、原生和非原生物种、天然林和人工林，以及森林管理措施反映的函数关系，提高对森林和水相互作用的理解。特别注意径流丰枯、水量和水质等水文变量。

2. 开发长期监测系统和工具，定性和定量研究森林集水区水资源变化，特别要考虑不同的树种成分、管理措施和气候变化情景。这些工作应建立在成员国和其他伙伴现有的合作基础上。

### （二）合作、政策和制度发展

3. 评估国家层面上森林和水现有的法律、政策和体制机制。评估关键问题、知识差距，以及跨部门合作的挑战和机遇，分析联合管理的瓶颈。

4. 举办国家培训班，培训森林和水社区的政策制定者和技术人员。开拓创新的、跨部门的、跨领域的体制机制和政策建议，提高森林和水务部门之间的合作。

5. 在欧洲，着力促进欧洲森林华沙决议 II② 的实施工作。

### （三）经济激励措施和机制

6. 分析现有的经验并探索森林和水资源管理方面潜在的经济、激励和福

---

① 8% 的世界森林将水土资源保持作为主要目标。约有 3.3 亿公顷的森林被确定为水土保持、避免雪崩、沙丘固定、荒漠化防治和海岸保护。在 1990 ~ 2010 年间，被指定具有防护功能的森林面积增加了 5900 万公顷。

② 该决议于 2007 年 11 月 5 ~ 7 日在波兰华沙召开的第 5 届部长级会议上被采纳。认识到森林和水之间的密切关系，签约国发表声明，并得到欧洲社区的承诺，采取一致行动，设法解决 4 个关注问题：与水相关的可持续森林管理、协调与森林和水有关的政策、森林、水与气候变化、与水有关的森林服务的经济价值评估。

利创新机制。

7. 在具体管理领域进行成本效益分析，探索与水有关的森林服务补偿计划的可行性。为开发此类计划制定法律工具，并通过实地项目的实施测试这些工具。

8. 发展和促进与私营部门的合作。

### （四）减缓和适应气候变化

9. 在国家层面，把森林和水的关系纳入"减缓和适应气候变化战略、灾害风险管理计划和规划进程的综合性办法"的制定过程中。设计和执行试点项目，评估与水有关的森林服务在减缓和适应气候变化中的重要作用。

10. 促进把森林和水问题纳入国际气候变化有关对话和谈判中，特别是《联合国气候变化框架公约》和"世界水论坛"。

11. 评估其他驱动因素变化对"森林和水相互作用"的影响，如能源危机、生产和消费模式的变化。

### （五）国际层面

12. 指定官方的、高层次的国家有关部委的联络点，参加有关"森林和水相互关系"的国际进程和对话。

13. 鼓励国际组织向国家提供技术支持，如通过组织技术讲习班和研讨会，交流国家间森林和水联合管理的经验，特别侧重于干旱和半干旱地区和气候变化问题。

14. 鼓励国际组织促进加强现有的或创新的"与森林和水有关的" 跨领域制度。

### （六）意识提升、能力建设和交流

15. 制定并实施培训规划，提高有关技术人员和决策者综合性森林和水资源管理的全方位能力。

16. 广泛宣传森林和水及粮食安全的关系，提升利益相关者的意识。

17. 为提升意识、能力建设和交流，鼓励科学家将研究成果转化为实用的、与政策相关的读本。

### （七）森林和水管理

18. 在森林和水管理中，确保森林对水的数量和质量效益最大化。

19. 在森林和水管理中，精心确保树木和森林对水的消耗和保护功能的平衡，同时确保树木和森林提供的其他环境服务。

20. 在地方、国家以及跨越两者的区域，采用综合的景观管理办法。确保森林和水管理对其他土地利用的保障，交流森林和水管理对粮食安全和改善民生做出的贡献。

（摘译自：Forests and Water：International Momentum and Action）

# 联合国粮农组织发布“森林外树木评估相关问题研究”的主要发现和政策建议

2013 年 4 月 2 日，联合国粮农组织发布题为《关于森林外树木的评估：为编制全球森林资源评估的一份专题报告》的工作论文，阐述了森林外树木评估问题的背景、主要的研究发现和政策建议。

## 一、背景

森林外树木(Trees Outside Forests，TOF)的概念最初出现于 1995 年，指的是森林外生长的树木，不属于森林或其他林地。这个词代表了对“扩散性资源(diffuse resource)各组成部分关注度分散”的集中：如对农林业、林牧业、城市和农村林业及其他相关学科。政策和公共领域，这些重要资源已被忽略。1996 年在芬兰 Kotka 举行的全球森林资源评估专家会上，专家们提出了森林外树木对可持续的和综合性的土地管理的重要性，建议粮农组织和全球森林资源评估项目改善关于该领域的数据。自此，森林外树木问题纳入全球森林资源评估 2000 进程。2001 年 11 月在罗马举行的专家咨询会上提出了“提高森林外树木对可持续生计的贡献”，之后，出现了各种报告和出版物，如《森林外树木：迈向更好的认识》(粮农组织保护指南，2002)。

此外，粮农组织还建议把森林外树木纳入国家森林资源评估中：

——把森林外树木纳入国家森林监测和评估计划(National Forest Monitoring and Assessment Programme，NFMA)。截至 2010 年，该计划向超过 15 个国家提供直接支持，帮助它们实施森林以及森林外树木国家清查。

——把森林外树木的子集[称为具有树木覆盖的其它土地(OlwTC)]的覆盖情况信息数据集纳入国家向全球森林资源评估提交的报告表中。填写“具有树木覆盖的其它土地(OlwTC)”数据信息的国家，从 2005 年森林资源评估的 61 个增加到 2010 年森林资源评估的 77 个。

## 二、主要发现

一是 2009 年进行了一个全球尺度的森林外树木的评估(农场上树木，2009)，结果显示，农业用地中约 1000 万平方千米(占总农业用地的 46%)，覆盖有 10% 以上的树木。

二是许多国家都有国家评估提供关于森林外树木的信息。

三是已实施国家森林监测和评估计划方法的国家已经成功地把森林外树木和森林外树木问题纳入国家森林(和树木)评估中。虽然这些国家的估计精度还可以通过提高抽样密度得到大幅提升，但是这些国家能提供森林外树木资源相关变量令人信服的估计。

四是已经实施了详细评估的国家，它们可能会提供有关森林外树木的生物物理变量。一些国家已经采取了具体的森林外树木的评估。这些国家的经验表明，只要森林外树木的类别是一致的，且评估的组织方式是互补的，在国家尺度大规模评估森林外树木是可能的，不存在不可逾越的技术或方法上的障碍。

五是认识到土地利用的范围应包括森林外树木。需要构建一个高效、合法的制度框架。评估森林外树木需要一个特设的多部门体制框架，包括林业部门和环境、农业、农村发展、交通，城市规划等部门。

六是建立健全适应当地实际的土地分类的框架，土地利用和土地覆盖分类需要明确评估森林外树木的变化。

## 三、主要政策建议

一是开展森林外树木国家评估。这份报告提供了所有必要的操作方法。由于森林外树木问题对三项国际公约(生物多样性公约，气候公约和荒漠化公约)的重要性，需要协助和指导的国家，可以寻求国际社会的支持。如果有政治意愿，现在没有任何理由可以阻止一个国家评估其森林外树木。

二是澄清粮农组织森林资源评估对全球森林外树木评估的立场。在粮农组织，农业和消费者保护部(the Agriculture and Consumer Protection Department)编制主要的非木材树作物(non-timber tree crops)(即森林外树木)的国家统计数据，但森林资源评估计划是目前国内明确编制森林外树木国家信息的唯一国际计划。有三个选项可以帮助改善现状：①森林资源评估计划设立一个特设的多部门委员会，专门负责森林外树木的国家报告；②粮农组织设立一个新的森林外树木资源评估特设计划，纳入相关部门的专家；③上述两项的一个组合，根据森林资源评估计划成立的最初的多部门委员会，一旦国家和国际森林外树木评估达到一定的阈值，便成立一个新的独立评估计划。

三是2015森林资源评估应采取行动。努力将森林外树木信息反映在2015年全球森林资源评估中。森林资源评估计划应该细化一些术语的定义，使森林、其它林地和长有森林外树木的土地之间的边界总是可以客观地确定。这是迫切需要的，因为条款含糊不清，可能导致全球森林评估报告在发布森林数据时存在疑惑。因此，2015森林资源评估需有三种技术改进：①减少粮农组织森林资源评估国家报告的主观性：完善定义，特别是“农业”，“城市用地”和“遗弃的林农轮作地(abandoned shifting cultivation)”。②提高国家对“具有树木覆盖的其它土地(OlwTC)”的报告能力。目前，只有少数几个国家能够给全球森林外树木评估在最基本的几个变量之外提供相关数据。有效的不是增加报告的变量，而是保证对“具有树木覆盖的其它土地”覆盖率变化更高的反应。建议国家农业和城市服务部门及早纳入。③在粮农组织森林资源评估遥感调查中开展一次全球性森林外树木评估。森林资源评估遥感调查一直在改善区域和全球森林数据。可以基于全球森林资源评估遥感调查以及已经获得的遥感调查数据开展一次实地研究，对全球“具有树木覆盖的其它土地”做一次近似估计。

四是为全球森林外树木评估制定目标和程序。

（摘译自：TOWARDS THE ASSESSMENT OF TREES OUTSIDE FORESTS）

# 防治荒漠化公约：全球因土地退化导致巨额损失

《联合国防治荒漠化公约》第二次科学会议于4月9日在德国波恩召开，会议主题是“对干旱、半干旱和亚湿润干旱地区的荒漠化、可持续土地管理和抗御能力进行经济评估”，该主题又分为以下两个次主题：一是“荒漠化、土地退化与干旱”对经济和社会的影响；另一是应对“荒漠化、土地退化与干旱”的政策和实践方法的成本和收益。根据会议发布的两份报告，关于这两个议题的主要观点如下：

## 一、荒漠化、土地退化与干旱对经济和社会的影响

1992年，联合国曾就荒漠化、土地退化和干旱导致的经济损失展开评估，当时得出的结论为每年导致直接经济损失420亿美元。不过，《联合国防治荒漠化公约》秘书处执行秘书吕克·尼亚卡贾表示，当年的评估相对单薄，未将荒漠化带来的间接损失等计算在内。

荒漠化、土地退化与干旱(DLDD)对人类产生的直接经济成本是，由于土地生产力下降直接减少地主的收入。然而，估计荒漠化、土地退化与干旱对人类直接经济影响的研究成果有很大不同，也非常不准确。例如20世纪80年代美国荒漠化、土地退化与干旱直接经济成本约占国内生产总值的0.4%，印度占2%，布基纳法索占9%，马里占0.9%~12.5%。在同一国家内部，不同的研究对荒漠化、土地退化与干旱产生的直接经济成本，结果差异也很

悬殊，如印度和中国。

荒漠化、土地退化与干旱还产生间接影响，如由于风和水的侵蚀，土壤淤积河流、水库和灌溉渠道，从而降低其有效性，并加剧了洪水灾害。由于缺乏数据，间接影响的估计还不完善。每年，美国因土壤侵蚀的间接成本估计为170亿美元，直接成本为270亿美元，土壤侵蚀总成本占国内生产总值的0.7%。在中国，沙尘暴与土壤侵蚀导致间接影响，如延误航班和对人体健康影响。

会议报告显示，全球土地退化导致的直接经济损失差异巨大，非洲地区农业GDP的4%~12%因土地退化而损失，而在危地马拉这一比例高达24%。

土地退化导致的社会成本同样令人不安，全球大约8.7亿人处于长期饥饿状态。在乌兹别克斯坦，土地退化导致粮食减产20%~30%。2011年的干旱导致东非地区接近370万人口需要食品援助。

## 二、荒漠化、土地退化与干旱的政策和实践方法的成本和收益

(1)干旱地区是复杂的社会生态系统，其特征是非线性的因果关系、许多不同的社会、生态和经济实体内部和之间复杂的正反馈回路(feedback loops)关系，以及促进潜在的政权转移到另一种稳定状态。因此，干旱区土地管理面临着高度的不确定性和不可预测性。

(2)要加强干旱地区和干旱可持续风险管理的科学基础，有必要基于跨学科基础建立系统方法，强调实践者和学者从不同学科的研究和参与角度，用综合手段来解决问题。

(3)实现干旱地区和干旱可持续风险管理的一个重要手段是增强弹性，通过发展个人、社区和系统在面对外部和/或内部的变化(甚至灾难性事件)时，按照正确轨道(positive trajectory)提高生存适应能力，同时在保持基本功能相同时(风险管理办法)越发变得应变力更强和更有策略。

(4)实现干旱地区和干旱可持续风险管理的另一个重要手段是，运用生态系统服务方法，以确保正确和适当关注旱地生态系统服务动态和相互关联的配置、调节、支撑和文化等方面的关系。生态系统服务的方法对于评估"干旱地区和干旱可持续风险管理作为直接管理目的以及政策决策的基本工具的经济价值"，已被证明特别有用，并且特别具有挑战性。

(摘译自：White Paper I Economic and Social Impacts of Desertification, Land Degradation and Drought、White Paper II Costs and Benefits of Policies and Practices Addressing Land Degradation and Drought in the Drylands)

# 联合国环境署：
# 全球主要生产行业每年造成 7.3 万亿自然资本损失 保护自然生态系统刻不容缓

2013 年 4 月 15 日，联合国环境署发表媒体通报称，由该机构下属的“生态系统和生物多样性研究经济学(TEEB)”国际项目委托英国著名环境咨询公司特鲁克斯特(TruCost)编撰完成的一份最新报告显示，包括农业、林业、渔业、采矿业、石油和天然气勘探等在内的一些主要生产和加工部门，每年所造成环境、卫生及关乎人类福祉的自然资本关键要素巨大损失，价值高达 7.3 万亿美元。国际社会亟须采取更加严格的措施，以确保自然生态系统的可持续发展。

这份题为《自然资本处于风险——企业最大的 100 项环境外部性》(*Natural Capital at Risk-the Top* 100 *Externalities of Business*)的报告指出，全球企业每年在世界范围造成的环境损失约为 47000 亿美元，相当于可确认的由第一产业导致的环境成本总额的 65%。其中大部分来自温室气体排放、水和土地的使用，其环境成本分别占总量的 38%，25% 和 24%；此外，空气污染、水土污染以及废物处理导致的损失分别为 7%，5% 和 1%。

报告称，具有最大环境破坏性的产业目前是燃煤发电，尤其是在亚洲和美洲，其每年因为温室气体排放、大气污染以及健康支出增加等所造成的损失在东亚地区为 4530 亿美元，处于所有生产行业之首；在北美地区约为 3170 万美元，位居污染产业排名第三位。它所导致的社会成本远远高于其带来的经济收益。

其他对环境冲击较大的产业还包括农牧业，主要体现在过度用水和土地使用方面。例如在南美洲，养牛业的环境成本每年约为 3540 万美元；在南亚，小麦和稻米生产则分列环境成本最大产业的第四和第五位。此外，钢铁生产的环境成本高达 2250 亿美元，位居全球最大污染行业的第六位；水泥生产紧随其后，其排放的二氧化碳占全球总量的 6%，而东亚地区所生产的水泥占到全球总产量的 55%。

报告强调，随着中产阶级消费需求的不断增长，在未来一段时间，资源稀缺和生态系统退化等问题将进一步恶化。因此，报告呼吁各国企业和投资者在决策过程中关注自己的生产活动对自然资本所造成的冲击，并采取行动提高资源利用效率，同时不断减少污染足迹。

(摘自：联合国新闻网，2013 - 05 - 07)

# 2013年国际生物多样性日主题为“水和生物多样性” 强调将生态系统列为水资源管理的核心

据联合国欧洲经济委员会(UNECE)5月22日的消息，2013年国际生物多样性日的主题是“水和生物多样性”，为保护生物多样性，需要提高对“健全的生态系统管理与水资源管理之间的复杂联系”的认识，并强调生态系统在水资源可持续利用和保护中的地位。

水资源管理不善对生物多样性和水相关的生态系统有明显负面影响。良好的生态系统管理为解决与水有关的挑战、实现水安全提供了许多机遇。例如，湿地可以减少洪水风险；恢复土壤和森林可以减少侵蚀和污染、增加农作物供水。识别和增强对水资源管理和生态系统保护和恢复之间的关系，对于跨部门和跨边界合作至关重要。

联合国欧洲经济委员会《保护与使用越境水道和国际湖泊公约》①(*Convention on the Protection and Use of Transboundary Watercourses and International Lakes*)帮助国家应对上述挑战。根据公约安排，正在进行一项新的主题评估，即深化理解流域上“水-粮食-能源-生态系统的关系”(water-food-energy-ecosystems nexus)，以支持水、农业、能源和土地管理部门协同决策。公约也支持在几个跨国界流域盆地上，针对水资源管理、水质改善和生态系统和生物多样性保护采取综合方法。脆弱的生态系统是阿富汗-塔吉克斯坦针对Amu Darya流域上游环境和水文合作的核心内容，欧洲经济委员会水公约在该区域的第一步支持措施是，建立数据交换，并评估生态系统状态。在另一个例子中，Kura River流域生态系统退化、水质恶化，公约促进格鲁吉亚和阿塞拜疆共同订立双边协议共享Kura River流域水资源。

(摘译自：Water and Biodiversity：UNECE Water Convention puts ecosystems at the heart of water management)

---

① 全称是联合国欧洲经济委员会《越境水道和国际湖泊的保护和使用公约》，于1992年3月17日在赫尔辛基举行。促进旨在保护和确保跨界水资源的数量、质量和可持续利用的水合作。自1992年起，该公约提供了一个法律和体制框架，以及一个工作方案，其中涉及知识交换、能力建设、当地项目、政策建议、法律文书以及定期评估。2013年，预计该公约将“走向世界”，为国际水合作年做贡献。由欧洲经委会和世界卫生组织共同起草的《水与健康议定书》旨在通过可持续管理水资源并提供安全饮用水和足够的环卫设施来保护人类健康和福祉。联合国欧洲经济委员会环境、住房和土地管理司负责跨界水道和国际湖泊保护利用公约缔约国会议。

# 防治荒漠化公约：
# 荒漠化威胁迁徙物种　呼吁构建保护网络

2013 年世界候鸟日的庆祝活动于 5 月 11 ~ 12 日在 65 个国家举行，2013 年候鸟日的主题为"建立候鸟保护的网络"，旨在强调生态网络连接，以及强调组织机构和民众个体之间的网络联系，和它们彼此对于长期候鸟保护的重要性。2013 年的世界候鸟日，防治荒漠化公约出版了"主题资料介绍系列"(thematic fact sheet series)第六集，聚焦迁徙物种与荒漠化问题，介绍防治荒漠化公约如何保护迁徙物种，改善支持这些物种的生态系统状况，分析它们如何受土地退化的影响。这份材料聚焦两个主题：

## 一、受威胁的栖息地

全世界每年大约有 500 亿只候鸟迁徙(占全球 1 万种鸟类的 19%)，然而许多迁徙途中栖息的场所正在遭到破坏甚至完全消失。迁徙物种在迁徙旅程中依赖于几个重要的栖息地，而由于土地退化和气候变化使得栖息地破碎化，迁徙物种必须要穿越不断扩大的沙漠，经历越来越长的无停留飞行(non-stop flights)。迁徙物种有限的能量存储，不足以让它们完成长途跋涉。有些迁徙物种可以在一定程度上调整应付这种变化。比如在中亚，赛加羚羊(Saiga Antelope)可以承受 -50 ~ 50°C 之间的温度波动，日行数百千米。中亚地区迁徙的有蹄类动物面临着诸多威胁，如过度捕猎、过度放牧，以及拒绝觅食的围栏，阻止了赛加羚羊、蒙古瞪羚(Mongolian Gazelle)等的数量恢复。全球范围内，许多迁徙哺乳动物，包括大象、角马、犀牛、羚羊，在过去的 10 年中已经下降了 35% ~ 90%。旱地也为许多迁徙物种提供了重要避难所。干旱地区广阔的风景中穿插着湿地、绿洲和其他水资源，是迁移物种的宝贵停歇地。然而旱地周边的生态系统提供的服务往往被低估。干旱地区的森林和林地斑块等，为季节性迁徙物种和人们提供了避难所。日益脆弱的网络，在迁徙路线中占有相当重要的位置，提供了必要的休息、进食和繁殖地。然而由于栖息地的退化，在未来的 10 年里，一些鸟类可能会灭绝，其他的鸟类面临着每年 9% 的数量损失。

## 二、战胜荒漠化，保护迁徙物种

对于迁徙野生动物来说，重要栖息地组成的生态网络对于它们的生存极其重要。连接战略、野生动物廊道、保护区和缓冲区，都有助于构建生态网络。人类的活动，如垦荒、采矿、毁林、填海造田等，直接或间接地损害了这些栖息地，使其遭到破坏和退化，从而对候鸟群构成了严重威胁。因此，生态网络管理对于保护候鸟群有着重要意义。同时，由于候鸟迁徙的路线往往会跨越许多国家，甚至整个大陆和海洋，因此，有效的管理策略需要以国际合作形式进行，需要在各国政府、自然保护组织、科学家和公众之间建立联系网，从而调动各方的力量，共同致力于候鸟保护。联合国秘书长潘基文表示，“我呼吁国际社会采取更大的努力，恢复和保护候鸟以及它们赖以生存的生态网络，也是我们赖以生存的环境的重要的一部分。”目前，国际组织已在行动构建保护网络，如非欧亚迁徙水鸟保护协定（AEWA）关键点网络（CSN），正在收集和总结现有的非欧亚地区迁徙候鸟网络的知识。AEWA 协议地区水鸟保护网络报告以 CSN 收集的信息为基础，分析指出 AEWA 关键点地区不到一半的水鸟得到了充分的保护。“如果能维持和持续改进，这些信息将会在鸟类保护中发挥重要的作用。但是该报告同时也揭示了一些令人不安的差距，”AEWA 执行秘书 Marco Barbieri 表示，最大的挑战是各国需要增加努力，填补法律保护和管理这些地区的空缺。

（摘译自：Migratory Species and Desertification、联合国新闻网）

## 北欧部长理事会发布《北欧环境行动计划（2013～2018）》 专章分析生物多样性和生态系统的优先事项

北欧部长理事会（Nordic Council of Ministers）成立于 1971 年，是由北欧国家政府所组成的合作论坛。理事会于 2013 年 4 月发布了《北欧环境行动计划（2013～2018）》（*Nordic Environmental Action Plan* 2013～2018），一方面是为了落实 2012“Rio + 20”峰会成果文件要求的环境行动。在 2012 年 10 月的北欧环境部长会议，内容包括可持续发展及跟进“Rio + 20”峰会。部长们同意给予联合国环境署及其绿色经济工作更多支持；另一方面是为了落实欧盟有关环境立法的行动。1970 年的欧共体提出了“环境无国界”（environment knows no frontiers）口号，随后欧盟制定的 200 多项环境法令和法规都要求成员国予以落实。各国基于每个时期遇到的环境挑战，制定环境计划，确定环境优先项目指南。《北欧环境行动计划（2013～2018）》就是在当前北欧冰川减少、空气污染背景下，继《北欧环境行动计划（2009～2012）》后，进一步针对性计划。

《北欧环境行动计划(2013～2018)》聚焦四个主题：包容性绿色发展、气候变化和空气污染、生物多样性和生态系统、对人类健康和环境负面影响的化学品。针对生物多样性和生态系统，该计划分析了陆地生态系统、户外游憩、景观和文化环境、生物多样性和气候变化、海洋环境、海洋酸化等五个方面。其中，前三个方面的优先事项分别是：

(1)陆地生态系统优先事项。从国家和区域角度对生物多样性和陆地生态系统服务进行绘图，为国际进程和欧盟提供信息，也为了跟进生态系统和生物多样性经济学(TEEB)报告；进一步设计工具以保护和持续利用生物多样性；针对保护区信息开展密切合作和交换，在保护生物多样性的自然生境上开发绿色走廊；继续合作以限制外来和危险物种的传播；对受损生态系统的恢复交换信息和开展合作。

(2)户外游憩、景观和文化环境优先事项。在当地社区和农村，促进和加强对健康和福利有益的户外休闲以及环境友好活动；帮助自然和文化遗产创造价值；充分展现文化环境与生态系统服务整合起来的重要意义，并积极推进这方面的整合。

(3)生物多样性和气候变化优先事项。提高气候公约和生物多样性公约之间的合作；促进自然公约阻止气候变化并减缓其负面影响；提高关于生态系统作为碳汇限制升温和气候变换的角色的知识。

此外，该计划还提出要提高对具有温室效应的短寿命物质(short-lived climate forcers)对生态系统影响的认识。

(摘译自：Nordic Environmental Action Plan 2013－2018)

## 联合国环境署：气候变化、生物多样性丧失等将对全球企业产生日益重大影响

2013年6月21日，联合国环境署发布《全球环境展望5(企业版)：不断变化的环境对企业部门的影响》报告，指出私营部门的发展前景日益取决于企业在以下方面具备的能力：适应全球不断变化的环境，开发出能够降低气候变化、水资源短缺以及其他环境问题影响的商品和服务。从极端天气事件到对有限自然资源的竞争压力不断增大，全球环境的变化正在影响着企业的运营成本、对特定产品的需求、原材料的供应情况，以及金融、旅游、医疗保

健和交通运输等领域的企业声誉。

联合国副秘书长兼环境署执行主任阿奇姆·斯泰纳说："报告谈到了气候变化以及自然资源稀缺的现状，概括介绍了私营部门从长远角度出发做出的创造性决策将如何加重挑战或有助于应对这些挑战。报告指出，无论是节约用水，还是建造抵御气候变化的基础设施，全球正在寻求应对挑战的解决方案，这些方案将增加企业的竞争力和声誉风险，并将促进过渡到包容性的绿色经济。"

《全球环境展望5(企业版)》通过对采矿、医疗保健、旅游及其他行业进行详细分析，概述了各部门面临生物多样性丧失等方面的风险，以及企业应如何进行相应调整，以便建立长期竞争优势。①立法对保护区的保护限制了开采业，气候升温可能有利于开采业。由气候变化引起的极端天气事件正在对该部门在世界多个地区的运营成本造成影响。由于立法扩大保护区以支持海洋及陆地的生物多样性，未来可进行勘探的区域可能会受到限制。可再生能源和节能技术对某些矿物和金属的使用需求不断增加，这可能带来一些机遇。温度上升可能使得能够开拓之前无法探测的区域，但需要评估潜在的环境影响。②医疗保健。生物多样性丧失可能限制天然化合物的发掘，这些化合物可用于新药品或传统疗法中。一项估计指出，某些物种灭绝意味着地球每两年会丧失一种主要药品。全球大约1/4的疾病负担是由环境因素造成的。对医疗保健服务的需求可能进一步增加，尤其是考虑到空气污染和水源疾病等因素。③旅游。极端天气事件、气候变化影响、水资源短缺以及生物多样性下降可能影响某些地点对消费者的吸引力，进而影响在这些地点开展业务的企业的市场需求。对某些做法实行更严格的管制(如在珊瑚礁捕捞和浮潜)可能对细分部门产生影响。整体而言，全球的旅游业需求将不断增长，尤其是自然风光旅游和生态旅游市场，这些市场通常能吸引游客更多的开销。

（摘自：联合国环境署中文网）

## 生物多样性公约：
## 需加强生态系统管理
## 减少城市贫困　建设生态文明城市

生物多样性公约在2013年3～6月陆续刊发了关于生态系统减少城市贫困、生物多样性促进城市发展等城市生态文明建设的文章。指出城市贫民窟相对数量虽在减少，绝对数量却在扩大，大量的城市贫民对生态系统产生了很大的压力。一方面，规模庞大的城市贫民本身就是生态建设的压力。自2007 年以来，居住在城区的人口已占世界人口的一半以上。估计到 2050 年，这个比例将超过 70%。全世界 80% 的城市人口将居住在发展中区域，特别是在非洲和亚洲的城市里。全球每年大约有 6 万亿美元用于基建，其中绝大部分投向城市，预计 2015 年投资规模将达到 10 万亿美元。及早调整投资模式，将对生态系统和人类产生良好影响。另一方面，未来全球城市贫民的扩张主要发生在亚、非两大洲，将对这些国家的生态管理能力提出挑战。未来的城市扩张主要发生在较贫困和管理能力较弱的区域，这不利于对生物多样性和生态系统服务的妥善管理。城市扩张如发生在毗邻生物多样性丰富的地区和低海拔地区（生物多样性丰富的沿海地区），其生态系统服务可以适度减轻城市扩张的不利影响，如植被恢复和保护有助于维持边坡稳定，防止山体滑坡。

联合国经济及社会理事会也在 4 月提出供 7 月在日内瓦召开的“联合国经济及社会理事会 2013 年实质性会议高级别部分”会议讨论的文件《2013 年世界经济和社会概览：可持续发展挑战》，指出城市的可持续发展、粮食安全和能源变革是当前需要审议的三个问题。文件认为，如果没有一个能解决相关问题的政策框架，到 2050 年居住在贫民窟的人数可能会增加 3 倍，达到 30 亿。该文件指出，不同国家应采取不同的可持续城市发展战略，低收入和中收入国家的城市，要改善获取公共服务（如水、电）的机制，同时要降低遭受污染、自然灾害及其他风险时的脆弱性。富裕型国家和更富有的城市可能拥有管理良好的资源系统，但这些城市存在生态足迹过大的问题。气候变化的影响加深了城市的脆弱性并进一步制约穷人的应变能力。为此，提出包括土地利用、粮食安全、创造就业机会、发展基础设施、保护生物多样性等方面的整合和协调管理办法。

（摘译自：Ecosystems and Urban Poverty Reduction）

## 欧洲环境政策研究所：五大自然资本核算进程的优劣性

6 月 18 日，欧洲环境政策研究所（IEEP）发布题为《北欧国家自然资本核算：生物多样性十年的现状与挑战》（*Natural Capital in a Nordic Context Status and Challenges in the Decade of Biodiversity*）的报告，根据北欧国家（丹麦、芬

兰、冰岛、挪威、瑞典)的政策目标、国情和制度评估五种国际知名的自然资本核算方法的优劣。

这五种知名的核算进程是：环境与经济综合核算体系中心框架(The SEEA Central Framework)、欧盟环境署简化的生态系统资本核算(EEA's simplified Ecosystem Capital Accounts)、加拿大的测量生态系统产品和服务(Canada's Measuring Ecosystems Goods and Services)、英国的国家生态系统评估(UK National Ecosystem Assessment)，以及(斯坦福大学)生态系统服务和交换综合评价模型(Integrated Valuation of Ecosystem Services and Trade offs or Invest)。

这五种进程的优势是，它们都为决策者和国家账户核算提供了生态系统服务的必要信息。英国的国家生态系统评估研究了很多种类的生态系统服务，特别是深入研究了大自然的游憩价值。环境与经济综合核算体系中心框架特别适合于核算生态系统的供给服务，但不适用于生态系统的调节、支持和文化服务价值的核算。生态系统服务和交换综合评价模型最大的优势是核算生态系统提供的水方面的服务。加拿大的测量生态系统产品和服务反映了生态系统的大部分服务，但过于肤浅。欧盟环境署简化的生态系统资本核算在碳生物量、水和土地利用及它们之间的相互作用方面，具有较大的优势。在本报告的研究过程中，采访了一些决策者，所有这些研究方法都是为了解决这些决策者的核算需求(中的一部分)。然而，没有任何一个方法真正适合监测生物多样性，除了欧盟环境署简化的生态系统资本核算，也没有一个方法适合监测生态系统的质量和弹性。

(摘译自：Natural Capital in a Nordic Context Status and Challenges in the Decade of Biodiversity)

## 欧委会提出立法建议<br>应对外来入侵物种威胁严峻形势

2013 年 9 月 9 日，欧盟委员会建议采取新的立法行动以阻止和管理由入侵物种产生的不断增长的威胁。目前欧洲境内大约有 1.2 万种外来物种，其中的 15% 是入侵物种，并且正在迅速增长。外来入侵物种产生了三方面的问题：一是经济问题。每年外来入侵物种给欧洲造成至少 120 亿欧元的损失，如通过危害人体健康(亚洲大黄蜂和白纹伊蚊产生的致命影响)，破坏基础设施（如日本虎杖破坏建筑物），以及对农业产生危害（如海狸鼠严重危害农作物）。二是生态问题。外来入侵物种严重破坏生态系统，导致维持自然生态系统平衡运转的物种的灭绝。入侵物种是导致生物多样性减少的主因，仅次于栖息地丧失。三是政策问题。许多成员国在应对外来入侵物种威胁上都付出了巨大努力，但如果它们仅从自己国家层面出发，效果仍显不足。例如，在比利时开展的根除大猪草（giant hogweed）战役，假如该物种再次从法国侵入，那么比利时的根除战役就毫无意义。

欧委会的建议聚焦于建立“欧盟关心的入侵物种清单（a list of invasive alien species of Union concern）”，该清单由成员国基于风险评估和科学证据进行拟定。确定的入侵物种将被禁止进出口和买卖，并在过渡期内对贸易商、育种科研者以及宠物主人采取特别措施。欧委会建议采取三种干预方式：一是预防。成员国将组织检查，阻止恶意引进“入侵物种清单”上的物种。但很多入侵物种并非恶意引进，而是通过夹杂在货物或隐藏于集装箱中被引入。成员国应甄别这些途径，并采取有效措施。二是预警和快速反应。当成员国检查到欧盟“关心”的物种时，应立即采取行动根除它。三是管理欧盟关心的入侵物种。建立起清单后，成员国需采取必要的、有力的、恰当的措施，将入侵物种产生的损害最小化。欧委会鼓励转向一个协调和预防的方法，提高工作效率，随时间推移降低物种损害成本和行动成本。

欧盟下一步行动是，由理事会和议会审查欧委会拟议的立法规定。成员国将充分参与编制入侵物种清单，并可以提出候选物种。这一制度将与信息支持机制（即欧洲外来物种信息网）一起协作，增强应对外来入侵物种能力。

（摘译自：New EU Action to protect biodiversity against problematic invasive species）

# 联合国经济社会部就<br>森林纳入可持续发展目标建言

2013 年 11 月 1 日，由联合国经济和社会事务部和联合国发展规划署组成的技术支撑小组就森林纳入可持续发展目标提出建议报告，该份报告分为三部分：一是林业对可持续发展的重大贡献，二是现有建议的概览，三是该小组提出的建议。

## 一、林业对可持续发展的重大贡献

报告认为森林有助于消除贫困、环境可持续发展、粮食安全、农业、能源、清洁水、流域保护、减缓和适应气候变化，生物多样性保护、防治荒漠化和土地退化以及减少灾害风险等问题。森林对于构建绿色经济模式，创造绿色产业至关重要。全球森林覆盖率为31%，包含超过80%的陆地生物多样性，比大气中储存了更多的碳。目前，全球有16亿人依靠森林提供食物、药物及燃料，并依靠森林提供工作岗位和生计。超过1000万人在林业部门工作，此外森林还提供许多非正式工作。发展中国家薪材和木炭消费占其能源消费的90%。全球人口的65%~80%依赖来自于森林的药物作为其主要保健品(世界卫生组织，2012)。森林还具有重要的经济价值和环境效应。所有类型的森林和森林外树木对GDP具有重大贡献。2009年，正式林业部门对全球国内生产总值(GDP)的贡献(原木生产、木材加工、纸和纸浆)估计为4680亿美元，占当年全球GDP的1%(FAO，2009)。除了货币性贡献，森林还贡献非货币性福利，包括环境和社会服务。据一些研究者估计，这种非货币效益约为森林对GDP贡献的2~3倍(Agrawal等，2013)。可持续概念在300年前纳入到林业科学领域。当时该概念意味着树木的更新和再生长，后来扩展到森林管理的社会、经济和环境效益。

## 二、技术支撑小组提出的建议

(1)在地方和国家层面构建综合性、跨部门、跨机构以及性别公平的森林可持续管理。包容性是森林可持续管理的一个重要部分。在地方和国家层面，相关机构、利益相关者和有关部门需要参与到森林相关决策中。包容性反映出森林可持续管理与许多重大问题存在关联性，从许多重要生产部门(农业、水、土地、能源、旅游)到人权(获取资源和土地使用权的权利)以及经济发展(森林提供的产品和服务支撑包括农业在内的许多部门)。反过来，与森林有关的决策应纳入到这些部门的战略和规划中。包容性要求应将所有利益相关者特别是土著群体、贫困群体、妇女、儿童等纳进森林决策。

(2)关于森林融资、技术和能力建设的实施方式。拓展投资和增加来自森林的收入源，对于森林可持续管理十分关键。为此，应从下述六方面采取一致行动：①提升对森林可持续管理及其对全球紧迫性重大问题贡献的重要性的认识；②有效示范公共和私营投资促进森林可持续管理产生的多重价值和效益；③创造新的收入源和新的金融机制，有助于促进男女平等；④促进创业技能，以便更好地获取和利用所有的资金来源；⑤在国家决策和国民经济核算体系中准确反映森林提供的服务；⑥提供准确和及时的森林资源和土地利用清查信息。应多渠道增加森林融资，并寻求新路子促进其他部门投资森林可持续管理。2013 年 4 月的第十届联合国森林论坛接受了 2012 年 12 月森林合作伙伴关系资金咨询组和 2013 年 4 月成员国提出的建议，形成了森林融资的政策和法律行动建议，主要有：在可持续发展目标中突出森林地位；建立国家森林融资战略；设立国家森林基金；增强国家能力和机构；动员私营资金和建立资金信息采集管理系统；提高弱势群体(贫困、土著和妇女)的资金获取能力；处理好森林融资和森林增资，以克服实施《适用于所有类型森林不具法律约束力的文书》在实施主题、地理区域和数据信息方面存在的差距；邀请全球环境基金考虑在其下一次增资时就森林建立特别关注领域的可能性。成员国决定在下一次联合国森林论坛会议(2015 年 5 月)，考虑建立全方位的融资选项和战略，包括建立一个全球性的自愿森林基金，以调动所有资金支持适用于所有类型的森林和森林外树木的可持续管理。其他进程也为森林融资提供经验，如 2008 年批准的生物多样性自愿动员战略，提出了六项指导原则：促进效率和效益；增强协同性；支持创新；增强能力；提高意识；考虑性别和社会经济。基于市场方法如设计得当，比如环境服务付费纳入了健全和参与式的治理制度安排，将有潜力为当地社区增加资金。需要其他部门和利益相关者尤其是金融机构和私营部门提供更多支持调动的公共和私营资金，以进一步促进森林可持续管理。这将需要进行改革，创造充分的投资环境、更方便的长期融资获取方式以及建立基础设施和充足的劳动力。

(3)创建有利环境并建立监测框架。多部门参与林业建设的有利环境，有利于动员公共和私人资金支持森林可持续管理。应在以下领域构建有利的实施环境，有效促进森林可持续管理：①在景观层面(landscape level)上开展综合的自然资源规划和管理，这成为促进森林可持续管理的可持续发展政策的一个前提；②应将健全的森林资源清查、科学知识以及与森林相关的传统知识作为决策的基础；③共同努力包括区域合作，才能确保实施“综合运用遥感和现场观测的”森林监测和评估；④需要进一步发展和完善标准和指标，反映森林可持续管理更广泛的内涵，如自然资本、资源效率、采购、分配和消费、矿产资源开采、有利环境和性别视角；⑤(建立)问责框架确保透明度和信心，以及权利、责任和资金流的有效性；⑥优良治理是森林可持续管理的一个必要条件。过去十年，森林管理成效可圈可点，产生了需进一步坚持的重大积极变化。粮农组织和世界银行已经建立了一个用于评估和监测森林治理的框架；⑦性别平等的林权制度和资源权利制度是有效推进政策实施和开展执法的重要前提，这需要明确不同的利益相关者的权利和责任；⑧与社会公平的基本原则一致，环境、社会与性别的保障措施和信息系统对于保障政策设计和实施来说，也很必要；⑨所有利益相关者的参与至关重要，包括土著人和依赖森林的社区，以及在森林可持续管理的实施和融资方面起着越来越重要作用的私营部门。利益相关者的参与进程应包括性别敏感性协商(gender-sensitive consultations)和确保长期性的承诺。

(4)关于可持续发展目标和森林的下一步步骤和总体框架。将森林纳入可持续发展目标，须考虑到所有类型森林和森林外树木的环境、经济和社会方面及这些方面所作的贡献。对于可持续发展目标的开放工作组(OWG)来说，充分考虑森林与其他领域(如水、能源、生物多样性、农业、土地和粮食安全)的相互关联性至关重要。同样，认识到这些问题的多元利益和内在关系也很重要。为此，可持续发展目标或森林目标，应当由区域、国家和全球层面上设定的具体目标及实现目标的具体行动来加以实施。最后，实施可持续发展目标，应找到衡量进展的环境、社会(包括性别)和经济方面的标准和指标，并综合考虑这三个方面。基于此才能确保可持续发展目标为全球森林可持续管理作出重大贡献。

(摘译自：TST Issues Brief：Forests)

## 欧洲梳理40年来六大环境政策<br>林业领域占据半壁江山

2013年11月12日，欧洲环境政策研究所(IIEP)发布简报，分析欧盟近40年来的环境政策，梳理出六大领域，其中林业部门占据三大政策领域，直接关系到欧盟环境政策成败。欧洲环境政策研究所分析，下述六大环境政策直接关系到未来欧盟环境：

(1)欧盟生物燃料政策。利用土地生产生物燃料对环境造成影响。急需减少生物燃料的间接土地利用变化(ILUC)影响。但是欧盟各方尚未达成共识，生物燃料政策的消极环境、社会和经济影响有增无减。主要难点是：很难衡量间接的土地利用变化。各方都认为，不仅要利用土地和资源来生产生物燃料，还要满足其他一系列需求。对于欧盟决策者来说，需行动起来消除这种错误认识，要建立可持续的欧盟生物燃料政策。必须考虑不同生物燃料的碳排放；限制那些需要增加土地用于生产生物燃料的政策；确保强有力的环境监督措施及时到位。

(2)自然资本核算。测量和评估自然资本存量和生态系统服务是进行环境保护和明智管理的关键。欧盟倡议“生态系统和生态系统服务的制图和评估”(Mapping and Assessment of Ecosystems and Ecosystem Services，MAES)，落实自然资本核算。联合国环境经济核算体系正在欧盟层面进行试点，即欧盟环境署的试验性生态系统资本账户。但仍存在一些重大的方法学挑战。为此，基于欧盟生物多样性 2020 战略开展的生态系统和生态系统服务的制图和评估，其目标之一就是建立自然资本核算账户。这一项目目前由欧盟环境署、保加利亚环境部和欧洲环境政策研究所共同执行，将于 2013 年底发布正式成果。

(3)自然 2000 保护区管理。自然 2000 的农地管理指导新原则为农业和保护当局提供了一个循序渐进的指导，在栖息地和物种管理方面开展经营管理并提供资助措施和实际建议。目前正在努力把保护区土地纳入农村发展规划(RDP)以及争取获得共同农业政策支持。

(4)欧盟节能政策的成本效益。欧盟节能政策从节约成本和创造就业角度凸显了巨大的净收益。包括德国、瑞士、爱尔兰、斯堪的纳维亚各国正在开展不同能源效率项目，支持促进就业和经济增长。欧盟在节能方面潜力巨大，从促进转型到能源高效、低碳和气候适应型经济(climate-resilient economy)。尽管欧盟在近年来取得了一些节能进展，包括在 2012 年采用能源效率指令(energy efficiency directive)，但是预计 2020 年欧盟将不会完成减少 20% 能源消耗(相比照常情景)目标。因此需要在欧盟、成员国层面上进行更多的政策实践来开发利用其节能潜力。同时，欧盟正在关注能源效率和节约方面具有约束力的政策行动的成本问题。

(5)环境税制改革。各国正越来越多地参与到环境税制改革(environmental tax reforms)中来。尽管环境税制改革呈现积极的趋势，但是迄今为止，整体影响相对较小，通常不能满足向低碳经济转型的需要。因此，未来环境税制改革的设计和实施方面须反映关键问题，如税收的设计、环境效能(包括二氧化碳排放、化石燃料的使用和能源强度方面的影响)，以及经济和社会影响(包括对 GDP、创新、就业和收入分配)。

(6)欧盟农业水和土壤的可持续管理。水是欧洲资源效率政策的关键自然资源和优先事项，需要更多地关注水和土壤的可持续管理。现在亟须加强实施欧盟水、农业和能源政策，确保资源可持续利用。需在六个重点领域开展优先行动：全面、有效和充分执行水和土壤的立法框架，整合欧盟、成员国层面的部门政策，在农业土地和水短缺地区减少水损失、提高水资源节约效率，在各个层面防止水土流失、土壤有机质损失并提高土壤碳封存和保水性，更有效地利用相关欧盟基金，改善水和土壤可持续管理的数据和决策支持工具。

(摘译自：Four decades of EU environmental policy)

# 第三篇

# 林业与气候变化

# 第一节 应对气候变化

## 全球平衡环境立法者组织发布《全球气候法规研究》(第三版)

2013年1月，全球平衡环境立法者组织(Global Legislators Organization for a Balanced Environment)与伦敦经济学院(London School of Economics)的葛量洪气候变化与环境研究所(LSE Grantham Research)发布了《全球气候法规研究》(*Globe Climate Legislation Study*)报告的第三版，并正式启动了全球气候变化立法计划。该报告对2012年国际上主要发达经济体和新兴经济体的气候变化立法进行了系统研究与分析。

### 一、国际气候变化法规总体趋势

GLOBE项目正在全球开展研究并得到了英国外交及联邦事务部(FCO)繁荣基金(Prosperity Fund)的支持。最新版的《全球气候法规研究》中只研究2012年已经通过或者即将生效的一些法规，主要研究结果如下：①33个主要经济体中，有32个在气候或能源相关的立法中取得了明显进展或正在进步之中；②虽然采取的方法不同(无论是否直接由气候变化、能源效率、能源安全或竞争力驱动)，国家立法获得了类似的效果——提高能源安全，提高资源利用效率，实现清洁、低碳经济增长；③2012年气候变化立法方面，大部分在新兴经济体国家取得了实质性进展，其中包括中国，在未来几十年中这些国家将带动全球经济的增长；④总体上，目前的国家立法还无法满足避免气候变化风险的需要，有必要建立新的机制让各国履行可测量、可报告、可核实的温室气体减排责任，这也是新的全球气候条约展开磋商的先决条件；⑤气候变化立法工作所取得的进展将为这些国家的经济带来实实在在的好处，有助于为 2015 年制定完善的全球气候协议打下基础，最终使世界各国领导人在联合国谈判中走得更远更快。

## 二、2012 年各国立法进展

(1)墨西哥通过了《气候变化基本法》(*General Law on Climate Change*)，设立到 2020 年温室气体排放量在 1990 年基础上减少 30% 的目标，并建立稳健的体制以确保目标的完成。墨西哥还通过了全球第一部有关准备减少毁林及森林退化造成的碳排放(REDD)的立法。

(2)肯尼亚制定了《应对气候变化国家行动计划》(*Climate Change National Action Plan*)，其议会正在通过《气候变化机构法案》(*Climate Change Authority Bill*)，预计两者都在 2013 年初完成。

(3)韩国通过了 2015 年引进排放交易计划的立法。

(4)孟加拉国通过了《可持续发展和可再生能源发展的法案》(*Sustainable and Renewable Energy Development Authority Act*)。

(5)中国正在起草国家应对气候变化的法案，深圳首次出台碳排放管理地方法规，于 2012 年 11 月正式实施《深圳经济特区碳排放管理若干规定》。

(6)印度已经公布的“第十二个五年计划”中采纳了低碳专家组(*Low Carbon Expert Group*)提出的一系列建议。

(7)印度尼西亚通过了一项加快发展地热能源的部长级条例。

(8)日本引进碳排放税，并通过了《低碳城市发展法案》(*Low Carbon City Development Act*)。

(9)越南通过了《国家 REDD 计划的行动纲领》(*National REDD + Action Programme*)。

(摘自：《科学研究动态监测快报》)

# 联合国粮农组织<br>阐述其促进森林应对气候变化的主要政策

2013年联合国粮农组织出版的《粮农组织、森林和气候变化》一书，阐述了森林应对气候变化的作用以及粮农组织的主要工作方向。该书从四个方面阐述粮农组织促进森林可持续经营应对气候变化：

## 一、监测和评估

需要提供精确的森林监测信息，帮助各国更好地设计和实施应对气候变化政策，提高土地利用总体规划水平和固碳率。加强能力建设和技术援助，帮助各国实现多目标森林资源监测，做好REDD+就绪条件下森林碳汇可测量、可报告、可核查的准备。制作操作手册(producing manuals)、参考材料、工具包和软件应用程序(如遥感工具、生物量回归方程估算生物量和碳)，以帮助监测和制作各国森林和土地利用部门的温室气体清单。汇编、分析和发布信息，如通过全球森林资源评估，发布森林与气候变化有关信息，生物量和碳储量(根据政府间气候变化专门委员会的指导)、森林面积变化、森林病虫害和火灾发生率。借鉴联合国REDD方案实施的经验，编制基础材料，如《国家森林监测系统：REDD+活动监测和测量、报告和核实》。为各国开发符合气候公约要求，健全的、透明的、一致的(指前后不矛盾)和成本效益的森林监测系统，提供技术支持。

## 二、管理规划和实践

(1)推广应对气候变化的优良做法。如识别基于森林的减缓和适应气候变化措施的优先领域；制定应对气候变化森林管理指导原则；促进环境无害化、经济可行性和社会可接受的森林经营活动，包括森林培育措施(silvicultural treatments)、减少对环境影响的采伐以及促进森林健康和加强脆弱生态系统管理的具体措施。

(2)森林及森林外树木和灾害风险管理。如根据兵库行动框架设计减灾战略；制作规范式指导材料，如林火管理自愿性准则、新一代流域管理项目和方案、林业植物检疫标准实施指南；实施有关项目，如帮助确保把森林部门行动纳入土地利用总体规划以及修订森林部门战略使其更具防灾性(disaster proof)，在受损区域和高灾害风险地区(如陡峭、不稳定斜坡、关键集水区、河流和沿海）支持造林、再造林、恢复森林和森林保护。

（3）森林生物多样性和气候变化。如通过保护区和商品林区森林野生动物保护加强生物多样性保护和可持续管理，提高国家适应气候变化的能力；为编制世界森林遗传资源第一版搞好世界森林遗传资源多样性评估；推广森林遗传资源管理优良做法，特别是保护、实验、育种和可持续利用；评估气候变化对野生动物和保护区的影响。

（4）在应对气候变化中纳入景观管理办法。如支持城市和城郊林业构建防灾型城市，包括为政策制定者编制实施准则；支持对森林外树木进行评估；通过山区伙伴关系（the Mountain Partnership），提高全球对山区生态系统可持续管理的重要性的认识。

## 三、政策和治理

（1）将气候变化纳入国家森林政策框架。如为决策者出版气候变化报告，提供一个将气候变化纳入国家政策的森林方案，以支持开展适应具体国情的可持续森林管理；支持各国加强林业机构的能力，使它们更好地跟进政策和战略，有效应对气候变化；通过欧盟—粮农组织森林执法、施政与贸易计划，支持发展中国家改进政策、法律和监管框架，解决非法采伐和相关贸易问题；支持把“减少发展中国家毁林、森林退化排放，以及森林保护、森林可持续经营和增加碳储量行动的激励机制和政策”（REDD +）和欧盟森林执法、施政与贸易计划（FLEGT）纳入国家森林政策框架和促进活动，加强这两个进程之间的协同作用，如加强联合国 REDD 方案（UN-REDD Programme）和欧盟—粮农组织森林执法、施政与贸易计划（EU-FAO FLEGT Programme）；通过联合国 REDD 方案与联合国发展计划署和联合国环境计划署合作，支持在国家实施层面设计 REDD + 健全的和统一的法律框架，如协助各国增进了解国家一级的 REDD + 法律和监管，促进就“根据国家优先领域实施 REDD + 的法律改革”形成政策建议。

（2）森林权属和治理的评估和监测。如开发评估和监测森林治理的框架和其他规范性材料。

（3）气候变化背景下的森林、生计和粮食安全。农村居民等利益相关者深化认识森林、林木和农林业系统对粮食安全、营养和生计的重要性，鼓励跨部门合作；支持各国认识和强化“森林和树木在应对气候变化改善当地生计和粮食安全中的”作用，制定森林政策和气候变化战略。

## 四、产品、服务和产业

（1）林产品。如加强可持续森林产业的发展；收集、分析和传播木质能源统计和信息；支持木质燃料替代化石燃料。

(2)融资、市场和经济学。支持森林融资的政策制定和能力建设，如林业首脑森林融资对话、亚太森林政策智囊团、把气候变化资金整合到国家森林融资战略中、帮助社区参与与森林相关的自愿碳市场；研究气候变化政策对贸易和市场的影响，包括生物能源发展对贫困和自然资源管理的问题和影响、欧洲森林部门前景研究 II、林产品合法性法规和 REDD + 对亚太地区生产和贸易的潜在影响评估；比较木质林产品储碳与其他森林减缓方案（如木质能源开发和 REDD +）的成本和效益。

（摘译自：FAO，FORESTS AND CLIMATE CHANGE：Working with countries to mitigate and adapt to climate change through sustainable forest management）

## 欧盟改进对农林业温室气体排放的监测与报告法规

2013 年 3 月，欧洲议会批准了两个新法规，以改善欧盟对林业和农业温室气体排放的监测与报告。

首先，欧盟《监测机制法规》提高当前成员国温室气体（GHG）排放报告规范，以满足当前和未来的国际气候协定以及 2009 年的气候和能源一揽子计划的要求。修订后的监测机制，主要目的是帮助欧盟及其成员国跟踪满足 2013 ~ 2020 年减排目标的进展情况，并促进欧盟气候政策组合的进一步发展。修订后的规则旨在提高报告数据的质量，并引入了一些新的元素，包括：①报告土地利用、土地利用变化和林业（LULUCF）的温室气体排放和清除量；②报告欧盟成员国对气候变化的适应情况；③报告欧盟各成员国的低碳发展战略；④报告向发展中国家提供资金和技术支持情况，以及报告 2009 年哥本哈根协议和 2010 年坎昆协议的承诺；⑤报告成员国对欧盟排放交易体系（EU ETS）拍卖配额收益的用途。

第二个批准修订的法规建立了共同的准则，用于核算 LULUCF 活动的温室气体排放和清除量。该法规的出台代表着将林业和农业部门整合进欧盟政策的第一步。修订后的法规将更好地认识到，农业和森林所有者的努力以及他们为确保将碳储存在森林和土壤中而进行的良好的实践。法规也有助于保护生物多样性和水资源，以及支持农村发展和更多地开展气候友好型的农业。LULUCF 核算要求成员国报告他们的行动，以增加碳的清除量并减少森林和土壤温室气体排放。

(摘自:《科学研究动态监测快报》)

# 奥巴马政府发布鱼类、野生动植物气候适应国家战略

2013 年 3 月 26 日，美国奥巴马政府发布了《鱼类、野生动植物气候适应国家策略》。作为对国会 2009 年提出的"帮助鱼类、野生动植物和相关的生态过程对气候变化影响变得更有弹性、适应力和生存力的(resilient, adapting to, and surviving)"指令的响应，气候适应战略是开展了将近两年、向超过55000名美国人征询意见的"大范围国民对话"的成果，于 2013 年 2 月形成了战略草案第一部分和战略草案第二部分。国家资源部、国家海洋和大气管理局(National Oceanic and Atmospheric Administration)以及来自全国各地的鱼类和野生动植物机构的代表齐心协力地制定了气候变化的应对措施。这份报告记录了在沙漠、森林、灌木地带、水道等地区，由气候变化引起的生态系统特征的变化。报告明确呼吁人们采取行动。报告指出："除非国家现在就开始认真开展应对工作，否则随着气候的变化，我们将有可能失去珍贵的生物系统及其提供的无数惠益和功用。"这一战略所列的各项目标旨在尽可能将气候变化对自然资源的影响降到最低，同时尽可能扩大气候变化的影响可能带来益处的机会。这些目标要求对栖息地进行保护和有效的管理，以维护资源并维持可持续利用资源所需的平衡。普及知识、激发行动以及让物种能够适应气候变化也被列入相关目标。现把该战略的主要背景和内容整理如下：

## 一、战略背景：鱼类、野生动植物巨大的经济价值及它们在气候变化下受到的五大影响

鱼类、野生动植物资源为美国人的日常生活提供了重要的福利和服务，包括就业、收入、食品、清洁水和空气、建材、风暴保护、旅游和娱乐。如狩猎、捕鱼和其他与野生动物有关的旅游贡献估计为 1200 亿美元/年。海洋生态系统维持美国的海产品行业，支持约 100 万个工作岗位及每年 1160 亿美元的经济活动。

适应策略提供了一个路线图，提出了未来五年的关键步骤，以减少当前和预期的气候变化对自然资源的五大影响：

——改变物种的分布和迁移模式；

——野生动物疾病的传播和入侵物种；

——海平面上升淹没沿海动植物栖息地；

——沿海海洋生产力变化；

——淡水供应变化。

## 二、战略性质

适应策略加强由联邦、州、地方政府和其他组织保护鱼类、野生动植物的努力，依赖于他们的社区，并提供机构和合作伙伴可以采取的自愿措施，以保护社区和经济的健康，减少在未来几年内付出的高昂代价。战略并没有规定任何强制性的政府或非政府实体的活动，也没有提出任何监管行动。

## 三、战略提出了7个关键步骤和23条战略

战略的实施为公共和私人决策者提供信息和工具，供适应气候变化参考。该战略确定了七个关键步骤，帮助保护国家鱼类、野生动植物适应气候变化：

一是保护栖息地，以支持健康的鱼类、野生动植物种群和生态系统功能。战略一：识别陆地、淡水、沿海和海洋保护区网络的生态连接区，提高应对气候变化的弹性，增加鱼类、野生动植物活动范围；战略二：确保对战略一中的连接区适宜保护状态，以完成公共和私人保护区的生态连接网(ecologically-connected network)工作；战略三：恢复“维持生态系统应对气候变化的功能和弹性的”生境特征(habitat features)；战略四：保护、恢复以及适当和可行时建立新的生态连接区，方便鱼类、野生动植物的迁移，以及气候变化造成的其他变迁。

二是经营管理物种和栖息地以保护生态系统的功能，并提供可持续发展的商业、生活、娱乐及文化用途。战略五：为应对气候变化并支持提高适应能力，更新或开发新的物种、栖息地，以及土地和水管理计划、方案和措施；战略六：开发和应用物种特性(species-specific)管理方法来解决关键气候变化影响(如必要)；战略七：通过保护物种出现(species occurrences)的全地域的多样化种群和遗传物质(genetic material)，保护遗传多样性(genetic diversity)。

三是加强有效管理的能力。战略八：增加自然资源管理者和其他决策者对气候变化的意识和能力，提高他们设计、实施和评估鱼类、野生动植物适应规划的专业能力；战略九：促进跨州、联邦和部落的自然资源机构和民间保护在景观、区域、国家和国际尺度上应对气候变化的组织协调力；战略十：评估现有的联邦、州和部落的法律、法规和政策框架，提供司法管辖框架，通过鱼类、野生动植物的保护识别“提高动植物应对气候变化能力的”机会；战略十一：优

化使用现有的鱼类、野生动植物保护资金，设计评估适应气候变化的方案。

四是通过综合性观测和监测以及决策支持工具的使用，支持适应性管理。战略十二：支持、协调、并在必要的情况下开发分布式清查、监测、观测和信息系统，从多个尺度测度和描述气候变化对鱼类、野生动植物和生态系统的影响；战略十三：通过与科学家、（自然资源和其他部门的）管理人员、经济学家和利益相关者的对话，识别、开发和采用决策支持工具应对不确定情境下的管理（如，脆弱性和风险评估、情景规划、战略性生境的保护方法、预测、适应性管理评价系统）。

五是增强鱼类、野生动植物的影响和反应的知识和信息。战略十四：通过联邦、州、部落、民间保护组织、学术机构管理人员和科研人员的协作过程，查明知识差距、确定研究重点。战略十五：通过与合作伙伴（如美国全球变化研究计划、NCA，CSCs，RISAs）现有工作的合作，开展气候变化与生态的研究包括可能造成的影响和物种、群落和生态系统的适应能力；战略十六：通过建模，理解气候变化影响与物种、生态系统反应之间的关系。

六是提高人们的意识并激发他们行动，以保护鱼类、野生动植物。战略十七：提高公众对气候变化影响自然资源和生态系统服务的意识和理解，以及区域和文化适当尺度上适应气候变化的原则；战略十八：鼓励通过有针对性的教育和宣传工作，加强公众参与管理的机会；战略十九：协调不同司法管辖区的气候变化交流工作。

七是减少非气候压力（non-climate stressors），帮助鱼类、野生动植物和生态系统适应。战略二十：延缓或逆转由气候变化或其他原因导致的栖息地丧失和破碎化；战略二十一：通过土地/海洋利用规划、水资源规划、污染治理以及实施最佳管理实践，减少和逆转可能的生态系统退化；战略二十二：利用、评估、必要时改进现有方案，以防止、控制和消灭外来入侵物种和管理病原体；战略二十三：减少破坏性捕杀做法、过度采伐和非法贸易。

（摘译自：National Strategy Will Help Safeguard Fish，Wildlife and Plants in a Changing Climate）

## 美国地球之友：
## 气候融资中私营资金不能直接替代公共资金

针对气候融资，美国地球之友（Friends of the Earth U. S. ）提出，绿色气候基金(以下简称绿色基金)考虑私营部门在发展中国家应对气候变化融资的需求中发挥作用之前，它应该思考：面对气候危机，这些国家人民的生活需求是什么，特别是最贫穷和最脆弱人群的需求？私营资金和私营部门的帮助，是否可以按照“绿色基金管理和气候公约的原则”，公平、有效地满足这些需求？

2013年4月，美国地球之友和泛非洲气候正义联盟(Pan African Climate Justice Alliance)联合发布了题为《支持贫困人群的气候融资：私营资金能否在绿色气候基金中发挥作用》(*Pro-poor Climate Finance: Is There a Role for Private Finance in the Green Climate Fund?*)的报告，指出私营资金很难在气候变化适应领域挖掘商业牟利机会，同时其很难负责任地在低收入和中等偏下收入国家以及所有发展中国家的边缘化社区中开展工作，因此它不能直接替代公共资金。报告的结论是，绿色基金应高度谨慎、慢慢地将私营公司和金融家纳入，仅仅在以下条件满足时，才可让其参与进来，即它们保证符合高标准的环境、社会和发展有效性；它们实施了健全的阻止金融、社会和环境风险的程序；它们产生有效的减缓和适应结果。

报告针对绿色基金将私营资金纳入提出五点建议：一是标准。绿色基金应该为其所有融资在社会、环境和受托义务标准方面，建立清晰、统一和有国际约束力的国际最佳做法。二是金融中介。绿色基金利用金融中介时应高度谨慎。通过金融中介提供资金的子项目，必须遵照和绿色基金直接提供资助的项目同样的标准。禁止中介机构自我报告和自我管理。三是禁止。绿色基金应该禁止其所支持的私营公司或金融家使用“避税天堂”①(tax havens)，并建立一个排除清单，以免资助造成气候变化污染的活动。四是私营部门治理。绿色基金支持的任何私营部门活动，必须接受与绿色基金支持的公共部门活动同样的治理结构。具有自身治理结构的私营部门基金的可能性，包括私营部门董事会成员的可能性，都应被禁止。合理安排私人投资专家提供技术意见，但他们不得决策。假如发展中国家决定部署私营基金，私营部门机构可以作为提供给发展中国家政府一个工具。五是对外直接投资。除特殊情况外，绿色基金应避免为跨国公司提供支持。任何为外国直接投资提供的支持，必须要求外国企业构建当地合作伙伴关系和联盟，支持当地生产，培训并雇佣当地工人。

(摘译自：Pro-poor Climate Finance: Is There a Role for Private Finance in the Green Climate Fund?)

---

① “避税天堂”是指税率很低的国家或地区。

# 美国《总统气候行动计划》：森林每年清除国家12%的碳排放　重视保护森林、评估森林脆弱性、减少林火和REDD

2013年6月25日，美国总统奥巴马在乔治城大学(Georgetown University)发表讲话，介绍有关应对气候变化的计划，提出了降低美国碳排放和为应对气候变化做准备的最新建议。总统行政办公室发布了《总统气候行动计划》(*The President's Climate Action Plan*)。现把该行动计划的出台背景、战略方向以及该计划关于林业的内容摘编如下，供参考。

## 一、提出该计划的两个主要背景

美国提出该计划有两个主要背景，一个是认识到气候变化产生的巨大风险。气候变化导致美国部分社区遭到强烈风暴或不断上升的海平面的袭击。2012年底，美国东北部飓风造成的破坏使各市政府更加清醒地认识到自身的薄弱环节。奥巴马说："我们必须建设能够保护我们家园和工商企业经受住更强大风暴的更明智、更有适应能力的基础设施。"另一个是，加强美国与新兴经济体的接触，减少使用附带污染性副产品的物品。奥巴马说："我们同新兴经济体进行商业竞争，但我们也共享这个星球。我们大家必须承担责任，使这个星球继续适宜居住，否则我们将一起承受后果。"美国在国内采用更清洁的能源技术和减少碳排放的同时，必须帮助其他国家在这些方面取得进展。为了加快向清洁能源过渡，美国工业将和其他国家政府建立伙伴关系，加速各国对使用天然气的适应能力。奥巴马说，他正在呼吁终止对海外燃煤工厂提供公共资助。也正在努力促进民间金融支持其他国家的清洁能源工程。6月23日，国务卿克里在印度对听众说，科学家们最近指出大气中的碳水平升高——每10亿个单位的大气含400单位的碳——高出以前的记录，暖化证据明显。克里说："在喜马拉雅山的冰川逐渐消退，近10亿人民的供水受到威胁之际，我们大家都必须更有所作为。"

## 二、该计划的三个主要战略方向

一是减少美国碳基燃料中温室气体排放(即减少污染排放)。美国将领导世界帮助其他国家向清洁燃料过渡，使这一代人能为未来留下一个更洁净和更安全的地球。奥巴马说，他正指示环境保护署(EPA)为新建和现有的发电厂设定可以排放的限度。根据环境保护署的数据，这些设施的排放占全部排放量的1/3，是美国温室气体的最大排放源。交通部门和工业部门是位居第二和第三的温室气体排放源。奥巴马说："全国各地有些发电厂已经在用减少排放的设备进行现代化改造，表明联邦政府正在赶上地方领导人努力遏制气候变化的步伐。"

二是美国为气候变化做好准备(即加强气候准备)。包括构建强大和更安全的社区和基础设施建设、保护经济和自然资源、利用正确的科学方法应对气候变化影响。

三是美国领导国际努力应对气候变化的后果(即加强气候外交)。奥巴马说，他正在呼吁环保商品和服务实现自由贸易，特别是清洁能源技术，"旨在帮助更多的国家跨越发展过程中的污染阶段，加入低碳经济。"

该计划提出要促进建立减排的碳市场机制。奥巴马说，有十几个州正在开发或使用以市场交易为基础的减排计划，这是《京都议定书》中列出的主要碳减排机制。奥巴马："有25个以上的州已经设定了能效目标，有35个以上的州设定了再生能源的目标。有1000多名市长签订了减少碳污染的协议。"

## 三、气候行动计划关注林业，聚焦保护森林、评估森林脆弱性、管理干旱、减少林火以及REDD等五方面

《总统气候行动计划》的许多章节讨论了林业，总结一下，主要有以下五方面的内容：

(1)保护森林和自然生态系统。美国森林为解决碳污染发挥了关键作用，每年约清除美国温室气体排放量的12%。面临气候变化，以及越来越多的林火、干旱和病虫害风险，森林吸收碳的能力正在减弱。城市发展或农业用地增长的压力，也导致森林碳汇的下降。保护以及可持续管理，可以帮助确保我们的森林继续清除大气中的碳，同时改善土壤和水的质量，减少林火风险，让森林面对气候变化更有弹性。政府正努力寻找新方法，保护和恢复森林(以及草地和湿地)以应对气候变化。美国生态系统对于国家经济和国民生命和健康至关重要。这些天然资源，如果得到适当保护，可以帮助减轻气候变化的影响。政府已投入巨资保护生态系统。政府正推行气候适应战略，促进鱼类和野生动物种群、森林和其他植物社区、淡水资源以及海洋适应气候变化的弹性。在这些努力的基础上，总统指示联邦机构识别和评估新方法，以改善自然资源抵御极端天气的能力，保护生物多样性和自然资源应对气候变化，管理公共土地和自然系统以储存更多的碳。

(2)评估森林脆弱性。关注气候变化对森林等部门的影响以及应对战略找出森林的脆弱性并加以解决。2013年，内政部发布了几项研究，概览了气

候变化对森林、农业、野生动物和水供给等部门的影响，今后几年联邦政府将关注气候变化对重要部门的影响，并制定有关应对战略。

(3)管理干旱。借助应对干旱的国家灾害恢复框架(National Disaster Recovery Framework)，政府将推出一个跨部门的国家干旱弹性伙伴关系(National Drought Resilience Partnership)，帮助社区应对未来发生的干旱，减轻干旱影响。通过关键部门抗旱以及长期抗旱弹性战略的连接信息(监测、预测、展望和早期预警)，帮助社区管理与抗旱相关的风险。

(4)减少林火。随着部落、州和地方政府加入了合作伙伴，政府努力使森林、湿地、草地等景观"对因气候变化高温和干旱条件加剧的林火风险"更具弹性。联邦机构将以森林和牧场恢复工作为重点并扩大努力，使自然区域和社区更少受到特大火灾。例如，内政部和农业部，推出西部流域增强伙伴关系(Western Watershed Enhancement Partnership)，它以西部五个州为试点，围绕重要地区(如水库)，清除多余的灌木和其他易燃植被，减少林火风险。

(5)REDD。毁林、农业以及其他土地利用约占全球 1/3 的排放。在一些发展中国家，多达 80% 排放来自土地部门。为应对这一挑战，奥巴马政府正与伙伴国家合作，促进体系、制度和机构落实，以显著减少全球土地利用相关的排放，创造产生气候效益的农村发展新模式，保护生物多样性，保护流域和改善生计。仅在 2012 年，美国机构支持双边和区域国际林业发展项目，帮助减少 1.4 亿吨 $CO_2$ 排放，包括森林投资计划(FIP)和森林碳伙伴基金(FCPF)。在印度尼西亚，美国援外机构世纪挑战集团(Millennium Challenge Corporation)资助五年期的"绿色繁荣"(Green Prosperity)计划，支持选定地区的环境可持续发展和低碳经济发展。奥巴马政府也在着力解决农业驱动的毁林，例如通过 2020 热带森林联盟(Tropical Forest Alliance 2020)，汇集各国政府、私营部门和民间社会，探讨减少我们依赖的主要农业商品驱动的毁林。

(摘译自：THE PRESIDENT'S CLIMATE ACTION PLAN)

## 英国发布适应气候变化国家计划：林业重点关注增强弹性、防治病虫害和科技创新

7 月 1 日，英国环境、粮食与农村事务部(Defra)发布《国家适应计划：让国家更具弹性地应对气候变化》(*The National Adaptation Programme Making the Country Resilient to A Changing Climate*)以及《适应气候变化：确保关键部门取

得进展(2013 实施适应报告机制以及需报告的重点机构列表)》(*Adapting to Climate Change: Ensuring Progress in Key Sectors 2013 Strategy for Exercising the Adaptation Reporting Power and List of Priority Reporting Authorities*)。《国家适应计划：让国家更具弹性地应对气候变化》(以下简称“适应计划”)，是根据英国气候变化适应小组委员会(The Adaptation Sub-Committee)①的建议，制定的第一份英国国家适应气候变化计划。主要目的是增强公众意识、加强公共实体和公用事业公司报告风险以及制定风险应对计划。现把“适应计划”主要背景和主要内容(涉及林业部分)摘编如下，供参考。

## 一、英国制定“适应计划”的主要背景

(1)制定“适应计划”的紧迫性。英国的气候已经在发生变化。与 20 世纪 70 年代相比，温度平均上升了 1℃，在温度上升的同时还伴随着更加频繁的热浪、更大强度的降水，以及海平面的升高等问题。与天气相关事件带来的保险损失平均每年约有 15 亿英镑；2007 年，英格兰夏季洪灾造成了约 30 亿英镑的损失；约有 2000 人死于 2003 年的热浪。最近的研究表明，64% 的英国企业已遭受因极端天气导致的供应链中断，70% 的大型企业和它们的供应商面临明显的气候变化风险。然而，英国只有 40% 的大型企业采取行动，确保它们做好准备应对气候变化影响。通过提前规划和及时采取适应行动，将减少英国的损失和应对行动的成本。长远规划也使英国充分利用机遇，例如，为更加暖化的气候开发新产品和服务等。

(2)提高了公众意识，奠定了制定“适应计划”的民意基础。《2009 年的英国气候预测》报告，预测了到本世纪末英国气候的变化。它分析指出了很多可能的风险和影响，比如增强的洪水，以及建筑物夏天过热造成的高温。该报告为制定“适应计划”提供了基础科学信息，也提高了公众对适应气候变化问题的认识。

(3)地方政府积累了各产业部门应对气候变化的风险和机遇信息，为制定“适应计划”提供了基础信息。根据《2012 年气候变化风险评估》，政府要求 9 个地方政府气候变化合作伙伴，为当地不同的产业部门提供信息，分析气候变化主要风险和机遇。这就为各产业适应气候变化遇到的风险和机遇提供了信息。

(4)立法保障为制定“适应计划”提供了政策框架。2008 年的《气候变化法案》(*Climate Change Act*)，建立了一个有利的政策框架，如政府必须至少每

---

① 根据 2008 年的《气候变化法案》，设立气候变化委员会，委员会下设适应性小组委员会，专门为政府的适应性工作提供建议，并负责对政府的应对工作进行详细审查。

五年报告一次英国气候变化的风险，并公布一项方案表明将如何应对这些影响。政府在为适应制定市场机制和促使机构提升适应能力时发挥了关键的作用，根据2008年法案建立了英国气候变化适应小组委员会，该委员会建议政府制定英国第一个国家适应计划。

(5)建立了公共部门、企业和个人的参与、合作机制，为推进“适应计划”打下了基础。近几年建立的适应报告机制(Adaptation Reporting Power)，促进了公共部门、企业和个人实施的活动，提高了适应的水平，特别是企业应该将气候变化纳入到长期的决定和计划中来考虑，从而减少长期的运营成本，专业团体也应该在相关标准和规范的设置中考虑这些问题。

## 二、“适应计划”提出的林业部门重点领域

“适应计划”针对林业部门提出三个重点领域：

### (一)增强林业弹性(resilience in forestry)

主要提出四点建议：

①为应对潜在的气候变化和更加频繁的极端气候事件，林地需要更具弹性。积极管理更多的林地，保护和提高物种多样性，并纳入更多的适应气候变化知识和技能，可以帮助林地释放更多的效益。从长远角度看，为应对气候变化新设和储备(creation and restocking)林地，显得非常重要。②2013年1月发布的《政府林业和林地政策声明》陈述了林业政策的新方法，以及保护、改善和扩大林地资源的办法。以下三个相互关联的重点领域，将帮助增加林地弹性，推动林地适应气候变化：保护树木、木材和森林不受增加的病虫害和气候变化的影响；提高树木、木材和森林对经济增长、人民生活和大自然的贡献；扩大林地面积以提高其经济、社会和环境效益。③提高林地管理水平。2013年1月的政策声明明确提出，有目标地增加新设林地，可以提供广泛的生态系统服务，帮助其他部门适应气候变化，以及开发更有弹性的林地资源。④2012年2月10日，林业委员会的适应气候变化行动计划，阐明了建设一个可持续林业部门的关键行动。这些行动包括：物种多样化建议和指导的发展、实施公共森林气候变化行动计划、促进林地管理规划和纳入适应气候变化的标准做法在林业法规中的应用，以及在《英格兰农村发展计划(2014～2020)》(*Rural Development Programme for England* (2014～2020))中的应用。林业委员会将与英格兰林地和木材伙伴委员会(England Woodland and Timber Partnership)合作，推出英国林业标准森林和气候变化指南(UK Forestry Standard Forests and Climate Change Guidelines)，增加物种多样性和定植苗供应。

表1　增强林业弹性的主要行动及负责机构

| 增强林业弹性主要行动 | 负责机构 |
|---|---|
| 1. 发布气候变化行动计划，包括主要伙伴机构的承诺 | 英格兰林地和木材伙伴委员会 |
| 2. 实施林业委员会在其"适应报告机制"中发布的"林业委员会英格兰总体适应计划" | 林业委员会 |
| 3. 出台指导原则，支撑英国林业标准森林和气候变化指南 | 环境、粮食与农村事务部和林业委员会 |

## (二)防治病虫害

主要提出八点建议：①病虫害对可持续农业和林业造成重大威胁。最近发生的事件，如灰枝枯病已证明了这一点。为保护农场和林地的生产力以保障英国的出口，应采取适度行动管理虫害的爆发和威胁。目前，在做长期规划所需的信息方面，还缺乏许多支撑性的信息证据。②应对植物病虫害并管理风险，是环境、粮食和农村事务部的优先事项之一。环境大臣委托组成了一个树木健康和植物生物安全专家任务组(Tree Health and Plant Biosecurity Expert Task Force)，它由环境部首席科学顾问负责召集，以阻止病虫害进入英国，并对国内已存的病虫害加以管理。专家任务组将报告，政府针对报告立即行动。③根据林业独立调查小组和树木健康和植物生物安全专家任务组的建议，正在加快实施树木健康和植物生物安全行动计划(Tree Health and Plant Biosecurity Action Plan)。该计划目的是加强进口管制活动和管制协议，改进对树木病虫害的监控策略，提升公众和专家对树木病虫害的意识。该计划充分运用现有的证据，并开展新工作，以寻找新证据证明气候变化如何影响害虫和疾病的传播。④粮食和环境研究署(Food and Environment Research Agency)将与环境、粮食与农村事务部以及卫生和安全局下属的化学品管制局(Health and Safety Executive's Chemicals Regulation Directorate)合作，评估目前植物健康保护计划纳入气候风险的程度，以及当有证据表明需要纳入的地方，研究如何将气候变化风险纳入植物健康保护计划。并将形成决议，要求粮食和环境研究署准备一份自愿的适应气候变化报告。⑤适应战略需要在不断变化的环境中促进建立长期弹性，抵御害虫和疾病。树木健康和植物生物安全行动计划认识到树木有助于减缓气候变化，同时它也直接和间接承受气候风险。该计划是"与环境变化共存"(Living With Environmental Change，LWEC)①

① "与环境变化共存"(Living With Environmental Change，LWEC)计划是一项为期10年(2008~2017年)、投入达10亿英镑的计划。英国20家机构参与此计划，开展政策综合研究，帮助社会应对全球不断变化的气候和环境带来的挑战。该计划于2008年6月18日在伦敦威斯敏斯特正式启动。

研究计划框架的一部分，帮助制定长远战略，应对不断变化的环境中，当前和未来的病虫害威胁。⑥动物健康和福利也是政府优先考虑领域。例如，环境、粮食和农村事务部重视监测和监控外来和地方性的动物疾病。2012 年的气候变化风险评估报告指出，缺乏气候变化对畜牧部门的直接影响。英国环境部将就此做出改进。环境部也将继续敦促欧盟采用统一的动物病害监控和水平扫描(Horizon Scanning)。⑦环境部正与有关机构，以及与野生动物和野生鸟类专家(包括野禽和湿地信托基金和英国鸟类信托)合作，应对气候变化对生物多样性的新威胁。⑧入侵的非本地物种是全球生物多样性的一个主要威胁，英国为此每年花费超过 13 亿英镑。气候变化将使一些入侵的非本地物种更为常见，使一些入侵的非本地物种目前呈现良性更易入侵。环境部将评估《英格兰入侵的非本地物种战略框架(2008)》(*Invasive Non-native Species Framework Strategy*)，以确保预防、检测、快速反应、长期缓解和控制的做法，充分考虑了新的和正在出现的气候风险。

**表 2　防治病虫害的主要行动和负责机构**

| 防治病虫害主要行动 | 负责机构 |
|---|---|
| 1. 实施树木健康和植物生物安全的研究和证据积累 | 环境部、粮食和环境研究署、林业委员会 |
| 2. 树木健康和植物生物安全专家任务组(THPBETF)阻止病虫害进入英国，并对国内已存的病虫害加以管理。专家组在 2013 年 5 月报告，政府在夏天做出响应。 | 环境部 |
| 3. 评估目前植物健康保护计划纳入气候风险的程度，以及当有证据表明需要纳入的地方，研究如何将气候变化风险纳入植物健康保护计划。 | 环境部、粮食和环境研究署、卫生和安全局下属的化学品管制局 |
| 4. 准备一份自愿性适应气候变化报告 | 粮食和环境研究署 |
| 5. 发起树木健康和生物安全研究倡议，跨学科研究以支持英国树木、林地以及生物多样性、生态系统的健康和弹性 | 环境部、“与环境变化共存”计划 |
| 6. 积累更多气候变化对动物健康影响的证据，敦促欧盟采用统一的动物病害监控和水平扫描 | 环境部 |
| 7. 评估《英格兰侵入的非本地物种战略框架(2008)》 | 环境部 |

## (三)科技创新

提出了三点建议：①政府认识到开发具有良好适应性的树木、农作物和家畜品种的重要性。将开发不同生理性状基因组合的新品种，适应白昼增加、极端天气增多、二氧化碳浓度升高和降雨模式变化等气候变化的联合作用。英国已经建立了研究森林组织(research forests)，以开发和测试森林适应变化战略。它将与欧洲层面的研究计划如增强物种试验(reinforce species trials)合作，增强物种适应气候变化的能力。②林业长期性的特点以及应对气候变化的紧迫性，要求开发有效管理不确定的方法。林业委员会将在2013年秋季发布修订后的英国林业科学和创新战略。③政府认识到土壤承受气候变化的压力，重视保护土壤并提高其质量。环境部正开展重大研究计划，探索土壤退化如何影响其支持的重要生态系统服务(如防洪减灾、碳储存和养分循环)的能力。自然环境研究理事会(Natural Environment Research Council)和生物技术及生物科学研究理事会(Biotechnology and Biological Sciences Research Council)正在针对土壤保护开展一项总预算为1200万英镑的合作研究。

**表3　科技创新主要行动和负责机构**

| 科技创新主要行动 | 负责机构 |
|---|---|
| 发布修订后的英国林业科学和创新战略 | 林业委员会 |
| 到2030年土壤可持续管理，成功处理退化威胁；开展四年期研究计划，分析土壤退化对土壤功能的影响 | 环境部 |
| 自然环境研究理事会和生物技术及生物科学研究理事会土壤研究计划 | 自然环境研究理事会和生物技术及生物科学研究理事会 |

(摘译自：The National Adaptation Programme Making the Country Resilient to A Changing Climate)

# 国际气候立法研究组织关注全球自然资本立法进程

2013年6月，全球立法者促进环境平衡组织(GLOBE)在德国联邦议院举行了第一次自然资本峰会，来自20多个国家的60多名立法者参会，讨论2015后自然资本核算的问题。峰会出版的公报(Summit Communique)呼吁各国政府最迟于2020年，把自然资本价值纳入国家核算体系框架。公报进一步呼吁各国政府规范企业出版的年度报告，透明、公开其产生的环境外部性。全球立法者促进环境平衡组织还预计于明年6月在墨西哥城举行的第二次自然资本峰会，出版会议公报，进一步推进自然资本立法。该组织的立法推进进程是以其2012年出版的《全球立法者促进环境平衡组织自然资本行动计划

（第二版）》（*Globe Natural Capital Action Plan*）为基础，该份计划的第一版是该组织与英国伦敦动物学会（Zoological Society of London）和伦敦政治经济学院（London School of Economics）合作研究的成果，得到了全球环境基金和联合国环境规划署的支持。以下把全球立法者促进环境平衡组织第一次自然资本峰会的会议公报和该组织发布的自然资本行动计划的主要内容，以及该组织披露的第一次全球自然资本立法研究的发现摘要编译如下：

## 一、全球立法者促进环境平衡组织第一次自然资本峰会会议公报以及该组织自然资本行动计划（第二版）的主要内容

公报的主要内容包括：认识到自然资本是不可再生资源和可再生资源的基础。国内生产总值（GDP）仅仅部分反映了一个国家的财富和福祉，既没有反映生态系统的价值，也没有反映增长付出的环境成本。生态系统和生物多样性经济学（TEEB）近期估计，到2050年的未来50年间，全球生态系统退化累计亏损相当于全球国内生产总值的7%。显然，自然资本构成了土著人财富的80%。欢迎全球立法者促进环境平衡组织的自然资本立法研究，研究进展表明，许多国家已对自然资本给予适度的估价，并在经济决策中适度考虑。承认执行国家生态系统评估（National Ecosystem Assessments）对于提供自然资本资产及其成本消耗的原始数据的重要性。提请生物多样性公约签署国制定国家生物多样性战略和行动计划（NBSAPs）。欢迎联合国通过的修订版综合环境与经济核算体系（SEEA），作为第一个环境与经济关系的国际核算准则。基于这些重要的认识，国家立法者要致力于：①加强国家立法者、专家和其他利益相关者对自然资本核算的沟通；②支持全球环境基金在推进自然资本倡议活动方面的工作，以及支持联合国在这些问题上的官方资金机制；③让我们的政府保持对国际机构（开发银行和开发署）支持的数量和质量；④让我们的政府加强对国家自然资本的管理；⑤审议关于我们国家自然资本存量的预算、政策和立法；⑥组织会议讨论把自然资本核算纳入国家和企业核算的好处和具体方法，并向全球立法者促进环境平衡组织的自然资本立法研究项目组提交成果。

该组织《自然资本行动计划》（第二版）分为两大部分，一是立法，具体包括自然资本核算、自然资本报告、政策和项目评估中的自然资本、自然资本委员会、自然资本部长；另一是监督和审查，具体包括预算过程中的自然资本、自然资本和议会/国会委员会、自然资本和向立法者报告的组织、议会辩论中的自然资本及问题。对政府提出了五条建议：要求所有政府部门开发自然资本清查系统、在财政部设置一名部长负责自然资本监督管理、创建一个部长级自然资本委员会、为部长级自然资本委员会设立一个咨询集团、将自

然资本的价值纳入决策进程。

## 二、全球自然资本立法进程

许多国家有兴趣参与推进全球立法者促进环境平衡组织的自然资本立法研究。博茨瓦纳、哥伦比亚、哥斯达黎加和菲律宾已经参加财富核算和生态系统服务估值倡议（Wealth Accounting and the Valuation of Ecosystem Services, WAVES），该倡议是一个全球伙伴关系，旨在把衡量和规划经济增长的国家核算体系纳入自然资源价值，促进可持续发展。哥伦比亚已经率先开始推进绿色核算、绿色国家账户。哥伦比亚和哥斯达黎加已经开展了生态系统服务付费（PES）计划。

格鲁吉亚是一个很好的例子，它综合了两个进程：生态系统和生物多样性经济学项目，以及财富核算和生态系统服务估值倡议项目，前者提供了生态系统服务的价值，后者吸收利用了这些价值，并把这些价值纳入到国家核算体系中。德国在生物多样性经济学（TEEB）、财富核算和生态系统服务估值倡议（WAVES）都取得了良好进展。秘鲁在拉美国家处于前列，它期待引入环境核算，意味着它已为国家自然资本核算做好了准备。菲律宾情况与此类似。许多人也许并不知道，菲律宾是首批国家之一，早在20年前就与荷兰一起，实践国家核算账户分支的环境卫星账户的想法。英国发布了国家生态系统评估（类似于TEEB的研究，但是从整个国家层面评估），并成功地纳入了财政部门，建立了自然资本委员会以应对自然资本纳入国家核算的挑战和进程。英国的工作示范了如何推进财富核算和生态系统服务估值倡议。

虽然国家层面的进展值得庆幸，但是不能忽视私营部门。它们贡献了全球经济的60%，吸纳了70%的劳动力。绿色经济离不开私营部门。然而，遗憾的是，自然资本立法进程在私营部门层面没有任何进展。目前还没有合适的运作框架，让企业考虑无形成本。随着国家自然资本核算进程推进，政府和立法者必须鼓励私营部门，包括核算机构和监管部门，推进自然资本核算。应测量企业无形的、不可测的成本。例如，在南美养牛，营业额价值约为160亿~170亿美元，但成本约为18倍。同样的情况也有南亚的大米和小麦种植。这两个例子让我们必须思考种植养殖模式的可持续性。这就是为什么在部门层面，以及在国家层面都要同时推进的重要之处。

总而言之，全球立法者促进环境平衡组织自然资本立法研究覆盖的8个国家仅处于思考和试验的阶段，正在探索将自然资本纳入国家核算体系中。没有任何一个国家在所有方面均取得进展，比如在财富核算、生态系统服务评估、估价生态系统服务和引入必要的立法等方面。但事实上：发达国家在自然资本核算方面制定了综合性的推进政策，新兴经济体取得了明显的实质性进展。自然资本已成为这些国家的核心发展资产(key development asset)。

(摘译自:Globe Natural Capital Legislation Study launched at Summit in the German Bundestag、summit communiqué、Globe Natural Capital Action Plan)

# 欧盟分析其“自然 2000”生态网在应对气候变化中的地位

2013 年 7 月,欧盟发布名为《气候变化与“自然 2000”生态网的指南:应对气候变化对“自然 2000”高价值生物多样性地区管理的影响》①的报告,描述其“自然 2000”生态网面临气候变化的脆弱性,其应对气候变化的重要地位,并针对森林经营者和国家政策决策者分别提出建议。以下,就提出该指南的背景、“自然 2000”生态网应对气候变化的地位以及相关建议,摘编整理如下:

## 一、指南提出的背景是保护高价值生物多样性地区建设绿色基础设施,基于自然生态系统管理方法应对气候变化

目前,气候变化的影响程度日趋加剧,其影响不仅涉及经济和社会层面,更对环境包括生物多样性带来严重危害,欧盟亟须采取有效的行动来减缓和适应气候变化。

欧盟的生物多样性保护战略“我们生命的保障,重要的自然资本:欧盟到 2020 年的生物多样性保护战略”,强调了认识并关注气候变化的重要性。该战略的主要目标是有效管理高价值生物多样性地区,这些地区是欧盟“自然 2000”生态网管理计划中的保护区域。生态网计划中的区域须作为欧盟绿色基础设施管理的一部分进行保护和强化,可为生物提供栖息地,同时,这些区域可显著提高物种及栖息地适应环境变化尤其是气候变化的能力。私有的物种和栖息地会随着时间而变化,而生态网保护的区域,无论是陆地环境还是海洋环境,将永远维持其物种及栖息地的生态功能,作为实施欧盟生物多样性战略的有力保障。

---

① 英文名为 *Guidelines on Climate Change and Natura* 2000:*Dealing with the impact of climate change on the management of the Natura* 2000 *Network of areas of high biodiversity value*。

为促进欧盟生物多样性保护战略，欧委会发布了关于建设绿色基础设施的文件，为基于自然生态系统的生物多样性保护方法提供了授权框架。该指南制定了绿色基础设施建设的重要部分，强调了基于自然生态系统的管理方法在应对气候变化中的重要作用。欧盟曾发布白皮书作为应对气候变化的行动框架，而这份指南将为白皮书的后续行动提供指导作用。

指南的主要内容是针对欧盟“自然 2000”生态网的管理者和国家政策决策者。一方面强调了欧盟“自然 2000”生态网高效协调的管理方法对于减缓并适应气候变化、提高生态系统弹性的重要性；另一方面探讨了“自然 2000”生态网对于物种及其栖息地应采取的管理方法，从而正确应对气候变化的影响。指南旨在提出有效的管理计划，介绍了已取得多种生态和社会效益的环境部门与其他部门广泛合作的综合行动，提供了有参考借鉴价值的多个行动案例的实施情况，同时指出开发实用技术对于提高应对气候变化的效率非常关键，将有助于指导未来应对气候变化的实践行动。

此外，指南还提出了决策框架，该决策框架可指导决策者的政策制定，并有助于“自然 2000”生态网的管理者及其他可能对生态系统造成影响的人群有效制订行动计划。决策框架中包含一系列起决定性作用的重要问题，如气候变化将带来哪些影响、“自然 2000”生态网采取了哪些措施以减缓并适应气候变化、如何缓解欧盟物种及栖息地的生态脆弱性等。

## 二、“自然 2000”生态网为应对气候变化提供基于自然的解决方案

“自然 2000”生态网覆盖欧洲森林面积的 30%，山区面积的 45%，以及很大一部分湿地和泥炭地。它为应对气候变化提供了四方面的解决方案：一是提供碳的天然储存能力。“自然 2000”网络约占欧洲森林的 30% 和很大部分的泥炭地。据估计目前“自然 2000”网络约储存 96 亿吨碳，折合 350 亿吨二氧化碳。二是增加自然生态系统中二氧化碳的捕获能力。三是减少极端天气事件的风险和影响。“自然 2000”中森林具有林龄和树种多样性，对其进行有效的经营管理可避免可燃物积聚的负荷，降低失控火灾的发生风险，减轻火灾影响。同时，自然植被可以减少洪灾期间的径流。自然蜿蜒的河流与具有调节功能的湿地可避免洪水顺流而下，保护人类居住区。目前，尚没有“自然 2000”网络因减少极端天气事件而产生具体效益的估计数据。四是减少海平面上升的影响。“自然 2000”网的许多保护区位于沿海岸或河口，形成天然的沿海防御。许多人已认识到，海防不再完全依赖于硬质的海堤等海防结构（hard coastal defence structures），也重视使用软质的工程技术（soft engineering techniques），如海滩养护（beach nourishment），复制天然沙丘形成过程的特点。

海岸线重新调整(realignment)被认为是减少海平面上升并产生生物多样性效益的有效战略。在英国，已修建了海堤以防止土地侵蚀和洪水事件，但是大家逐渐认识到它们不仅维护成本高，且会造成海岸和潮间带生境(如潮泥滩和盐沼)及其所提供生态系统服务(尤其是沿海保护和防洪)的退化或丧失。通过周密计划的海堤开口，海岸线得到重新调整，进一步移向内陆，可恢复海岸生态系统及其生态系统服务。在亨伯河口湾，这个可控制的海岸线重新调整选择方案在约30~40年后净现值为正，50年后可达到约1150万英镑的收益，同期维护海堤会导致成本高于收益。另外一个有说服力的案例是，英国皇家保护鸟类协会(RSPB)正尝试利用持续上升的海平面，来建立欧洲最大的一个沿海湿地，并协助野生动物适应气候变迁。沃勒西岛天然海岸计划(Wallasea Island Wild Coast Project)致力于把岛上的农田重新转化成沿海沼泽地，恢复岛上的湿地，吸引多种鸟类物种返回岛上栖息。湿地面积扩大后，不仅有利于岛上动物栖息，也有利于缓和海潮的冲击，建造全英国最大的潮汐交换系统。这个花费高达一千两百万英镑的系统，将成为皇家保护鸟类协会在英国境内最具野心也最昂贵的计划，它将能吸引许多物种回归，例如白琵鹭(*Platalea leucorodia*)，这种鸟已有四百年未能在英国境内成功繁殖。

报告还分析了气候变化下(包括侵蚀、酸化、海平面上升、冰川融化、干旱等)“自然2000”生态网的脆弱性，指出两栖类和鱼类是最脆弱的物种，无脊椎动物(除了蝴蝶)由于其分布还不清楚，脆弱性也很严重。从区域来看，地中海和阿尔卑斯山地区脆弱的物种数量最多。

## 三、针对决策者和经营者的主要建议

针对决策者的建议有：一是加强跨部门合作，共同应对气候变化。如目前的生物圈分区进程(Biogeographic Regional Process)，它是欧洲自然保护主题中心(European Topic Centre on Nature Conservation)提出的按照人类干预下气候变化、地质、土壤特性、地形、海拔高度、距离海洋等因素作用的保护区分类办法，其提出的6个生物圈分区(寒带、大西洋、欧洲大陆、阿尔卑斯山、地中海、西北非)已经被欧盟确定为执行欧盟栖息地指令推进“自然2000”生态网建设的重要区域，促进了成员国层面的合作。二是确保所有相关部门在应对气候变化的政策制定中都包括对自然的保护。三是确保“自然2000”保护区和“自然2000”网络嵌入欧盟绿色基础设施。让自然成为应对气候变化、提高生物多样性，以及满足人类和社会需要的解决方案。四是在监测气候变化对生物多样性影响的基础上，监测气候变化对非环境部门的影响，如气候变化对作物产量、河道交通、人们的身体健康、企业重新布局等的影响。五是建立国际/跨界气候区，方便物种长途迁徙。六是确保气候变化、生物多样性、“自然 2000”生态网嵌入到地方利益相关者应对气候变化的进程框架中，获得他们的理解、参与和支持。

针对保护区经营者的建议：减少“自然 2000”网承受的气候变化压力、加强地方研讨会对气候变化影响的交流评估、按照气候变化在目前和未来产生影响的尺度设计适应性管理计划、定期评估气候变化影响下保护区的生态功能及其对气候变化影响的脆弱性等。

（摘译自：Guidelines on Climate Change and Natura 2000：Dealing with the impact of climate change on the management of the Natura 2000 Network of areas of high biodiversity value）

## 气候公约就 REDD +、融资和性别发布三份文件

9 月 17 日，气候公约秘书处发布三份文件，供即将举行的华沙气候谈判大会缔约方代表参考。其中一份文件是 16 个缔约方及组织提出的推进性别平衡的选项和方式的提议，目的是改进妇女参与并促进有效兼顾妇女和男子需求的气候政策。第二份报告是针对 REDD + 资金的两个研讨会的报告，这份报告拟解决的问题包括：基于结果的行动转移支付的方式和手段；激励非碳效益的方法；如何更好地协调基于结果的融资。第三份报告是缔约方针对“发达国家履行第 1/CP. 16 号决定第 95 段提出的承诺提供相关金融资源的”提议，即 2010 ~ 2012 三年间发达国家通过国际机构向林业等提供 300 亿美元资金，平衡分配在减缓和适应气候变化，以及发展中国家对获取资金的方式作出的承诺。

（摘译自：UNFCCC Releases Documents on REDD +，Finance and Gender）

## 美国建立跨部门专职小组执行总统气候行动计划增强森林应对气候变化能力

据美国总统办事机构——改善环境质量委员会（Council on Environmental

Quality)2013 年 9 月发布的消息，为了执行总统于 2013 年 6 月发布的气候行动计划，美国成立了跨部门专职任务小组(An Interagency Task Force)，执行具体的森林吸收碳能力监测工作，以及制定激励政策。

该报道指出，美国人认识到森林对社区和经济的重要性。森林提供工作和娱乐，并净化空气和水，为野生动物提供重要栖息地。也认识到，森林在减缓气候变化中发挥着重要作用。2013 年 6 月发布的总统气候行动计划指出，美国的森林在应对气候变化中发挥了关键作用，每年吸收该国温室气体排放量的 14%。过去几十年，美国在农田上造林、再造林，保持森林较高的生长率，以帮助吸收更多的碳。但是林地开发正在削弱森林现在和未来的碳吸收能力。此外，热浪、野火、病害和干旱等也正在削弱森林碳汇能力。很难精准预测这些负面因素对森林碳汇能力的影响，但是美国必须找到新的途径，切实提高森林吸收 $CO_2$ 的能力，并让森林变得更具弹性。根据总统气候行动计划，美国政府集中相关部门共同应对这一挑战。

为此，建立起一个跨部门专职任务小组，专门负责三项工作：一是专门开展森林和其他土地精准和一致的碳通量(fluxes)年度更新监测。该监测目的是，及时更新信息以掌握重大干扰(火灾、土地开发趋势)对森林碳吸收能力的具体影响程度。二是该小组还将提出政策工具，促进政府作出更有效的决策，确保土地经营者充分考虑森林碳汇价值。三是该小组正在设计新方法，保留和恢复森林及其他重要自然景观(包括草地和湿地)。

该小组的行动需要以相关政府部门促进森林健康的活动为基础。比如，农业部 2013 年宣布建立七个新的区域中心，为农民和林地所有者提供研究和及时的信息，共同努力应对气候变化。内政部气候科学中心(Climate Science Centers)的研究工作将充实农业部的这项工作，如评估管理选项、预测气候变化下的森林状态和碳储存能力、评估降雨和降雪变化的影响，以及研究森林变化对特殊物种和生态系统服务的影响。这些信息为林务局及其合作伙伴开展森林恢复提供必要信息。美国内政部、农业部、其他联邦机构、部落、私人土地所有者正在共同参与历史、景观尺度的保护项目(landscape scale conservation projects)，以促进生态系统稳固。气候变化对森林提出了新挑战，美国将加强机构合作，为森林应对气候变化提供及时、最佳的科学知识。

(摘译自：Our Forests and Climate Change)

# 联合国环境署：
# 2013年《排放差距报告》使采取全球行动缩小排放差距的理由更加充分

2013年11月5日，2013年《排放差距报告》在各国领导人参加华沙气候变化大会前夕发布。该报告在联合国环境规划署（以下简称“环境署”）的协调下，由17个国家的44个科学团体编写而成。

报告发现，尽管有可能在更大的排放量下实现2℃目标，但不弥合排放差距将加剧2020年后的减排挑战。

这将意味着必须加快全球中期减排速度，更多地锁定碳密集基础设施，中期减排将更多地依赖于往往未经证实的技术以及中长期减排将面临更高的成本，而且无法达到2℃目标的风险更大。

即使各国兑现了他们当前的气候承诺，在2020年温室气体排放量很可能达到80亿~120亿吨二氧化碳当量，仍然高于有可能继续通过成本最低途径减排的水平。

如果到2020年差距没有消除或显著缩小，把温度上升限制到一个更低的目标即1.5℃的选择之门将被关闭，这将进一步增大对更快地提高能源效率和具有碳捕获和封存能力的生物质的依赖。

为了不偏离实现2℃目标的正轨，并消除上文所述的负面影响，报告指出到2020年，最大排放量应不超过440亿吨二氧化碳当量，以便进一步为减排铺路，2025年要减至400亿吨二氧化碳当量，2030年要减至350亿吨二氧化碳当量，到2050年要减至220亿吨二氧化碳当量。由于这个目标是基于2010年就开始行动的前提设立的，因此该报告发现达到这一目标正变得越来越困难。

联合国副秘书长、环境署执行主任阿齐姆·施泰纳说：“正如报告所强调，延迟行动意味着短期内气候变化速度更快，并可能在短期产生更多气候影响，并导致继续使用碳密集型和能源密集型基础设施。这种‘锁定’将减缓气候友好型技术的引进，减少能帮助国际社会踏上可持续的、绿色的未来道路的发展选择。”

“然而仍然可以通过加强目前的承诺，并采取进一步行动，包括扩大在能源效率、化石燃料补贴改革和可再生能源等领域的国际合作计划来为实现2020年目标打好基础。”他补充说，“农业甚至也能做出贡献，这个部门的直接排放目前占全球温室气体排放的 11%，如果考虑其间接排放量，这个数字会更大。”

2010 年(有可用数据的最近一年)全球温室气体排放量已达 501 亿吨二氧化碳当量，凸显了未来任务的规模。如果全世界继续按照“一切照常”情景发展(其中未包括承诺)，那么 2020 年的排放量预计将达到 590 亿吨二氧化碳当量，比 2012 年《排放差距报告》的估算高出 10 亿吨二氧化碳当量。

科学家们均认为，如果本世纪末全球平均气温比工业革命前的水平上升超过 2℃，那么对环境造成不可逆转破坏的风险会显著增加。政府间气候变化专门委员会的最新报告证实，人类活动“极有可能”(95% ~100% 的概率)是全球变暖的主要原因。

“当我们前往华沙参加最新一轮气候谈判时，所有国家都有必要怀有更大抱负。这种抱负能促使这些国家更快地采取进一步行动来弥合排放差距并实现可持续发展的未来。”联合国气候变化框架公约执行秘书克里斯蒂娜·菲格拉斯说，“但是更大的国家抱负将不足以克服气候变化的科学现实，这就是为什么到 2015 年迫切需要一个能推进国际合作的新的普遍协议的原因之一。”

如果不高度重视并马上解决这一问题，那么今后的减排将需要更快的速度和更大的代价，从而导致向全面气候政策制度过渡期间出现更高的减缓成本和更大的经济挑战。

环境署的另一份报告发现，如果大幅度超过 2℃ 目标，那么非洲的应对成本可能在 2070 年达到每年 3500 亿美元，而如果实现了目标，那么这一成本将每年减少 1500 亿美元。

## 实现 2020 年的目标是可能的

尽管机会的窗口正在缩小，但仍可能通过坚定而迅速的行动实现 2020 年每年 440 亿吨二氧化碳当量的目标。研究显示，与“一切照常”情景的水平相比，对每吨二氧化碳当量的排放投入 100 美元可减少 140 亿 ~200 亿吨二氧化碳当量的排放。

例如，仅通过收紧气候谈判中的承诺规则就能将差距缩小约 10 亿 ~20 亿吨二氧化碳当量，而如果各国无条件履行已承诺的最大减排量，就可以将差距缩小 20 亿 ~30 亿吨二氧化碳当量。扩大承诺范围能进一步将差距缩小 20 亿吨二氧化碳当量。这些措施包括在国家承诺中涵盖所有排放，让所有国家承诺减排和减少国际运输所产生的排放。

通过收紧规则增加减排，无条件实施雄心勃勃的承诺并扩大当前承诺的范围，这可使国际社会在弥合差距的道路上成功一半。报告称，剩余的差距可通过进一步的国际和国家行动，包括通过“国际合作计划”弥合。

## 国际合作可以带来巨大的收益

国际合作计划日益增多，各国和其他机构通过它们进行合作，以推广能带来气候好处的技术或政策，尽管气候变化减缓可能并非这些计划的首要目标。

报告确定了这些计划的几个成熟领域，在这些领域中许多合作项目已经到位，可以加以扩大和复制以产生所需的收益：

- 能源效率，到2020年可能削减高达20亿吨二氧化碳当量的差距。例如，照明用电约占全球电力消耗的15%和全球温室气体排放量的5%。已经有50多个国家加入了en. lighten全球高效照明合作项目，并同意到2016年底逐步淘汰低效白炽灯；
- 可再生能源计划，到2020年可以减少10亿~30亿吨二氧化碳当量排放量。2012年对可再生能源的总投入为2440亿美元，全球新安装的可再生能源容量达115千兆瓦，REN21的《2013可再生能源全球状况报告》称这是创纪录的一年。在过去八年，设立清洁能源目标的国家数量从48个增加到140个，增加了2倍，表明向可再生能源的转变正在加快；
- 化石燃料补贴改革，到2020年可能会带来4亿~20亿吨二氧化碳当量的减排效益；

报告认为，为了让国际合作计划有效，它们必须具备以下条件：

- 明确的愿景和使命；
- 适合这一使命的各种参与者组合，不限于传统的气候变化谈判者；
- 发展中国家更加积极地参与；
- 支持实施和后续行动的充足资金和体制结构，但应保持灵活性；
- 对参与者的激励；
- 透明度和问责机制。

## 农业提供了机会

2013年的报告着重强调了农业部门，虽然几乎没有国家把在这一领域采取具体行动作为履行其承诺的一部分，但据估算，农业部门的减排潜力介于11亿~43亿吨$CO_2$当量之间。

报告概述了一系列措施，它们不仅有助于缓解气候变化，而且能加强农业部门的环境可持续性，并能带来其他好处，例如更高的产量、更低的化肥成本或通过木材供应产生的额外利润。

作为例子，报告强调了应在更广泛范围推广的三大做法：

- 免耕做法。免耕是指不耕田，直接在前一季作物的覆盖层下播种。这能减少来自土壤扰动和使用农机具产生的排放。
- 在水稻生产中加强养分和水分管理。这包括减少甲烷和一氧化二氮排放量的创新耕作方法。
- 农林业。由不同的管理措施组成，这些措施专门在农场和景观中种植多年生木本植物，这能增加生物质和土壤从大气中捕获和封存的二氧化碳。

（摘自：联合国环境署中文网）

## 经合组织概览 2013～2014 年应对气候变化工作

2013 年 11 月 29 日，经济合作和发展组织（OECD）发布报告《经合组织应对气候变化工作（2013～2014）》，概览过去和未来该组织关于气候变化经济和政策工作，以及该组织针对气候变化的论坛活动。

这本小册子包含 4 章：关于气候变化的经济和政策分析，包括减缓、适应、气候融资和投资、针对具体部门的分析（农业及渔业、能源、交通、废弃物、旅游业和水）；跨领域交叉问题，如税收和其他基于市场的手段、贸易与环境、清洁创新、城市和多层次的治理，以及就业和地方发展；经合组织论坛气候变化讨论，如市长和部长圆桌会议，非洲伙伴关系论坛，萨赫勒和西非俱乐部。

这本报告强调，自 20 世纪 80 年代末经合组织一直致力于气候变化经济学和政策研究，并与政府紧密合作，协助他们确定和实施成本最低的政策，以减少排放，以及将适应活动纳入到所有相关部门和政策领域。它突出强调经合组织促进发展中国家迈向低碳，和对抗气候变化的发展道路，包括研究如何升级公共财政，针对性地帮助利用私人资金，并提高这种资金流动的透明度。

该报告还指出，经合组织 2011 年的绿色增长战略，提供了一个增长框架，确保为社会福利提供资源和环境服务的自然资产；强调自然资本的恰当核算，以避免不可持续的增长模式；鼓励低碳和对抗气候变化的投资和创新，以维持经济增长和创造经济机会。

（摘译自：OECD Outlines Climate Change Work for 2013－2014）

# 第二节

# 森林碳汇

## 美国农业部发布《气候变化对森林生态系统的影响》 报告强调提高适应能力和加强森林碳管理

2013 年 1 月，美国农业部发布题为《气候变化对森林生态系统的影响：关于美国林业部门的综合分析》的报告，分析气候变化对林业部门的影响以及林务局应采取的政策。报告共分七章：一是引言；二是气候变化的影响；三是气候变化与人类社区和农村、城市以及城乡结合部森林环境的关系；四是适应和减缓；五是增强科学知识；六是未来的评估活动；七是结语。

报告分析了气候变化对森林生态系统的两大影响。一是气候变化对森林生态系统的结构、功能和服务的影响。关于对结构的影响，报告认为气候变化将改变树种在美国的生长环境，特别是减少干旱地区森林的生长，增加高海拔地区森林的生长。预测研究表明，由于变低的土壤湿度以及幼苗期(seedling stage)的竞争关系，物种栖息地将向高海拔和高纬度地区迁移，低海拔和低纬度地区的栖息地将会减少。关于对功能和服务的影响，报告认为极端天气事件和气候变化对水的影响，将极大地降低森林生态系统的服务功能。另一是气候变化对森林干扰状况(disturbance regimes)的影响。分析了气候变化将增加五类干扰状况(即火灾、病虫害、入侵物种、洪灾、侵蚀和泥沙运动以及干旱增强)的程度，影响森林生态系统的功能和服务。

报告提出了管理气候风险和适应气候变化的应对思路和方法。该方法首先将区分气候风险类型，并评估这些风险产生的环境影响的程度和可能性。报告分析，在气候变化背景下，将改变土地利用模式，对森林产生影响。特别在农村，气候变化将改变农产品的生产率和市场价格，这一改变迫使把更多的林地转换为农地。虽然说这一转变，城市森林吸纳了更多的城市人口以及减缓气候变化，发挥了较大的作用，但是也增加了保持城市森林健康的难度。报告认为加强风险管理，要重视气候变化对人类土地利用政策的影响。如，增强碳汇和生物质能源的土地利用政策，是人类认识到森林和森林减缓气候变化之间的关系而采取的正确政策措施。报告指出要增强社区应对气候变化的能力，一种是让它们切身感受气候变化的破坏性，另一种是有关机构要加强宣传培训。

报告提出，林务局应加强气候风险管理和减缓和适应气候变化。林务局要在开发、分享和实施有效地适应气候变化方法中，增加投入加强机构建设并理清权限边界，这主要包括四项工作：一是对林业权益人和一般工作对气候风险和气候科学进行教育培训；二是确保对气候政策行动的问责性，以及把气候变化融入到机构的管理计划和项目中；三是加强土地利用变化管理；四是理顺管理计划并在地方建立试验项目。报告分析，林务局要在森林可持续经营中同时应对适应气候变化和加强碳管理的双重挑战。从短期角度看，应实施成本较低的(且有制度和机构保障并能产生及时效果的)管理策略。如适应方面的管理策略的例子包括减少燃料采伐、减少林分密度。又如碳管理方面的管理策略例子包括减少毁林、增强再造林、减轻野火程度、增强树木生长、提高以木质为基础的生物能源的利用。具体的战略和行动将因不同的区域、森林生产力和本地管理的目标，而有所不同。

(摘译自：Effects of Climatic Variability and Change on Forest Ecosystems：A Comprehensive Science Synthesis for the U. S. Forest Sector)

## 联合国环境署总结森林碳项目管理的 6 条经验

2013 年 2 月，联合国环境规划署里索能源、气候和可持续发展中心(UNEP Riso)发布题为《森林和森林碳项目经济学：把取得的经验纳入国家 REDD + 实施进程中》的报告，分析森林碳项目周期以及必要的 REDD + 国家战略机构建设的成本，就融资模式促进实施 REDD + 国家战略问题，进行了探讨。

报告有六方面的发现：

一是要公私合作形成资金合力。经验表明，公共和私营部门伙伴关系提供最成功的手段吸引投资，实现完善的森林碳项目管理。公共投资，通常是一个双边或多边的基金，有利于吸引私人投资。这种制度安排下，投资风险降低，公共和私人投资者共担风险。二是要在国家层面实施 REDD + 战略，既创造良好环境又建立技术和监管机制。与单个项目比较，国家层面的 REDD + 方案能为 REDD + 投资规模激发最大潜能。国家层面的 REDD + 战略把风险、成本和收入因素考虑在内，有利于为促进可持续发展森林投资创造良好环境，从而减少 REDD + 融资缺口。另一方面，国家层面实施 REDD + 可以建立资金、技术和监管框架，促进和加快激励机制，确保在次国家层面实施 REDD + 项目所需的资金。三是森林碳信用收入仍居于森林碳项目的次要地位，主要原因是碳市场的波动性和不成熟状态。为此，应大幅增加REDD + 碳信用的现有需求，一方面，增加气候公约各缔约方的减排雄心，另一方面，把 REDD + 经核证减排量确认为一种合格的补偿机制。四是森林碳汇项目仍然没有对私营部门产生很强的吸引力，主要原因是大量的前期投入。案例研究表明，项目人员需要支持优化设计他们的财务建议书，以确保获得金融支持。因此，应开发量化成本和收益的国际指导原则。更快捷、更容易评估 REDD + 投资的成本效益比，以激发更多的资金投向 REDD + 。五是金融风险是森林碳项目升级为 REDD + 国家战略的一个主要障碍。大多数案例研究的项目通过赠款开展，很多项目都在试点基础上进行。这主要是由于较高的财务风险，增加了政府和非政府组织提供赠款(grants)而不是贷款(loans)的偏好。此外，它反映出私营部门感知到高风险不愿大量投资。因此，森林碳项目促进经济吸引力的重要手段之一是，降低风险调整贴现率(risk-adjusted discount rate)。六是当地社区参与，并在地方一级分配利益，才能确保项目可持续发展。

（摘译自：Economics of forest and forest carbon projects translating lessons learned into national REDD + implementation）

## 美国林务局：
## 城市森林碳储量巨大　生态服务价值可观

据 5 月 7 日美国林务局发布的消息，美国城市森林储碳约 7.08 亿吨，提供总价值500亿美元的环境服务。每个年度，城市森林净吸收碳估计为2100万吨，产生15亿美元的经济效益。美国林务局北方研究站的Dave Nowak及其同事在最近发表于《环境污染》(*Environmental Pollution*)的文章中，阐述了他们利用28个城市和6个州有和国有的树木覆盖实测数据，估算全国城市地区总碳储量。

美国林务局局长Tom Tidwell说："随着城市化进程不断扩大，城市树木和森林变得越来越重要，可以维持我们的环境和我们社区的健康和福祉。碳储存仅仅是树木提供的诸多好处之一。我希望这项研究鼓励人们看到他们周围的树木的不同之处，并开始重新思考，帮助照管好自己的城市森林。"

据林务局2008年的研究，全国范围内，林地上树木的碳储存估计为223亿吨。城市树木新增的碳储存可能把该数字提高到227亿吨。各州由于树木覆盖和生长条件的差异，碳储存和碳汇率(carbon storage and sequestration rates)差异很大。位于林区的州具有很高的城市绿化覆盖率。城市森林碳储存量最多的州是得克萨斯州(4980万吨)、佛罗里达州(4730万吨)、马萨诸塞(3960万吨)和北卡罗来纳州(3750万吨)。

未来，随着城市面积增加，城市森林碳储存和碳汇量，可能会增加。美国城市市区面积从1990年占国土面积的2.5%，增加到2000年的3.1%，相当于增加佛蒙特州和新罕布什尔州的面积总和。如果这种增长模式继续下去，到2050年，美国城市土地增加的面积将超过蒙大拿州。当然，快速城市化并不一定意味着城市森林增加。去年，北方研究站的Dave Nowak和Eric Greenfield以及另一位合作者研究发现，全国范围内城市森林覆盖以每年2万英亩(折合0.81万公顷)或4万棵树的速度下降。

(摘译自：US urban trees store carbon，provide billions in economic value)。

# 欧盟委员会发布重大研究成果：欧盟是全球最大间接毁林地区

2013年7月2日，欧盟委员会发布三份报告，分析欧盟消费对全球毁林的影响及今后采取的政策，指出欧盟是全球最大的毁林足迹地区。这三份报告分别是《欧盟消费对毁林的影响：欧盟消费对毁林影响的综合分析》(*The impact of EU consumption on deforestation*：*comprehensive analysis of the impact of*

*EU consumption on deforestation*）、《欧盟消费对毁林的影响：识别社区立法和政策需要检讨的关键社区》（*The impact of EU consumption on deforestation*：*Identification of critical areas where Community policies and legislation could be reviewed*），以及《欧盟消费对毁林的影响：欧盟委员会进一步考虑的社区政策、立法措施和其他活动等方面的建议》（*The impact of EU consumption on deforestation*：*Proposal of specific Community policy*，*legislative measures and other initiatives for further consideration by the Commission*）。

发布这三份报告的主要背景是，2008 年欧盟发布一份通讯，陈述欧盟的减少毁林目标，即到 2020 年减少一半的毁林，到 2030 年停止毁林。通讯要求，欧盟研究"进口的可能导致毁林的粮食和非粮食商品（如肉类、大豆、棕榈油、金属矿石）的消费影响，并提出减少该影响的政策选项"。作为应对气候变化和全球生物多样性丧失战略的一部分，欧盟委员会响应欧洲议会的请求，2011 年启动了欧盟消费对全球范围内森林损失的评估研究。目前，研究已完成，提供了一个欧盟消费对毁林影响的深入评估，还提供了可能的政策选项。现把该报告的主要研究结论以及欧盟的后续林业气候政策行动摘编如下。

## 一、关于"欧盟消费影响全球毁林"研究的主要结论

《欧盟消费对毁林的影响：欧盟消费对毁林影响的综合分析》等三份报告，对欧盟消费对全球毁林进行了量化分析，并提出了降低影响的政策选项以及如何推进欧盟的可持续消费。报告提出了一个新概念即"隐含毁林"（embodied deforestation），指的是与物品或商品生产有关的毁林。物品或商品既可以在生产国消费，也可以经过贸易在其他国消费。这样，就把生产国毁林与消费国的商品消费联系起来。报告主要有七个结论：一是尽管东亚自 2000 年以来，成为隐含毁林产品越来越重要的进口地区，欧盟仍然是最大的进口地区。二是 1990 ~ 2008 年，生产国大多数与毁林有关的农作产品和畜产品（隐含毁林农产品和隐含毁林畜产品）都在生产国当地消费，并没有进入国际贸易市场。仅有 33% 的隐含毁林农产品和 8% 的隐含毁林畜产品，进入国际贸易市场，在非生产国最终消费。三是进入国际贸易的这部分隐含毁林农产品和畜产品，欧盟 27 国进口消费了其中的 36%，欧盟消费的这些产品等同于 1990 ~ 2008 年在欧盟毁林 900 万公顷（相当于三个比利时）。四是以全球全部的隐含毁林农产品和畜产品（包括两部分，即生产国自己消费的和进入国际贸易市场的）衡量，欧盟的进口量占 7%。如果所有最终的加工产品和所有的消费行业包括在内（即纺织、服务行业等），这个数字将会提高到 10%。五是消费油料作物（大豆和棕榈油等）及其派生加工品，以及肉类消费，是欧盟消费

对全球毁林产生影响的主因。六是欧盟进口的隐含毁林农产品和畜产品中，大量留在欧盟消费(93%)，少量加工再出口(7%)。出口地主要是美国(占22%)，其它如西亚、瑞士、日本和俄罗斯联邦，各自能占到6% ~7%。七是以欧盟进口相当于毁林900万公顷(1990~2008年)来衡量的话，扣除其加工再出口部分，实际相当于毁林840万公顷。排在第二位的是东亚地区(包括中国和日本)，2000~2008年其进口隐含毁林农产品和畜产品相当于毁林450万公顷。北美和南亚分别为190万公顷和170万公顷，北非、西亚以及中亚共为340万公顷。

## 二、欧盟提出的后续林业气候政策行动

在《欧盟消费对毁林的影响：欧盟委员会进一步考虑的社区政策、立法措施和其他活动等方面的建议》报告中，欧盟提出了34条建议，主要内容包括：粮食产品森林足迹的强制标签、将农作物用作生物燃料的可持续标准推广到农作物利用的其它领域(如食品、饲料、产品、原料)、固态和气态生物质能的可持续发展标准、肉类产品消费税、主要成分与毁林有关的食品的强制性原产地标签、提高与毁林有关的商品的进口关税等。

欧盟认为，基于研究中提出的问题，要进一步解决，需要许多利益相关者共同探讨。作为欧洲2020战略重要部分的欧盟委员会“欧洲资源效率路线图”，已经采取了针对性行动，处理了一些问题，如粮食部门的影响，特别是大豆、肉类和棕榈油对全球毁林的影响。还需要进一步加强分析和指定工作措施的领域是能源行业，要减少生物燃料生产进口的影响，以及改变消费习惯和消费行为。为跟踪解决这个问题，欧盟委员会将于2013年最后一个季度以及2014年召集专家和利益相关者进行讨论。在讨论基础上开展公众咨询，吸收建议。

(摘译自：NGO calls for action as report reveals EU's deforestation footprint is twice as big as China and Japan's combined、Study “The impact of EU consumption on deforestation”、The impact of EU consumption on deforestation：Comprehensive analysis of the impact of EU consumption on deforestation)

# 绿色和平组织：五个因素导致棕榈油产业成为印度尼西亚毁林主因

2013年9月3日，绿色和平组织发布题为《森林破坏确证》(*Certifying Destruction*)的报告，指出棕榈油产业是导致印度尼西亚森林破坏的主因，作为棕榈油产业首席生态认证机构的棕榈油可持续发展圆桌会议组织①(RSPO)(下简称棕榈油圆桌组织)，其组织成员目前仍通过破坏热带雨林和泥炭地的方式开展棕榈油生产和贸易。报告根据卫星图像分析结果，指出印尼在2009~2011三年间毁林总面积为124万公顷，其中由棕榈油圆桌组织成员获得的特许棕榈油种植园(palm oil concessions)直接毁林面积为30万公顷，占毁林总面积的1/4。特别在个别地区，棕榈油种植园毁林更为严重，西加里曼丹省总毁林面积的75%归于棕榈油，东加里曼丹为55%，中加里曼丹为38%。

报告指出棕榈油圆桌组织未能实现棕榈油可持续发展导致毁林的主要原因有五点：一是相关标准的严重缺失。对棕榈油生产过程中产生的温室气体排放没有任何限制规定，其成员可以"自由地毁林"，通过破坏森林和泥炭地获得新的种植园，导致温室气体排放、珍稀物种灭亡等严重后果。二是棕榈油圆桌组织的现有规定无法阻止森林火灾的发生，被砍伐后的泥炭地将成为易燃物，一旦燃火，扩散范围不可估量，2013年6月苏门答腊发生的毁灭性森林大火就是一个典例。三是棕榈油圆桌组织未能阻止棕榈油生产企业对森林类型的改变。棕榈油企业需在建立新的种植园前对进行保护价值评价，但目前的标准对于高碳储备地区仅是"列入考虑范围"。同时，棕榈油圆桌组织允许企业对未被认证的森林进行持续的采伐破坏。四是在整个石油供应链上未对原料来源和生产机制提出明确要求，导致棕榈油的生产原料可由非法砍

---

① 该组织是一个由多个利益方组建的非营利协会，其宗旨是通过合作和公开对话，推动棕榈油的可持续利用及该行业的可持续发展。其成员是构成供应链的各种组织，包括种植者、加工者、食品与日用消费品制造商、零售商、关注环境和社会福利的非营利组织等。RSPO的执行委员会由各成员组织的代表组成，包括马来西亚和印度尼西亚的棕榈油协会、联合利华公司、吉百利史威士公司、世界自然基金会和"The Body Shop"公司。RSPO已公布了一套《棕榈油可持续生产准则及标准》(*Principles and Criteria for Sustainable Palm Oil Production*)。如2005年11月后开发的种植园与原住民没有明显冲突，不能破坏原始森林，不得砍伐有珍稀动物的林地，不得开垦泥炭深度超过3米的林地等。

伐热带雨林、破坏森林的第三方供应，使隶属于棕榈油圆桌组织的棕榈油企业鲜有别于普通制油工业。五是棕榈油圆桌组织不能保证提供的棕榈油产品为经认证的绿色产品。获得棕榈油圆桌组织认证的企业将贴上认证标签的产品出售给棕榈油使用者如食品生产商，由于认证标签的无署名性和交易市场的开放性，购买者并不能获知其购买的产品出处，如来自哪个种植园或绿色标签类型，导致由毁林获得的棕榈油产品可以鱼目混珠。

为促进印度尼西亚森林可持续发展，绿色和平组织鼓励棕榈油生产者和消费者超越棕榈油圆桌组织的现有标准。一些生产者已开始执行严格的森林保护标准，如金光农业资源，其“森林零破坏”的承诺表明棕榈油企业承担森林保护责任具有可行性。同时，一些棕榈油消费企业也制定了负责任的购买原则，如雀巢集团，其对原料来源提出了严格规范，即只购买通过可持续生产方式获得的棕榈油。

（摘译自：Palm oil industry key culprit behind deforestation, haze in Indonesia）

# 世界自然基金会发布全球棕榈油消费地图<br>印度尼西亚、印度居前两位<br>中国棕榈油认证在加快

2013 年 11 月 12 日，世界自然基金会(WWF)发布全球棕榈油消费区域分布图(图 1)，印度尼西亚、印度、中国、欧盟和美国居前五位。印度尼西亚是世界最大的棕榈油生产国和出口国，但令人吃惊的是，印度尼西亚超过印度成为世界最大的棕榈油消费国。在过去的六年里，印度尼西亚国内棕榈油消费年均增长 8.79%，2013 年，印度尼西亚将消费 $8.5 \times 10^6$ 吨粗制棕榈油(crude palm oil, CPO)和 $1.9 \times 10^6$ 吨棕榈仁产品(palm kernel products)。印度消费全球棕榈油的 16%，为 $9.1 \times 10^6$ 吨。欧盟消费全球棕榈油的 10%，为 $5.7 \times 10^6$ 吨。美国消费全球棕榈油的 2%，为 $1.1 \times 10^6$ 吨。

中国消费全球 12% 的棕榈油，是世界第三大棕榈油消费国。大约 70% 的棕榈油作为食用油，其中大部分用于方便面。中国进口的棕榈油 54% 来自马来西亚，其余来自印度尼西亚和其他市场。随着生活水平的提高，棕榈油进口将会急剧增加。棕榈油需求预计每年增长 10% 左右，将在 2015 年达到 $8.6 \times 10^6$ 吨,2020 年达到 $12 \times 10^6$ 吨。在中国，超过 5000 家公司是众所周知

的棕榈油用户。一些大型公司垂直整合(vertically integrated)，参与从进口、加工、制造到零售的棕榈油供应链的很多部分。这些企业包括国有企业，如中粮集团，民营企业如嘉里粮油(Kerry Oils & Grains)、康师傅(Master Kong)和龙威企业(Longwit)，跨国公司，如邦吉中国(Bunge China)、嘉吉中国(Cargill China)、雀巢中国(Nestlé China)和丰益中国(Wilmar China)。其中一些垂直整合公司占据非常大的市场份额，并将在棕榈油转向可持续发展中发挥举足轻重的作用。

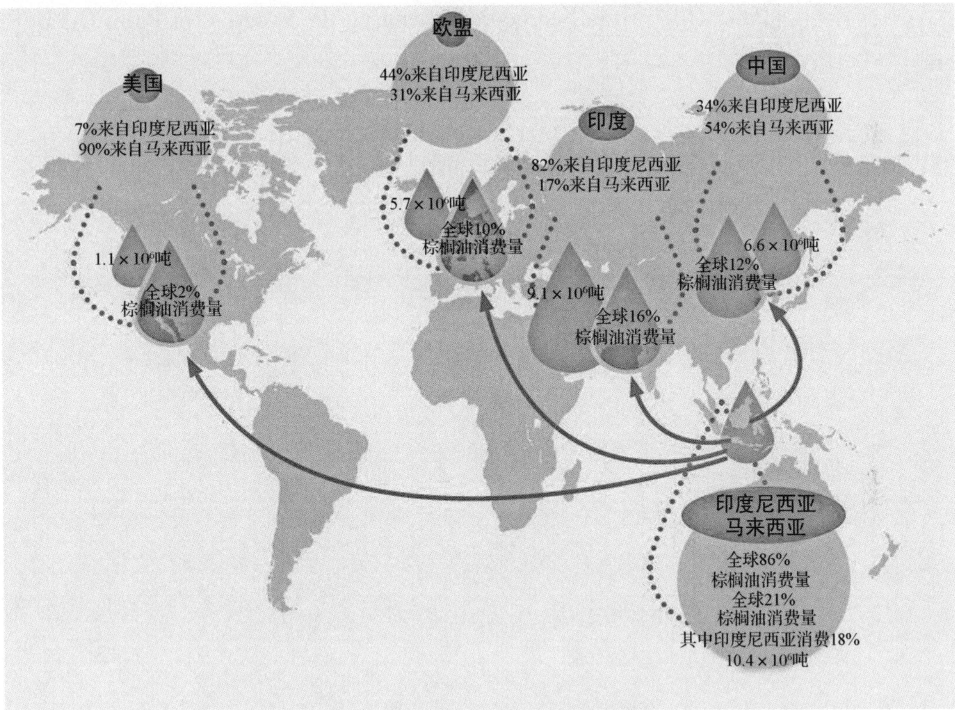


**图1 全球棕榈油生产和消费地图**

(数据来源：美国家业部，联合国商品贸易统计数据库和欧盟统计局)

中国不仅仅是一个棕榈油消费国，为了减少对外国进口的依赖，中国已经开始通过政府银行手段和双边协议，在印度尼西亚、马来西亚和非洲投资进行棕榈油生产。世界自然基金会希望看到政府、金融机构和私人公司在可持续棕榈油圆桌会议组织(Roundtable on Sustainable Palm Oil，RSPO)①的准则

① 2004年棕榈油生产企业、消费企业及环境组织等结成了可持续棕榈油圆桌会议组织(Roundtable on Sustainable Palm Oil，RSPO)。这是一个由多个利益方组建的非营利协会，其宗旨是通过合作和公开对话，推动棕榈油的可持续利用及该行业的可持续发展。其成员是构成供应链的各种组织，包括种植者、加工者、食品与日用消费品制造商、零售商、关注环境和社会福利的非营利组织等。该组织以WWF为中心，发起了生产者及供应链的认证制度，并努力推广普及这一制度。

内调整其海外种植园，以确保中国具有一个更负责任的全球农业足迹(global agricultural footprint)。这就是为什么世界自然基金会正在采取一些方法来促进中国发展可持续棕榈油的原因。

通过在石油行业会议上信息研讨会和中国与国际公司的一对一会议的方式，圆桌会议认证已经开始进军中国。自 2011 年以来，中国圆桌会议认证的会员已从 4 家增长到现在的 17 家公司。最近圆桌会议成立了一个中国工作组，来帮助建立中国棕榈油产业转型的动力。

(摘译自：Palm Oil Buyers Scorecard Measuring the Progress of Palm Oil Buyers)

第三节

# 碳排放交易

## 欧盟九国环境部长针对欧盟排放贸易体系发“救市”声明

近期，欧盟排放贸易体系(EU-ETS)碳价格持续走低，影响较大。据英国环境、食品和农村事务部(Defra)2013 年 5 月 7 日的消息，来自欧盟 9 个成员国(包括英国、法国、德国)的能源和环境部部长提出声明，希望当年内 EU-ETS 作出改革，继续作为欧盟应对气候变化的政策“锋面”(forefront)，推动向低碳经济发展。联合声明就欧盟排放贸易体系改革步骤，载明方向和期限。

声明的具体内容如下：

(1)我们坚定承诺，至 2020 年甚至远期，把欧盟排放交易体系作为欧盟气候变化政策和低碳投资政策的核心。

(2)但是我们仍然深切关注 EU-ETS 目前的设计，它不能提供刺激低碳投资需求的价格信号，因为配额供应大大超过需求，导致碳价格很低。这也威胁到碳市场“作为最具灵活性、最具成本效益减排方式的”可信度。

(3)多数欧盟成员国为满足国内目标都需刺激低碳投资，持续的碳价走低可能产生一个新的结果即从基于市场的工具转向采取调控为中心的办法(regulation-centric approach)，而这种转变会增加欧盟内运转的企业的成本。

(4)正如我们经历金融和经济危机后悟出的道理，有针对性的干预可能是必要的，我们都坚信，只有通过适当的结构性改革，并通过给予投资者“欧洲 2020 年后低碳雄心”的明确信号，才可以将 EU-ETS 恢复到其原来“促进低碳排放和刺激低碳投资”的目的。所以，我们欢迎欧盟委员会提出的载有改革方案选项的碳市场报告，并欢迎欧盟绿皮书草案 2030 年气候和能源政策框架文件。

(5)虽然我们都清楚，市场干预应保持在最低限度，但是目前一次性的和有针对性的干预会减少市场的不确定性和扭曲，促进低碳技术投资。延迟干预会导致欧盟满足 2050 年目标承担更大的长期成本。

(6)我们注意到 4 月 16 日欧洲议会“限量保价”①(backloading)提案的投票，我们对结果表示失望。“限量保价”提供了一种模式，为 EU-ETS 结构改革提出短期的应变措施。临时性从成员国配额拍卖库中抽出一部分配额，并不会影响碳泄漏。能源成本的主要动因仍然是全球化石燃料价格，减排行动有助于减少化石燃料价格波动的影响。

(7)因此，我们呼吁欧洲理事会和欧洲议会采取紧急措施，必要时一起开展建设性工作，于 2013 年 7 月就“限量保价”达成快速决议。

(8)然而，在平行推进“限量保价”之时，重新聚焦采取更多实质性措施以增强交易体系也很关键。我们现在敦促欧盟委员会，于 2013 年年底提出 EU-ETS 适当的结构性改革建议，给投资者一个“欧洲 2020 年后低碳雄心的”明确信号，以拉动低碳投资和最具成本效益的减排。

(摘译自：Ministers from nine European member states, have today set out action they want to see this year to reform the EU's Emissions Trading System (ETS))

# 美国加州碳市场新动向：林业碳汇纳入其中 采取“遵约补偿协议”和“跨辖区 REDD +”两种模式

美国加利福尼亚州碳市场是全球范围内仅次于欧盟碳排放交易体系的世界第二大总量管制与排放贸易(cap-and-trade)碳市场。与欧盟碳市场不同的是，它允许林业碳汇项目进入其中，以碳补偿方式进行碳交易。针对如何制

① 欧盟委员会建议欧洲理事会推迟碳排放配额拍卖，以冻结在 2013～2015 年期间欧盟境内可供交易的 9 亿吨碳排放配额，避免碳排放交易市场供大于求，从而维持和提高碳排放交易价格，达到鼓励投资绿色能源和减少碳排放的目的(在提案中被称为 backloading)。

定林业项目纳入加州碳市场进行交易的规则，有两个机构在进行前期研究和评估，一个是州长气候和森林任务小组(Governors' Climate and Forests Task Force，GCF)，另一个是REDD碳补偿工作组(REDD Offset Working Group，ROW)①。2013年，REDD碳补偿工作组就林业REDD+项目纳入加州碳市场提出了建议，该建议在5月供加州民众评论，在此之后，建议内容将纳入碳市场管理规则。现把加州背景情况和建议的主要内容摘编如下：

## 一、加州基本情况

美国加利福尼亚州经济总量为19589亿美元(2011)，相当于世界第八大经济体，也相当于中国经济总量的1/3，其GDP居美国各州第一，人口约3800万(居全美各州之首)，面积约42万平方千米。加州目前的年度碳排放量为5亿吨左右。其在2006年通过了《全球气候变暖解决方案法案》(*Assembly Bill32*，*Global Warming Solutions Act of2006*)，法案将2020年加州减排目标法律化，推动构建加州碳市场，致力于在2020年，将州内温室气体排放量控制在1990年的排放水平，2050年温室气体在1990年标准上进一步减排80%。这样，在2012~2020年间累计减排量约为2.73亿吨二氧化碳当量，且2020年的总量上限将较2012年的排放总量下降15%。

## 二、本国森林采取"遵约补偿协议"管理模式

目前，加州碳市场由加州空气资源委员会(CARB)、能源委员会以及加州气候行动注册处负责，空气资源委员会为主要负责机构。空气资源委员会对限排实体设置排放上限，颁发可交易许可证(即配额)。加州总的排放上限将随时间逐步下降。超排实体应交出排放配额，或者用购买的碳补偿信用单位(offset credit)进行抵消，但企业可以仅利用"碳补偿"额度抵消8%的减排要求。排放实体采用碳补偿方式减排，比购买碳排放配额的成本更低。碳排放配额的交易价格在每吨16美元左右，而碳补偿额度的价格每吨为11~12美元。加州批准四种"碳补偿"(offset)项目，包括林业、城市林业、消耗臭氧层物质和农业甲烷项目。

加州碳补偿信用颁发给根据"空气资源委员会认可的遵约补偿协议(ARB-adopted compliance offset protocols)"运作的项目。遵守补偿协议包含该项目的资格标准，以确保项目减少的排放量具有额外性，以及计量方法学、监管核

---

① 加州REDD碳补偿工作组的主要工作是，研究解决三个问题：一是需要设计怎样的法律和制度机制，以便把国际基于REDD+项目的碳补偿纳入加州碳排放交易履约市场；二是林业部门级的REDD+项目需要考虑哪些核心政策，以便项目效果达到加州碳排放交易履约市场的要求；三是以什么基础判断森林活动的碳清除的绩效状态。

查和执法要求符合《2006 年全球变暖解决方案法案》(AB32)的规定。因此,遵约补偿协议(compliance offset protocols)就是碳补偿项目评估和判决的依据,它们包含碳补偿项目的基本方法和步骤,并确定减少温室气体排放的利益。

在遵约补偿协议的基础上,针对本国林业碳汇纳入加州碳市场,制定了《美国森林项目协议》(*US Forest Projects Protocol*),并由加州空气资源委员会通过,已正式出台。但是关于国际林业碳汇加入加州碳市场的协议,仍在设计中,尚未出台。

针对美国国内森林纳入加州碳市场的《美国森林项目协议》(*US Forest Projects Protocol*)又分为两种(图 1),一种是美国森林项目遵约补偿协议(Compliance Offset Protocol for U. S. Forest Projects),另一种是城市森林遵约补偿协议(Compliance Offset Protocol for Urban Forest Projects)。①美国森林项目遵约补偿协议[①]允许三种森林项目,即再造林项目(reforestation)、改进森林管理项目(improved forest management)和避免转换项目(avoided conversion)。再造林项目和改进森林管理项目可以位于私人土地上或州、市所有的土地上。但避免转换项目必须在私人土地上实施(特殊情况除外)。协议详细规定各种森林项目温室气体排放净减少和温室气体碳清除净增强的具体办法。②城市森林遵约补偿协议[②]定义城市森林项目为一系列按照计划的持久增加碳储存的植树造林和管护活动,并充分考虑到相关活动中造成的温室气体排放。该协议适用于三种对象,即城市区域、校园和公用事业单位管理的区域。城市森林的一个碳补偿项目,由位于这三种对象中,某一种区域内种植和管护的、参与碳交易的所有树木组成。

---

① 协议主要有九项内容,具体包括:森林项目的界定和要求(项目类型、项目所有者)、市场资格规则和其他规定(额外性、项目启动、项目授信期、项目生命期和最小时间承诺、合格保护地役权的利用、项目地点、遵约要求、可持续采伐和天然林管理做法)、确定项目区域、项目边界(再造林项目、改进森林管理项目、避免转换项目)、计量温室气体净减少和增强气体净清除(再造林项目、改进森林管理项目、避免转换项目)、确保温室气体净减少和增强气体净清除(识别逆转、对逆转进行保险、对逆转进行补偿、在逆转后处理森林项目)、项目监测(森林碳清查计划、年度清查要求)、报告要求(补偿项目文件、补偿项目数据报告、报告和核查周期)、核查(市场监管的核查要求、额外的核查要求)。

② 协议主要有八项内容:减少温室气体排放项目(项目界定及方法学、补偿项目运营商或授权的项目指定人)、资格规定(地点、补偿项目启动、项目授信期、额外性、遵约要求)、补偿项目的边界及计量方法(碳泄漏)、温室气体减排计算方法及计量方法学(计量项目树木的二氧化碳汇集、计算植树及树木管护使用运输工具产生的温室气体排放、计算植树及树木管护使用相关设备产生的温室气体排放、假如前两项不可计算就用近似数据计算城市运输工具和设备的温室气体排放)、持久性、补偿项目监测及计量方法学(树木管护计划、项目树木的监测计划、温室气体排放和固碳活动数据)、报告参数(年度报告要求、文件保存、核查周期)、监管核查要求。

- 加州碳市场
  - 国内森林
    - 1. 美国森林项目遵约补偿协议
      - 1. 再造林
      - 2. 改进森林管理
      - 3. 避免林地转换
      - 九项规定（项目地、边界、核查等）
    - 2. 城市森林遵约补偿协议
      - 1. 城市区域树木
      - 2. 校园树木
      - 3. 公用设施树木
      - 八项规定（方法学、持久性、核查等）
  - 国外森林⟶跨辖区REDD+
    - 1. 国外项目与国内法律和制度连接
      - ·建议采取备忘录模式
      - ·由加州碳市场认可把关
      - ·具体管理由项目国中介公司集成多个REDD+项目
      - ·强制执行办法
    - 2. 技术和规则要求
      - ·确定REDD+范围，建议逐步纳入增强碳储存
      - ·参考水平、额外性
      - ·REDD+结构（计算碳信用程序、注册、国家核算、MRV、社会环境保障）

**图1　参与加州碳市场的主要林业碳汇类型**

## 三、国外森林建议采取基于部门的“跨辖区REDD+”模式

加州REDD碳补偿工作组关注国际林业REDD+项目纳入该州碳市场的核心问题和建议草案聚焦于三方面：①什么是符合遵约市场规则的跨辖区REDD+项目的核心要素；②为了接受来自跨辖区的REDD+项目，加州碳市场（或其他类似的总量管制与排放贸易碳市场）需要制定哪些法规；③如何将跨辖区REDD+项目与加州总量管制和排放贸易项目衔接起来，需要制定哪些法律框架和连接选项。该工作组针对国外森林加入碳市场提出两项具体建议：一是建议采取“跨辖区REDD+”模式。二是建议完善法律框架和连接选项。

### （一）关于“跨辖区REDD+”模式

加州碳市场纳入了部门级REDD+项目（Sector-wide REDD+ programs），在本建议中被称为“跨辖区REDD+”（Jurisdictional REDD+），它们被设计横跨整个国家、州或省。这种“跨辖区REDD+”与（国际上）“单个森林碳项目”（stand-alone forest carbon projects）不同。“单个森林碳项目”为温室气体减排方面带来了创新，但还没有产生所需要的大规模减排。这些单个项目往往独立于政府政策和机构，它们具有敏捷性（agile）优势，但缺失（missing）了加强政府政策塑造农村部门未来的重要机遇。这些农村部门包括农业、木材业、畜牧业和经济、政治上被边缘化的原住民和小农群体。相比之下，“跨辖区REDD+”项目通过政策调整、体制机制创新、吸引私营部门投资者和项目开

发机制，促进农村发展模式大规模转变。“跨辖区 REDD +”项目通过集成项目、全国森林碳监测系统、全国土地利用规划和分区、加强协商进程，以及跨部门、跨市域、跨民族区的基于绩效激励系统，产生更大效应。实践中，大多数国家和省、市将需要几年来开发监测系统、法律框架支撑“跨辖区 REDD +”项目。当各省和市正在开发要素时，“单个森林碳项目”可以发挥重要作用，减少排放，并产生创新。但至关重要的是，这些项目应纳入“跨辖区 REDD +”项目设计进程和计量框架的管理规则下。另一方面，“跨辖区 REDD +”模式比项目级(project-level)模式更能确保碳补偿的环境完整性(environmental integrity)。针对两种主要的排放类型①在项目遍及的整个管辖区，通过定义项目绩效，项目级的逆转和碳泄漏风险可被纳入全国的(减碳)绩效和计量下，让各方更多地关注农村发展模式的大规模转变，形成持久性减排的核心基石。许多热带国家已证明，可以大量减少毁林和森林退化的排放，同时通过有效地协调政策、执法和基础设施，增加农作物、牲畜和木材生产。换句话说，“跨辖区 REDD +”模式非常类似于总量管制与排放贸易(cap-and-trade)模式，它旨在减少来自化石燃料的排放，它们都促进土地利用系统实现“大量减少毁林、森林退化、以及相关排放”的永久变化。

针对部门级“跨辖区 REDD +”模式，加州 REDD 碳补偿工作组进一步建议：

**第一，确定 REDD + 的范围**(determining the scope of REDD +)

决策者必须考虑，在总量管制与排放贸易碳市场下，何种类型的森林碳排放和大气碳清除可以被允许作为碳补偿，以及每一种类型被纳入碳市场的时机和每一种类型最终被授予碳信用的额度。森林碳项目可以通过减少毁林和(或)森林退化的排放，减少大气中的碳，或通过在已退化森林或迹地上增强碳储存(如植树)清除大气中的碳。建议合伙管辖方(Partner Jurisdictions)②应当负责在其管辖内的 REDD + 项目毁林和森林退化产生的排放，适当时可增加碳储存增强的碳清除。全面核算毁林和退化两方面的排放，增强(碳市场)系统的大气完整性(atmospheric integrity)。加州最初应聚焦基于部门的减少毁林和森林退化排放的国际碳补偿，并为“合伙管辖方建立起有力的监测系统时”纳入增强森林碳储存做准备。

---

① 一是森林转化为农场、牧场；另一是森林火灾、砍伐导致森林退化。

② 指的是根据 AB32 法案寻求与加州遵约补偿计划连接的一个国家(或其他司法管辖区)。具体指的是巴西的 Acre 地区和墨西哥的 Chiapas 地区。

**第二，参考水平、额外性和自身努力**(reference levels, additionality and own effort)

REDD + 作为国际碳补偿在加州保持环境完整性，依赖于辖区范围内的(jurisdiction-wide)排放核算办法，也依赖于“跨辖区 REDD + ”项目(碳)减少和清除的额外性。可以认为具备下述条件，合伙管辖 REDD + 项目获得的(碳)减少和清除具有额外性，如果该项目不存在这些(碳)减少和清除就不会产生。评估额外性的关键工具是排放参考水平(RL)，它是对合伙管辖方在不存在 REDD + 项目下未来森林碳排放和清除的最佳估计。测量到的排放低于参考水平，以及测量到的清除高于参考水平，都被认为具有额外性。合伙管辖方应当示范其实现减排的自身努力(own effort)，增强补偿项目减缓气候变化的贡献。建议合伙管辖方利用最佳可获数据，以 1995 ~ 2010 年间的每年度排放数据的一个十年均值作为参考水平的基础。特殊情况下，考虑到国家具体情况，参考水平可根据历史平均水平进行调整。管辖方应在加州总量管制与排放贸易项目授予的碳信用额度外，展示其减少温室气体排放的自身努力。另外，合伙管辖方应示范其减排自身努力，特别是未通过绩效支付机制(pay-for-performance mechanism)补偿而取得的减排进展。

**第三，REDD + 结构**(Architecture)

结构指的是任何合伙管辖方，在设计“能被总量管制与排放贸易交易市场(如加州碳市场)承认减排量的”履约级 REDD + 项目时，处理的关键要素。

(1)计算碳信用的程序和嵌套信用[①](crediting pathways and nested crediting)。为 REDD + 补偿项目提供碳信用要求具有清楚定义的程序并有一套责任，以指导解决碳补偿的有关法律和质量控制问题。REDD + 法规需要指定谁颁发 REDD + 碳信用或配额、颁发给谁，如何对这些碳信用发行、登记、跟踪。建议加州承认合伙管辖方已颁发的碳信用，或批准第三方认证的满足加州要求的项目。这些认可的碳信用可以转换为“加州履约工具”(California compliance instruments)。管辖方应决定什么项目有资格颁发碳信用，仅仅是全国范围的统筹性项目、仅仅是嵌套式的项目、或者对两者都认可。特别是针对嵌套型项目的授信，REDD + 交易计划应明确指定如何维持“项目实现减排而管辖方并未实现减排时的”大气完整性，因为 REDD + 交易项目的绩效和碳信用颁发，应最终以管辖方层面的减排效果评估为准。

(2)注册(registry infrastructure)。注册是支持任何温室气体减排交易系统

---

① 嵌套信用是讨论 REDD + 规模问题时常用到的一个概念。所谓嵌套(nest)指的是允许国家在实现国家规模的陆地碳核算和监控之前，在指定过渡期内通过项目级别的活动生成陆地碳信用额。

的必要基础设施的重要部分。注册本质上是一个数据库，用于追踪确保受监管实体遵守总量管制与排放贸易系统的必要信息。排放贸易注册系统的基本功能是跟踪受监管实体之间“可交易履约单位”（如配额、碳信用、许可证）（tradable compliance units）的分配和转让。关于 REDD + 碳补偿，注册数据库必须保持载有关于具体的补偿政策和措施的信息，包括描述性细节（项目类型、地点、名称、规模等），以及监测数据和核查报告。还需要建立碳补偿信用单位转让的颁发和追踪系统。建议合伙管辖方负责设计和建立自己的、符合这些标准的碳核算和注册系统。（加州碳市场）管理部门应该与合伙管辖方合作，建立 REDD + 注册的最低运营标准和安全程序，以确保管理部门碳补偿市场的（环境）完整性。这些标准和安全程序应定期审查和评估，注册管理部门应被定期审计，以确保这些标准和程序一贯和有效地（consistently and effectively）应用。

（3）国家层面的核算（state-level accounting）。为确保加州碳市场利用碳补偿项目的环境完整性，REDD + 项目减少碳排放和增加碳清除必须是在该项目不存在情况下产生的环境净效益。应建立透明的国家级核算制度，保证这些减排和清除的整体完整性，并在相关的情况下，控制泄漏、逆转和重复计算。①碳泄漏（Leakage）。建议加州建议合伙管辖方减少碳泄漏风险，示范农作物、牲畜和木材以情景照旧率（business-asusual rate）生产，同时减少毁林和森林退化。管辖方也应建立健全的框架和机制，管理和减轻潜在的（碳排放）转移（displacements），并检测和核算超越国家边界的任何残余碳泄漏（residual leakage）。②逆转（Reversals）。建议合伙管辖方应制定和采用各种机制，以有力和公平地管理逆转风险。处理重大自然干扰产生的排放，应当确保大气完整性时并没有不公平地惩罚合伙管辖方。③重复计算（Double Counting）。建议合伙管辖方应通过法律或法规澄清哪一个实体可以宣称 REDD + 减排或碳清除的所有权，并应与国家政府机构合作确保它们的项目得到承认同时与国家减排努力整合。

（4）测量、监测、报告和核查（MMRV）。建议合伙管辖方通过建立测量不确定度（measurement uncertainty）阈值，确保严格测量和监测，并随着时间推移鼓励排放测量精度的改善。加州应建立测量和监测森林碳储量不确定度的阈值水平，高于该水平的国家 REDD + 项目不合格，并建立激励，以随时间推移减少不确定度。每个合伙管辖方测量和报告的方法学应在项目开始时验证，并在此后定期验证。独立的、第三方核查的温室气体减排，应是每个合伙管辖方测量和报告方法学的一部分，作为授予碳信用的前提条件，并在其后不超过 5 年时间间隔进行第三方核查。核查应当按照项目启动验证时概述的方法学执行。嵌套项目的测量、监测、报告和核查应与管辖范围内的测量、监测、报告和核查可比较。

(5)保障原则的发展和承认(development and recognition of safeguards)。建议加州要求 REDD + 补偿项目满足全球社会和环境保障原则的最优标准。一个基本前提是，合伙管辖方应实现坎昆协议附件 1 中社会环境完整性和绩效标准，以及实现新兴的最优实践标准，特别是 REDD + 社会和环境标准(REDD + SES)①。各国应界定自己实施 REDD + 社会和环境标准的基准和绩效指标(包括一个透明、公开的 REDD + 政策措施设计程序)，并应当监测和公开报告它们。合伙管辖方应承认并尊重原住民权利。

## (二)关于完善法律框架和连接选项

加州碳市场关于接受 REDD + 碳补偿的法规，对加州以及企图连接加州碳市场的国外管辖方来说，都存在很多法律问题。例如，在加州，新法律规定，州长必须在有关合伙管辖方的项目开始连接到加州碳市场之前，界定项目的严格性和强制执行性(stringency and enforceability)的“连接发现(规定)”(linkage findings)。此外，由于美国的加州、巴西的 Acre 和墨西哥的 Chiapas 都是一个庞大的联邦政府下的一个地区，必须关注联邦关于温室气体减排的行政法律和宪法。

(1)连接选项(linkage options)。建议加州和它的合伙管辖方应避免“被国际公法理解为具有约束力、类似条约的协议模式运作的”任何连接安排。在尽可能条件下，应采取西部气候倡议背景下发展的连接安排。加州和它的合伙管辖方应考虑采纳不具有约束力的谅解备忘录连接安排，双方相互承认 REDD + 项目的实质要素、程序要求和制度设计(substantive elements, procedural requirements, and institutional design)，适合合伙管辖方也满足加州基于部门的 REDD + 碳补偿要求。谅解备忘录应该规定，各缔约方为落实谅解备忘录的各项规定，将在各自管辖范围内制定规则采取实施法规。采纳和实施这些法规应由独立第三方进行核查。

(2)强制执行(enforceability)。建议合伙管辖方有兴趣连接到加州碳市场的话，应该制定相关的必备法律，以确保其管辖的 REDD + 计划的国内要求满足加州州长在“连接发现(规定)”(linkage findings)中提出的强制执行要求。加州将利用针对碳补偿的一般买方责任(general buyer liability)条款，进一步确保基于部门的 REDD + 碳补偿的强制执行性。合伙管辖方应考虑创新公共和私人机构，如巴西 Acre 的公司(作为中介机构)能与碳信用买方建立公共和

---

① 2009 年由四个发展中国家在 REDD + 社会环境影响研讨会上提议构建 REDD + 社会和环境标准(REDD + SES)，2010 年形成关于 REDD + 社会和环境标准指导文件(版本 1)，目前气候、社区和生物多样性(CCBS)和国际关怀组织(CARE International)是 REDD + 社会和环境标准的秘书处。

私人的商业关系，并承担相关负债。

（摘译自：California, Acre and Chiapas Partnering to Reduce Emissions from Tropical Deforestation Recommendations to Conserve Tropical Rainforests, Protect Local Communities and Reduce State-Wide Greenhouse Gas Emissions）

## 森林趋势发布2013自愿碳市场状况报告

根据森林趋势生态系统市场（Forest Trends' Ecosystem Market Place）5月30日在西班牙巴塞罗那发布的《2013年自愿碳市场状况》报告，私人部门买家通过在发展中国家植树、保护热带森林或分配清洁炉灶的方式来获得碳补偿。2012年自愿碳补偿需求增长4%，买家投入超过5.23亿美元来抵消1.01亿吨温室气体排放。欧盟私人买家（包括受监管型能源公用事业）是市场上最大的自愿买家，即使面对欧盟强制碳市场（即欧盟排放贸易体系）价格下跌的巨大挑战，这些欧盟买家的碳补偿需求增长34%，达4340万吨。美国本土企业，从沃尔特·迪斯尼到雪佛兰，抵消的碳排放量比其他任何一个国家的买家都高，达2870万吨。美国买家购买的碳补偿的1/3（970万吨），将在加州新兴的总量管制与排放贸易中使用。

森林趋势通过广泛市场调查发现，2012年自愿买家的成交量加权平均价（volume-weighted average price）为5.9美元/吨，比2011年的6.2美元/吨略有下降，但以低于1美元/吨的幅度，略高于联合国监管的碳补偿价格。根据森林趋势的报告，购买动机是，1/3最终用于买方在各自行业中“示范气候领导权”。基于传统的企业社会责任的购买量为42%。跨国公司碳补偿需求占到了1/4，2012年达到2700万吨。

经气候、社区和生物多样性标准（CCBS）认证的林业项目的碳补偿需求飙升，其中大多数项目支持在贫困社区中开展森林保护、植树造林和生计替代等工作。“面向可持续发展的项目继续增长并广受欢迎，这是因为这些项目能给社区带来多重好处”，报告主要作者和生态系统市场副总监Molly Peters-Stanley说，“目前自愿碳市场的前沿工作是国际捐助社会如何利用同样的认证和项目，在更大的范围上实现这些好处”。

风力发电仍然是碳补偿最大来源，碳补偿量为1520万吨。购买此种类型碳补偿的是资金短缺的欧洲买家，由于信用认知程度和支付能力，采购的平均价格为3.3美元/吨。除了风力发电外，第二大受欢迎的碳补偿项目是植树造林(880 万吨)。

(摘译自：Embargoed：Voluntary Carbon Offsetting Tops 100 Million Tonnes as Market Goes “Clean and Green”)

## 世行报告分析碳定价机制和碳市场现状　展望碳市场蓝图

5 月 29 日，世界银行碳市场 2013 年度报告，即《绘制碳定价计划：发展与展望》(*Mapping Carbon Pricing Initiatives*：*Developments and Prospects*)，正式发布，与往年不同，这次报告侧重于勾勒未来碳市场的蓝图，以往有关交易量和交易额的统计一并省去。报告概述了目前和未来国际、区域、国家和地方层面的碳定价方法：①国际碳定价机制。包括京都三机制、根据气候公约的市场工具新方法(如新的基于市场的机制)、自愿碳市场，以及其他的相关方法(如基于结果的融资、REDD +)。②区域、国家和地方层面的碳定价方法。包括区域、国家和地方层面的排放贸易计划(如欧盟排放贸易计划、美国加州限额贸易计划、新西兰碳市场、加拿大魁北克碳市场)、其他现存的碳定价机制(如澳大利亚、丹麦、芬兰、日本等的碳税、澳大利亚、日本等的碳市场)、即将出现的碳市场(如中国、韩国的碳市场)。40 多个国家和 20 多个地方已经制定或着手制定碳排放上限和交易制度、碳税等碳定价计划。据估算，这些国家的 $CO_2$ 排放量约占全球排放量的 21%，假如将中国、巴西和智利以及其他国家的碳市场纳入进来，将覆盖约 50% 的排放。由于经济危机和工业活动的减少，碳价格在现有碳市场大幅下跌。

报告指出：①碳定价需具有灵活性、契合国家经济重点。报告认为，全球一些国家新近实施的碳定价计划(包括碳交易计划、碳税等)表明，既要达到碳价格稳定、又要达到减排的双重效果，要取得成功，这些计划必须契合国家优先事项，特别是契合国家经济重点。新建的碳市场已从以前的碳市场学到了经验，采取了过渡期、分阶段推进的方法，仔细安排建立碳排放交易计划之间的联系。免费碳排放许可的分配，采取随时间逐步减少的办法。允许碳市场按照国家经济重点进行相应调整。②新的碳定价方法正在出现，一方面促进减排雄心，另一方面稳定碳价格。如碳价格稳定机制(如价格下限(price floor))的使用在不断增加。③一些碳排放交易计划开始彼此联系，如欧盟和澳大利亚、欧盟和瑞士，以及加利福尼亚州和魁北克。报告建议，仔细安排这些联系，以确保有时间来制定新的措施，但同时，这些联系有路径依赖的影响，使得他们计划单方面做出巨大改变将变得更加困难。

报告分析，目前全球缺乏对碳定价和减排目标的协调，认为控制全球升温在2℃以内，需要众多国家的碳定价计划和碳减排的协调。

（摘译自：Mapping Carbon Pricing Initiatives：Developments and Prospects）

## 英国森林碳交易新推手：林委会林地减碳法规碳汇项目启用国际知名环境注册平台，以提高信誉、扩大买家范围

据英国林业委员会网站7月18日的消息，英联邦林地减碳法规(Woodland Carbon Code)已启用全球三家最大的自愿减排注册平台之一，即麦盖提环境注册(Markit Environmental Registry)，这意味着，可以大幅提高英国林地减碳法规碳汇项目的公信力，将会增强英国林地碳单位(Woodland Carbon Units)的透明度和问责性，从而大幅度增加英国林地森林碳项目的销售范围和销售对象。

英国林地减碳法规于2011年8月获得英国政府通过，旨在认可各企业对森林碳补偿所做的努力。法规允许企业将其造林计划写入排放报告中(2013年4月起在英国证券交易所上市的公司都必须报告总排放)，在实施的第一年，共有63个项目参加，建造了2800公顷林地。根据英国政府温室气体申报指南，所有公司均可申报由投资林地减碳法规认证后的项目所形成的碳吸收效益。为了公开透明，提高公信力，英国森林委员会及产业界倡导林地减碳法规国际注册，规范森林碳计划，加强机制运作过程的稳定程度。截至2013年6月30日，英国林地减碳法规共有133个项目注册，覆盖林地1.42万公顷，预计将固碳520万吨。其中的42个项目已经验证，可以供企业使用，这42个项目覆盖2100公顷林地，预计固碳100万吨。

麦盖提环境注册并不是一个碳交易平台，它实际上是世界最高级别的碳金融认证，是影响力最大、荣誉最高的第三方碳汇等环境信用贸易监管机构。近年来，在自愿碳标准快速发展的同时，全球性登记注册系统也在发展。很多经过自愿碳标准认证的森林碳项目都在相关登记注册系统登记，其中占主要地位的是麦盖提环境注册提供的登记，涵盖绝大多数的碳信用登记。大部

分森林碳买家也是通过麦盖提环境注册登记处签约购买森林碳汇。麦盖提环境注册为全球二氧化碳、水和生物多样性市场提供基础设施，让参与者跟踪环保项目。它列出了1.5亿环境信用，涵盖20个基于市场的标准和方案，供近80个国家和地区的用户选择。如，美国达美航空为旅客提供碳补偿机会，旅客可通过网络计算器，在预订机票时计算相关的碳排放量，自愿补偿其飞行旅程所产生的碳排放，并可在麦盖提环境注册跟踪已支付的碳补偿。达美还通过携手大自然保护协会进行造林再造林来开展碳补偿计划，以减少旅客旅行途中产生的二氧化碳。

通过林地减碳法规认证的林地产生的碳汇可以被贸易，这次新的进展可以追踪每一吨碳汇所有权的变化情况。注册系统还将记录项目何时登记注册，以及碳信用使用情况。在启动仪式上，林业委员会负责人 David Heath 说："林地减碳法规提供了一个权威方式，保证愿意投资林地的人，可以弥补他们产生的温室气体排放。法规保证他们在通过认可的林地上的投资将合理地用于林地的可持续经营，且会产生要求的碳效益。启用麦盖提环境注册，保证法规认可的林地按照严格的碳核算系统精确测量和记录。更为重要的进展是，允许任何人查看碳单位的所有者，并可追踪碳单位所有权和使用权的变化。这次启用，使买家可通过长期跟踪林地碳汇项目碳单位的远期销售增强信心，为英国开发林地减碳市场带来了清晰度、透明度和问责性。"

（摘译自：UK Woodland Carbon Code launched on Markit Registry）

## 澳大利亚拟提前一年启动国家碳市场 林业碳汇突破目前抵消排放许可5%的限制或有提升空间

据澳大利亚产业、创新、气候变化、科学、研究暨高等教育部网站7月16日的消息，澳政府将提前一年(2014年7月1日)启动碳排放交易，取代现在实施的碳税政策。

澳大利亚现行的碳税政策是前政府(吉拉德)在2012年7月1日开始实施，原定于2015年过渡为碳排放交易，与国际碳交易市场接轨。新政府决定提前一年实施碳排放交易，计划于2014年7月1日正式执行碳交易，旨在将2014年7月碳排放的成本从预计每吨25.40澳元(22.40美元)降到每吨6澳元。据报道，目前澳大利亚物价高，尤其电价全球最高，家庭生活成本超过香港、东京和伦敦。政府在这种情况下宣布废除碳税提前推出碳市场，一个重要背景是期望通过降低碳价减轻家庭负担，为新政府赢得选票。

为及时调整行动以提前启动碳交易，7 月 25 日，产业、创新、气候变化、科学、研究暨高等教育部网站发布《清洁能源立法修正案(征求意见稿)》(*Explanatory Note and Exposure Drafts*: *Clean Energy Legislation Amendments*)，期望公众于 8 月 15 日之前，就碳交易提出建议。现把澳大利亚拟启动的碳交易市场与碳税的新变化，以及林业碳汇在其未来碳交易中的地位，编译整理如下：

## 一、从碳税提前过渡到碳交易：五点新变化

### 1. 从固定碳价提前一年调整为浮动碳价

澳大利亚目前的碳税是从 2012 年 7 月起对全国 500 家最大的污染企业开始征收，征税标准是 2012～2013 年度每吨 23 澳元(约合 24 美元，或 160 元人民币)，之后的两年逐年提高 2.5%，即 2013～2014 年度为每吨 24.15 澳元；2014～2015 年度为每吨 24.50 澳元。到 2015 年 7 月 1 日以后，实施温室气体总量控制，建立起碳排放交易系统(emissions trading scheme)。在固定碳价阶段(2012～2014)，国内的固定碳价与国际碳市场没有联系。所谓征收碳税也不是额外增加一个税种，而是在原有税收基础上对退税额度进行不同程度的调整，以间接实现碳税的征收。比如说，原本的燃油税是 38 澳分/升(约合人民币 2.39 元/升)，对于载重货车的退税额度是 18 澳分/升(约合人民币 1.13 元/升)，在实施碳税后，退税额度下调为 12 澳分/升(约合人民币 0.75 元/升)，即相当于多征收了 6 澳分/升(约合人民币 0.38 元/升)的碳税。

新的浮动碳价机制即为排放交易系统下的弹性价格(flexible price)，碳价将依据市场情况确定。在实施弹性价格的前三年，将采用最高价与最低价的限制。最高价应高于国际预期价格，为 20 澳元，每年实际增长 5%；最低价应为 15 澳元，每年实际增长 4%。预计 2014 年实施碳交易时，碳排放成本为每吨 6 澳元。

### 2. 覆盖行业范围的演变

碳税覆盖能源行业、交通行业、工业加工业、非传统废弃物和排放物。二氧化碳年直接排放量达到及超过 2.5 万吨的企业才被征收碳税。国内约 500 家最大的污染企业将为他们排放的碳污染付费。碳价格适用于国内航空、国内航运、铁路交通和非交通用燃料。碳税并不针对个人、家庭或小型企业，也不适用于家庭交通燃料、轻型车辆商业交通燃料和农业、林业、渔业用非交通燃料，对于农业排放也不征收碳税。

2014 年建立的新的碳市场，目前没有公布减排方，因此其行业覆盖范围还不完全清晰。

**3. 从购买排放许可缴纳碳税管理，演变为超排企业运用多种手段履约的排放交易管理**

政府对排放企业发放排放许可，每个许可代表1吨温室气体的排放量。在碳税政策期间，可按固定价格从政府购买碳排放许可，但是每个企业有购买上限，最大购买量为其在每一合规年度的排放量。政府对某些排放密集行业发放免费的排放许可。碳税政策执行期间，政府设定污染排放上限。每年度发放的碳排放许可数量将固定为该年度污染的上限。为保险起见，污染的年度上限将提前五年设定。自2015～2016起污染上限每年按照法规续设一年，从而保证在任何时间都维持五年已知上限，并与澳大利亚的碳排放在2020年以前较2000年减少5%这一目标一致。

从2014年7月1日起，澳大利亚便会过渡到浮动碳价阶段，通过总量控制与排放交易(cap and trade)实现减排。在这一阶段，政府通过免费发放和拍卖两种方式分配排放许可(emission permits)，在浮动价格期间，可以以拍卖方式与竞拍实体按市场价格直接从政府购买碳排放许可。参与方可以通过提升技术或者购买国内国际的排放许可实现政府提出的排放限量。超排企业也可以利用国际市场获取的碳单位履约，增加了其清偿碳负债的灵活性，但有使用限制：利用欧盟排放贸易体系的碳单位不能超过其清偿的年度碳负债总量的50%，京都机制碳单位不能超过某个减排实体的6.25%(2015年7月1日可以提高为12.5%)。此外，在浮动价格期间，还可以按市场行情重新确定的二级市场价格购买碳排放许可及其他合乎资格的单位。新的交易形式变化是，企业还可以存入和提前透支碳单位，但是提前透支有上限限制，如透支2015～2016年度的碳单位抵偿2014～2015年度的碳负债，不能超过其2014～2015年度碳负债的5%。

**4. 排放帽或上限的变化**

按照以前的规定，排放帽由气候变化机构(Climate Change Authority)向政府建议，政府在2014年5月31日设定2015～2020年的五年期排放帽，默认的排放帽是，2015～2016年度为2012～2013履约年度覆盖的总排放减去3800万吨，以后每一年减少1200万吨。

为了2014年提前推出碳市场，已要求气候变化机构针对2014～2015年度排放帽进行专门评估，并于2014年7月1日前设定完成。默认减排帽的确定方法与以前相同，于2014年提前启用。

**5. 免费援助计划不发生大改变**

以前的碳税政策对排放密集、贸易暴露(EITE)行业发放免费援助，建立了一项名为就业与竞争力的计划(Jobs and Competitiveness Program)，排放密集、贸易暴露企业将在头三年间收到一笔预计为92亿澳元的过渡性援助。过渡性援助的初始发放率设为两个水平：对碳排放高度密集型活动(如炼铝、钢铁一体化生产和平板玻璃生产)，免费援助碳排放基础水平的94.5%；对碳排放中度密集型活动(如聚乙烯生产和纸巾生产)免费援助66%。免费许可证形式的援助的初始发放率将每年递减1.3%。天然气行业将收到的援助发放率相当于其年均生产的碳排放基础水平的50%。

## 二、林业碳汇突破5%抵减排放许可的交易上限或有提升空间

为促进碳交易实施，挖掘林业领域碳减排潜力，澳大利亚政府于2011年出台了农业减碳行动(Carbon Farming Initiative，CFI)法案，推动农林业领域碳补偿项目综合性方案的开展，明确提出碳补偿项目的范围、方法学、信息公开和审计与监管的项目运行机制，为减少碳排放的农民和土地管理者提供经济激励。

在目前的碳税政策下，某些根据农业减碳行动(CFI)而产生的澳大利亚碳信用单位(Australian carbon credit units，ACCUs)，可以出售给那些希望抵消其排放量或减少其在澳大利亚碳价机制下应承担付费义务的第三方。减排企业(如采矿业)可通过政府的农业减碳行动(CFI)获得澳大利亚的基于土地的碳排放抵消，即在2012年7月1日到2014年6月30日之间，能够使用澳大利亚碳排放信用额度单位抵消最多5%的碳排放许可证责任，其后不适用于起征点。而根据新规定，减排企业可以突破目前5%的限制，无限使用通过农业减碳行动(CFI)获得的澳大利亚碳信用单位(ACCUs)来抵消其碳排放。提前实施的排放交易突破5%的上限，促进农业减碳行动(CFI)碳汇项目自2014年7月1日起在澳大利亚碳价机制下进行全面交易，有利于促进资本向土地所有者流动，该政策强化了澳大利亚碳信用额度的潜在需求以及对正在寻求发展低碳农业项目的土地所有者的潜在回报，同时也可能为农业企业和林业金融服务提供投资或资助这些项目创造更多的机会。

目前，农业减碳行动(CFI)认可的减排活动有两大类，即避免碳排放以及生态固碳活动。避免碳排放活动是指减少来自农业活动或“遗留废物”的碳排放。生态固碳活动包括将二氧化碳从空气中除去，并将其固定封存在森林中、已死亡的有机物或土壤中，或者能够确保已封存在上述介质中的二氧化碳不再散逸到空气中。生态固碳项目必须将碳封存至少100年。认可的项目必须符合一系列标准，包括：①必须在澳大利亚境内进行；②可通过具体方法加以判定(即用来测量并监控减排的系统方法要得到法律或特定标准的认可)；③必须满足相关方法的要求；④必须能通过额外性测试；⑤项目申请人必须是经认可的抵消主体。若项目属于生态固碳项目，还须符合其他特定标准。以下项目不符合规定：在项目所在地、邻近地区等任何属于该项目的地

区，若存在对水源供给、生物多样性保护、就业情况、当地社区等造成重大不利影响的风险，即使原本受农业减碳行动认可的项目也会被排除在认可范围之外。不被认可的活动还包括在遭非法破坏的原生森林土地上或遭非法排干的湿地上种植植被、种植某种已知的杂草、停止或避免收割种植园作物的活动。

（编译整理自：Starting Emissions Trading on 1 July，2014 Policy Summary、低碳农业倡议）

# 第四节

# REDD +

## 联合国 REDD 计划分析 REDD + 实施的跨领域法律问题

2013 年 4 月 30 日，联合国 REDD 计划(UN-REDD)发布题为《实施 REDD + 的跨领域法律问题分析：来自墨西哥、越南和赞比亚的经验教训》(*Legal Analysis of Cross-cutting Issues for REDD + Implementation：Lessons Learned from Mexico, Vietnam and Zambia*)的报告，分析了影响 REDD + 在国家层面实施的关键法律问题。报告主要内容如下：

### 一、主要结论

本研究的目的是吸取一些经验教训，增强对国家层面实施 REDD + 的法律含义的理解，并促进在 REDD + 项目国进行法律改革。法律改革的优先事项，取决于 REDD + 主题。例如，为解决土地权属或毁林驱动因素需修改现行法律。这将涉及考虑在国家层面进行持续的立法改革。总而言之，2011 年国家讲习班和本研究环境分析确定的 REDD + 机制所产生的主要法律问题是：①权利(土地、森林碳)和 REDD + 术语(树木、环境服务，森林、毁林、森林退化、碳储量等)的定义。②正式承认习惯权和原住民权利(customary and indigenous rights)，包括边缘化群体如妇女和贫困群体的权利。③识别毁林和森林退化的主要驱动因素，统一跨部门间的法律不一致。④构建法律基础加强

REDD + 机构协调。⑤充分考虑公众参与和原住民自由、事先和知情同意原则(FPIC)。⑥采取分权机制支持地方层面实施 REDD + 。⑦开发并监管利益分享机制。⑧改革投资法律。

本文分析的三个案例国家即墨西哥、越南、赞比亚，代表不同的区域背景情况，如经济发展、社会和文化价值观、地理数据、气候、政治体制、行政和体制框架，以及议会活动。此外，森林在国家以及国家经济中扮演不同的角色。因此，确保成功实施 REDD + 的社会保障、经济激励机制和法律基础，将根据具体国家的情况而有所不同。坎昆和德班会议通过的 REDD + 保障条文成果清楚地表明：REDD + 活动应该与国家森林计划①(National Forest Programmes)和国际公约和协定一致；具有透明和有效的国家森林治理结构；包括充分和有效的利益相关者参与。还应该尊重和保护土著妇女和当地社区的权利和知识，并为保护国家森林及其生态系统服务思考现有的激励机制。REDD + 保障条文也应加强其他的社会和环境效益和行动，以解决逆转性风险②(the risk of reversals)和排放转移(displacement of emissions)。目前，许多国家在制定 REDD + 战略或方案的过程中，已经识别出评估、分析和改革法律的特定需求。法律活动作为一个组件列入 REDD + 战略或方案的实施阶段。

## 二、各章节要点

### (一)第一章：森林、土地和碳权

要点：①需对森林碳权进行明确法律定义，以确保参与森林碳汇活动的个人或团体的碳汇所有权。②在定义森林碳权的时候，应把两种权利区分开来，即把碳的权利(rights to carbon)或产生于碳的利益的权利，与碳信用权(carbon credit)或碳减排权(carbon emission reductions)区分开来。③由于国家间碳权与土地的关系不同(个人与社区(individual versus communal)或私有与公有(private versus public))，森林碳权的定义就会存在差异。④为促进森林碳汇，国家层面可以考虑不同的选项。⑤交易情况下，这些选项影响到“如何把碳的财产权利从林地的其他所有权(或权益)(如用益权)区分开来”的潜在需求。⑥森林碳权可通过在土地管理系统登记进行授予。⑦登记和证书可能

---

① 国家森林计划是指由政府间森林专题小组(IPF)和政府间森林论坛(IFF)等组织倡议的在国家层面可持续森林管理概念以及实现这种目标的国家行动。

② 指的是一些观点认为，某些农业、林业以及其他土地利用项目活动存在固碳的可逆转性风险。事先的固碳量通过核证与核查并被当做熊猫信用额出售之后，有可能由于非蓄意的活动(包括火灾、水灾、虫灾等等)或人为的因素(比如项目参与方选择停止项目活动)等原因而产生逆转。不过，许多研究认为这种逆转风险可以通过有关的缓冲库等保险机制予以解决。

包括有关碳权的转让、继承、消灭和细分。

### (二)第二章：承认习惯权

要点：①在地方层面，为确保 REDD + 成功实施，需要习惯法认可的土地所有者参与进来。②在可能会干扰 REDD + 实施的土地上，成文法应调整与习惯法一致，避免潜在的冲突。③在相关决定影响到“习惯法认可的土地所有者的”土地时，他们必须就此决定给出自由、事先和知情的同意。④在识别 REDD 收益的受益人时，男性和女性应具有有效和平等的财产权利。⑤保护社区和原住民土地的完整性，应受到法律保障。⑥妇女和习惯权对森林和土地资源的权利应得到承认，以保证公平分配 REDD + 利益。

### (三)第三章：森林定义和 REDD +

要点：①采用气候公约农业、林业和其他土地利用(AFOLU)核算规则可以帮助国家绕过明确定义的需要，减少碳泄漏，促进农林业和粮食生产(部门)的多功能景观。②为了与现行的 REDD + 术语相协调，国家立法者应仔细考虑需要改革哪些法律选项。这项工作可能包括调整现有法律定义或在国家法律中纳入新的定义。③气候公约提出的基于土地的方针①(Comprehensive Land-based Approach)，并不依赖于森林定义，将通过增强农业生产系统以及与农业和森林有关的系统的碳储存，进一步减少排放。④在土地利用、土地利用变化和林业分类和 REDD + 框架之间的明显重叠，应予以考虑，任何与它们二者有关的定义必须与另一方一致。

### (四)第四章：毁林和森林退化驱动因素

要点：①毁林和森林退化的主要驱动因素往往是林业之外的其他部门。因此，法律改革应采取跨部门的方法。②国家层面应建立战略性土地利用规划框架(Strategic Land-use Planning Frameworks)，协调农业、采矿、森林和其他土地利用部门推进 REDD + 优先领域。③非法采伐、森林和土地权利不清晰、当地人民缺乏有保障的权利、土地利用规划的差距、破碎的法律体系，以及森林转化为农田的相关法律制度不明，被认为是驱动毁林和森林退化的法律障碍例子。④在 REDD + 和农业部门的目标间存在很多协同性，可以通过跨部门合作实现。

### (五)第五章：协调部门间法律

要点：①在战略性土地利用规划框架中反映林地的公共权(Communal

---

① 针对《京都议定书》第三条第 3 款和第 4 款之下以及清洁发展机制之下的土地利用、土地利用的变化和林业，气候公约请附属科学技术咨询机构启动四种工作方案，其中一种方案，有关于“全面的基于土地的方针”的背景，即探索争取实现更全面核算土地利用、土地利用的变化和林业人为源排放量和汇清除量的途径，包括通过一种更具包容性的基于活动的方针或一种“基于土地的方针”，并向《议定书》/《公约》缔约方会议第九届会议报告该工作方案的结果。

Rights)，对协调部门利益起到关键作用。②国家和次国家法律都应协调统一，承认原住民和当地社区可以获得与 REDD + 有关的权利和利益。③冲突的法律规定需要解决，还需要澄清关于土地和森林的法规，以确保与碳相关的收益分配给那些最依赖森林的人群，包括边缘化群体，如妇女、穷人和原住民。④为建立清晰的法律机制，在开发新的 REDD + 国家法律和/或改革现有的环境或森林法时，应特别注意避免冲突。⑤政策和法律调整，应减少人类对森林的压力，以免危及减贫和经济发展目标。

### (六)第六章：协调机构

要点：①实施 REDD + 需要一个协调体制框架，以克服 REDD + 规划和实施中的误解和冲突。②协调应跨部门并涵盖国家、地方，以避免机构命令的差距和冲突。③加强多边机构合作，可能会降低与国家相关的风险，并帮助提高 REDD + 的资金量。④在地方层面兑现 REDD + 资金支付，可能需要更新的法律结构以便能够分配 REDD + 收入。⑤国家和次国家层面的森林和 REDD + 协调机构或委员会可以帮助跨部门协调。

### (七)第七章：公众参与

要点：①公众参与是一个广泛认可的可持续发展原则，并应适用于各级推进实施 REDD +，促进参与立法的发展(participatory law development)。②公众参与进程促进机构合作，在作出影响原住民、依赖森林的社区的决定之前，各参与方基于 REDD + 和森林法的能力和知识共享相关信息。③公众参与是一个“解决与权属相关的问题、识别 REDD + 项目用地、防止或解决局部冲突等方面的”关键方法。④国家法律应区分和确定国家和地方当局“关于依赖森林为生的社区获取 REDD + 信息和参与 REDD + 权利的”责任。⑤对于原住民而言，可以通过适当的 REDD + 规划以及解决他们投诉的申诉机制，确保原住民自由、事先和知情同意原则(FPIC)。

### (八)第八章：分权

要点：①在最近的森林法改革中，向地方森林管理的权力下放进程，受到越来越多的关注。②通过权力下放，依赖森林为生的社区能更加积极地参与 REDD + 决策过程。③森林管理通常与影响 REDD + 的土地管理法规紧密相连，往往需要地方承担责任。④有必要提供合格的工作人员和财政支持，帮助地方政府有效参与和支持 REDD + 项目进展。⑤部门或市级森林委员可能是地方层面实施 REDD + 的主渠道。⑥分权应纳入重大的、长期的土地使用权下放，向基于社区的森林管理机构分配权力，确保有关 REDD + 活动的长期效果。

### (九)第九章：利益分享

要点：①不清晰的土地使用权，导致很难分配 REDD + 利益支付。②根据森林法，森林碳汇通常被定义为环境服务。因此，生态服务付费计划可用于 REDD + 利益分享。③根据以前的生态系统服务的经验教训，更多的收入应直接分配给负责提供生态系统服务的人，以确保任何的 REDD + 利益的公平分配。④社区林业计划(community forestry schemes)可用于 REDD + 的收益分配。⑤应设计或更新法律规定，纳入明确规则，保证在政府和森林社区之间公平分配 REDD + 资金。⑥法律条款应确保，当地土地所有者和原住民社区充分理解和获得"如何分配利益的规则解释"的相关信息。

### (十)第十章：私营和公共投资激励

要点：①政治和土地权属问题构成国外投资者愿意向 REDD + 投资的主要风险。②为了减少公共和私人投资者在 REDD + 活动方面的风险，更新的法律框架包括外商投资法，显得至关重要。③为推动 REDD + 和吸引外国投资者，政府也可以采取财政激励措施，如免税或低息贷款。④为避免国家法律和国际规定之间存在的不一致，在立法改革最终予以制定之前，应澄清关于 REDD + 的知识差距和技术法律问题。

## 三、案例分析：墨西哥

### (一)墨西哥的 REDD + 法律改革

2012 年 4 月 24 日墨西哥通过立法改革，成为首批明确立法支持 REDD + 的国家之一。国会认识到为实施 REDD +，有必要改革环境法律和改变现有法律的不一致，于是对国家环境法和森林可持续发展法(the Country's Environmental Law and Forest Sustainable Development Law)进行改革。法律修订工作聚焦在以下方面：统一关键术语的定义；为促进"向森林所有者和森林土地利用者提供利益的"环境服务，开发设计经济工具；以及按照气候公约缔约方会议的最新结果和墨西哥 REDD + 国家战略，纳入保障条文内容。这些法律的改革，最初于 2011 年 12 月提交众议院，代表了一个关键转变，即确保当地社区在可持续管理森林中，可以得到未来任何来自碳补偿计划的惠益。国会把这些内容纳入国家立法，并正在建立一个前瞻性的法律框架，支持以可持续方式管理森林的理念，并优先保证依赖森林的社区的参与。

### (二)法律修正的核心内容

一是为强调环境服务和自然生态系统功能与自然中定居的人之间存在的关系，法律对环境服务的定义进行了适应性调整。此外，明确承认，环境服务根据森林可持续发展法进行管理。二是明确定义毁林和森林退化，成为实施 REDD + 的关键。三是更新调整了森林管理的概念，现已将环境服务的内涵纳入，并承认环境服务的经济价值。四是国家森林清查现在与"按照气候公约最新建议在墨西哥应予建立的"REDD +"三可"系统连接起来。五是所有的经济手段都被视为促进环境服务的一种手段，为此，遵循“无论谁保护自然生态系统将收到环境服务提供的经济利益”的原则，建立一个新的机制。六是森林土地所有者将是可持续森林管理所产生的经济收益的直接受益人。七是已经建立了8个社会和环境保障条文。这些条文符合气候公约的保障条文和墨西哥 REDD + 国家战略。八是最后，这些改革要求在三年内建立行政权力，建立监测、登记和核查体系，以评估和系统化指导减少毁林和森林退化活动的减排行动。

（摘译自：Legal Analysis of Cross-cutting Issues for REDD + Implementation: Lessons Learned from Mexico, Vietnam and Zambia）

## 美国就 REDD + 资金问题向气候公约提出观点

2013 年 4 月 26 日，气候公约刊载了部分缔约方对 REDD + 资金机制的建议，其中，美国就制度安排提出了观点，现摘译如下：

### 一、《公约》下 REDD + 资金机制的经营实体和融资渠道

（1）公约下资金机制的经营实体应独立运作，每一个实体具有对决策负责的治理结构：①全球环境基金理事会对制订、采纳和评估全球环境基金项目负责，包括 REDD + 支持；②绿色气候基金董事会负责绿色气候基金运转，包括未来任何对 REDD + 的支持。

（2）目前正在开发模式和程序，促进新的市场机制以监管公约下基于市场的资金。

（3）公约下现有的融资渠道已经或正在设计制度安排，可以支持 REDD + 或与适应和减缓气候变化相关的部门。

（4）在这些现有制度安排上创建新的机构或治理结构，将耗时冗长，并可能导致支持力度分散（Fragmentation of Support），进一步延缓公约下REDD + 融资的进程。

（5）基于这些原因，我们相信“针对 REDD + 尝试创建新的部门专项（sector-specific）治理实体或机构”，显得既不必要，也不明智。

（6）更有效的做法是，聚焦于把 REDD + 有效纳入现有的资金机制中，缔约方应努力确保这些机制有效和高效地运作。

## 二、公约外融资

(1)公约并没有在“监督公约外的双边或多边的资金或技术支持”中起到作用。

(2)目前正在进行诸多努力以确保多边信托基金之间和双边捐助方之间更好地协调；当然，这些努力并不需要创建新机构。

(3)协调国家间 REDD + 资金的提供和兑现，关系到主权，应当按照最充分地反映各国国情的办法鼓励兑现资金。

## 三、改善(资金提供方之间)协作的工具

没有必要设计新的制度安排或治理机构，我们已经拥有或正在开发一些工具，可以帮助改善对 REDD + 提供资金的协作，从而提高 REDD + 行动的效果。这些工具包括：①REDD + 战略和行动计划。已被部分发展中国家制定或正在制定的 REDD + 战略或计划，能够而且应当充当指导(资金)支持和(REDD + )行动的框架。如果这些战略或计划“精雕细琢”，并有效地在国家(次国家以及下一级政府)和“分享 REDD + 共同愿景的”其他利益相关者层面有效利用，它们及相关的制度安排，可以充当国家内部最有效的合作手段。②自愿 REDD + 数据库(Voluntary REDD + Database)。由 REDD + 伙伴关系管理的自愿 REDD + 数据库，增进了 REDD + 融资的透明度。尽管该数据库已被双边捐助者广泛使用，但它很少为 REDD + 项目国、多边机构、非政府组织、基金会和私营部门广泛接纳。增加向数据库报告的利益相关者的数量，有助于澄清当前资金分配的流入区域，并帮助识别目前珍贵的资金在哪些区域重叠流入，在哪些区域有投入潜力。③碳信用单位追踪系统。跟踪 REDD + 活动减排量产生的碳交易单位的系统，有助于减少资金提供或碳交易单位重复使用的概率。

## 四、升级和改善融资的有效性

目前存在以下机会，可以改善现有融资有效性、提高其他资金来源的可用性，以及减少 REDD + 融资相关风险吸引更多资金①：

(1)制定明确的国家战略和行动计划(包括适用的次国家战略或计划)，提出一个清晰的 REDD + 行动愿景，推进一个有凝聚力的(资金)支持计划。①假如这些国家计划和行动并不完全依赖赠款或碳融资，形成了健全的和可

---

① 译者注：以下四点，根据文意，美国提出了发展中国家取得 REDD + 资金的四个条件。

持续的长期融资计划(sound, sustainable long-term financing plan)，这种模式可能是最有效的。②REDD+愿景的实现，在国家层面需要一个强大机构(strong institutions)，协调行动和相关的(资金)支持。

(2)优良治理(good governance)。融资需要一个健全的监管和法律框架、受援国机构较强的受托(管理)能力，以及关于资金使用的透明度等等。在缺乏这些元素的国家，均视为高风险。没有优良治理，资金很可能流向其他地方或通过代理机构流向其他用途。

(3)减少与REDD(或土地部门)伴生的可感知风险(reduce other perceived risks)。通过多样化资金来源流，用减轻碳泄漏、解决持久性、全面实施和报告环境和社会保障情况，并运用REDD+整体发展战略等方法，减少风险。

(4)采用不同的资金(来源)和金融工具实施REDD+国家战略(apply different types of financing, and financial tools)。资金随处可见，可以来自养老基金、主权财富基金甚至农业项目(资金)。金融工具有(可带来大量新收益的)税收优惠或政府债券等工具，同时风险缓释工具(risk mitigation tools)，如政治风险保险也可以吸引新的资金。我们需要创造性地思考如何以及在何处生成资金，推动实施REDD+战略和行动计划不同的要素。我们需要创造性地思考融资机会，以增加实施REDD+战略的可用资金。

(摘译自：Subsidiary Body for Scientific and Technological Advice Thirty-eighth Session Bonn, 3－14 June 2013 Item 5 of the provisional agenda coordination of support for the implementation of activities in relation to mitigation actions in the forest sector by developing countries, including institutional arrangements: Views on the matters referred to in decision 1/CP. 18, paragraphs 34 and 35)

# “气候焦点组织”评估REDD+和森林碳标准的保障原则

2013年5月，“气候焦点组织”(climate focus，一个NGO)发布了题为《REDD+和森林碳标准的保障原则：社会、环境和程序的概念和应用的评估》(*Safeguards in REDD+ and Forest Carbon Standards: A Review of Social, Environmental and Procedural Concepts and Application*)的报告，陈述了关于保障原则评估标准的几个研究发现。

一是保障原则包括实质性(社会和环境)和程序性(procedural)两个要件，

其落实方法是“原则－标准－指标”(principles, criteria and indicators)。我们系统评估了关于REDD+和森林碳倡议活动的超过30个规范性指导，评价了其实质性(substantive)(社会和环境)和程序性(procedural)要件。绝大多数保障标准采用了实质性(保障原则和规则)和程序性要件。虽然实施方法不尽相同，许多标准都采取了“原则－标准－指标”的做法。各方首先建立一套原则和广阔的规范(如促进善治)，然后建立一套详细标准保证促进实现该规范(如清晰界定治理结构，使其透明并可问责)，最后提供一系列指标，示范如何遵守既定标准(如将治理决策信息公之于众)。

二是保障原则的设计标准多样化，但它们起到不同的作用。在坎昆，界定了保障原则的准则和指导，目前，由项目实施国制定具体的办法支持该准则。未来的气候决议是否会增加更多的准则和指导，是气候公约谈判正在讨论的问题。最常见的三种保障设计标准是联合国REDD计划(UN-REDD)、世界银行森林碳伙伴基金(FCPF)和REDD+社会环境标准(REDD+ SES)，它们使各国能够把坎昆关于保障原则的标准转换到国家框架推动实现操作。其中REDD+社会环境标准(REDD+ SES)的程序是最清晰的，它有三个主题按照10个步骤组织实施：治理、解释和评估(Governance, Interpretation and Assessment)。联合国REDD计划的指导原则和REDD+社会环境标准，可以帮助有关国家开发设计REDD+国家系统。森林碳伙伴基金(FCPF)的保障标准是捐助国合同的一部分，因此是供资的强制附加条件。项目层面上，气候、社区和生物多样性(CCBS)标准自愿性碳认证，经常搭配其他碳标准，如经核证的碳标准(VCS)、美国碳注册(ACR)、气候行动储备(CAR)。遵守保障原则往往是私人碳投资或减排量购买合同的购买要求。

评估的30多个保障原则的规范性指导包括三方面：①法律管辖机制。基于国际法的是气候公约；基于区域法的是加州AB32—空气资源委员会(REDD+管辖)；多边方案包括世界银行森林碳伙伴基金(FCPF)、森林投资计划(FIP)、全球环境基金(GEF)、联合国REDD计划(UN-REDD)；双边方案包括澳大利亚、德国、挪威、美国；自愿碳市场、非政府组织和私营部门包括REDD+社会和环境标准(REDD+ SES)。②项目级机制。基于国际法的是议定书清洁发展机制(CDM)、联合履行机制(JI)；基于国家和地区法律的是澳大利亚农业保碳倡议(CFI)，加州AB32—空气资源委员会(美国森林协议)、新西兰永久性森林碳汇倡议(PFSI)；多边机构包括非洲开发银行、亚洲开发银行、美洲开发银行、世界银行、国际金融公司绩效标准；自愿碳市场、非政府组织和私营部门包括美国碳注册(ACR—包括嵌入性REDD+)、CarbonFix/Gold Standard、气候行动储备(CAR)，气候、社区和生物多样性标准、熊猫标准、Plan Vivo、Social Carbon、经核证的碳标准(包括JNR)。③补充性的社会和环境机制。基于国际法的是生物多样性公约(CBD)、联合国土著人宣言(UNDRIP);基于自愿碳市场、非政府组织和私营部门的包括认证(FSC, PEFC, ISO 14000)等。报告总结的核心标准见下表。

| 社会标准 | |
|---|---|
| 自由、事先和知情同意(FPIC):获得受影响的当地和土著社区的自由、事先和知情同意 | 坎昆保障条文 2c 和 2d |
| 弱势群体:弱势和边缘化群体的权利保护(如土著、妇女、宗教或少数民族) | 坎昆保障条文 2c |
| 土地使用权与资源权利:支持受影响的当地社区的土地和资源权利 | |
| 增强生计和劳动权利:通过替代性收入来源以及能力和知识转移增强生计 | |
| 利益分享:指导计划或项目的利益分配 | |
| 避免重新定居:减缓对当地社区的驱逐 | |
| **环境标准** | |
| 减轻对环境的负面影响:包括天然林转换、外来物种入侵、生物多样性破坏等 | 坎昆保障条文 2e |
| 生物多样性和其他生态系统服务:保护生物多样性高价值区,提高生态系统服务 | 坎昆保障条文 2e |
| 解决逆转风险和排放转移:持久性和泄漏 | 坎昆保障条文 2f 和 2g |
| **程序标准** | |
| 政策、法律和法规:就采纳和实施保障原则提供激励、保障与国际和国家政策的一致性 | 坎昆保障条文 2a |
| 透明度:透明治理规则 | 坎昆保障条文 2b |
| 利益相关者参与:充分和有效地参与 | 坎昆保障条文 2d |
| 保障信息系统(SIS):监测和报告结果的系统 | Cop17 气候公约决议 12 |
| 申诉机制:处理关注和冲突的一个程序 | |
| 遵守合规性评估程序:验证遵约情况 | |
| 与其他 REDD + 的标准和机制的互补性 | |

(摘译自:Safeguards in REDD + and Forest Carbon Standards: A Review of Social, Environmental and Procedural Concepts and Application)

## 英国海外发展研究所：REDD + 助推绿色经济转型的机遇与挑战

2013 年 6 月，英国海外发展研究所(ODI)发布《REDD + 融入绿色经济转型的机遇与挑战》的报告，分析了 REDD + 助推绿色经济的机遇和挑战。报告指出，森林和土地利用已被纳入到越来越多的绿色经济转型的讨论中(经合组织，2011；世界银行，2012)。然而，关于 REDD + 助推绿色经济的全部潜力，却很少见到阐述(联合国环境署，2011)。REDD + 针对市场、政策和体制失败，旨在处理被低估的森林生态系统服务提供的减缓气候变化的能力，同时保护那些依赖森林存活的人群的权利。REDD + 的目标与绿色经济的目标之间具有紧密关联性，它们二者追求转变传统经济模式，以减缓自然资本损失。REDD + 在应对气候变化之外，提供了自然生态效益和社会效益，促进了绿色经济，如它保护了生物多样性、促进森林治理、促进就业、促进非正式林业部门的收益增长。报告认为，REDD + 促进绿色经济具有五个有利环境和面临三个挑战：①五个有利环境是强大的知识基础和规划工具、良好的政治意愿、优良的森林治理、政策调整及跨部门协调、充足的资金。②三个挑战是如何在 REDD + 就绪准备中吸取经验克服困难为向绿色经济转型创造有利环境、谁来协调 REDD + 和向绿色经济转型、国际社会如何支持 REDD + 助推绿色经济转型。

(摘译自：Integrating REDD + into a green economy transition)

## 联合国 REDD 计划分析私营部门参与 REDD + 的作用

6 月 17 日，联合国 REDD 计划(UN-REDD)发布题为《REDD + 中私营部门的作用：参与案例和介入选项》(*The Role of the Private Sector in REDD + : the Case for Engagement and Options for Intervention*)的报告，强调两类私营主体参与 REDD + 的重要作用，一类是参与自愿减排量(VERs)单位生产和销售的私营主体，另一类是涉及毁林和森林退化诱因的私营主体，如农业商品链条上的主体。报告认为，假如能够为 REDD + 动员充足的资源减少毁林和森林退化，私营部门有必要参与 REDD + 。要提高私营部门参与 REDD + ，报告提出了四类行动：激励积极参与、避免负面影响；提供风险缓释工具，包括保险和担保；通过机制制定最低行为准则，如立法、法规和标准；创造有利条件，促进长期参与。报告还指出了银行和机构投资者等中介机构支持私营部门参与的重要性。

（摘译自：UN-REDD Presents Options for Private Sector Engagement）

# 第四篇

# 林业促进可持续发展

# 第一节 林业与城市化

## 联合国人类住区规划署：城市化消耗全球 3/4 自然资源 亟须同步加强林业绿色基建

最近，由联合国环境规划署委托国际资源委员会(IRP)撰写的报告——《城市脱钩：城市的资源流动和基础设施转型的治理》(*City-Level Decoupling: Urban Resource Flows and the Governance of Infrastructure Transitions*)指出，城市的建设和发展已消耗地球 3/4 的自然资源，到 2050 年，全世界居住在城市人口的比例将会上升至 70%。投资可持续基础设施建设和资源效率技术，将会为城市的建设和发展提供一个绝好机会：经济增长的同时降低环境恶化率、减少贫困、削减温室气体排放以及改善人类生活福祉。城市化趋势伴随着持续增长的环境压力和越来越多的城市贫民。但是城市发展唯一仅存的机会便是通过提高资源生产力和创新能力，推动全球经济的绿色化进程，同时实现主要的资金节省和应对环境挑战。虽然已有很多城市抓住了这样的机遇，但是依然缺少一个以城市未来为中心的整体规划。

联合国人类住区规划署(UN-HABITAT)于 4 月 17 日在内罗毕进一步分析指出，城市化进程中应加大绿色基础设施建设步伐。从林业的角度看，绿色基础设施是指一个相互联系的绿色空间网络，由各种开敞空间和自然区域组成，包括绿道、湿地、雨水花园、森林、乡土植被等，这些要素组成一个相互联系、有机统一的网络系统。该系统可为野生动物迁徙和生态过程提供起点和终点，系统自身可以自然地管理暴雨，减少洪水的危害，改善水的质量，节约城市管理成本。人居署对绿色基础设施的定义范围较广，除林业内容，还包括采取更多的措施支持全新的和改进的基础设施建设，包括水、能源、交通、废物和其他部门，彻底与全球城市的不可持续消费模式“脱钩”，为子孙后代减少经济和环境的负面影响。联合国副秘书长兼人居署(UN-Habitat)执行主任霍安·克洛斯指出：“老旧的城市需要改造，低效的基础设施需要被取代，为了实现‘脱钩’，这些城市已经封闭了几十年的时间。但是更新的和扩大的城市拥有灵活性的优势，它们将第一次‘走上正确的道路’”。“在一个能源价格不断飞涨的时代，越早过渡到消费便宜的可再生资源系统，将会越早享受回报,”克洛斯补充道。

人居署在分析中，强调了林业参与绿色基础设施建设的四个典型案例。城市绿色基础设施建设的四个林业案例：

(1)将林业纳入城镇化规划。保持健康的生态系统和把它们的经济价值纳入城市的发展规划当中，将是实现“城市脱钩”目标的关键。巴西的里约热内卢市投资重新造林以恢复水供给的蓄水层；南非的约翰内斯堡市在市区种植超过250万棵的树木，保持生物多样性和提供更清新的空气。

(2)湿地生态系统服务。如湖泊的淡水供给或湿地的防洪功能，在城市的建设中发挥重要作用。

(3)沿海城市基于生态系统的适应。环境署环境政策实施司海洋和沿海生态系统处与人居署“城市和气候变化倡议”合作，为太平洋小岛屿发展中国家中选定的沿海城市的基于生态系统的适应制定示范项目。目前，环境署和人居署通过在斐济拉米镇实施的初步示范项目，牵头开展基于生态系统的适应方面的工作。在该项目下，正在根据环境署和人居署专家建议的各项适应方法的审慎组合开展一系列活动。拉米镇议会、人居署和世界自然基金会正在拉米镇河流两岸恢复红树林并种植香根草，以尽可能减少水土流失。通过对这些预期可取得快速成效的措施的实施工作进行监测，将有助于加强对太平洋小岛屿发展中国家的成本效益分析，因为目前关于此类举措的成本效益假设仅以其它区域的经验为依据。在拉米镇汲取的经验教训正应用于斐济的其它城市。从拉米项目中获取的经验，以及其它两个城市提供的范围较小的经验将在一次太平洋区域研讨会中予以分享。随着人居署“城市和气候变化倡议”在太平洋区域的推广，人居署和环境署将与太平洋岛屿城市的地方政府合作，以将有效的基于生态系统的适应战略纳入地方适应规划中。

(4)垃圾填埋场苗圃建设。南非德班附近的Mariannhill垃圾填埋场，收集、处理和净化填埋场废水，循环用于农业灌溉。其垃圾场苗圃可维持本地植物生长，从而避免因垃圾填埋造成的潜在的生物多样性流失。

（摘译自：City-Level Decoupling：Urban Resource Flows and the Governance of Infrastructure Transitions）

# 欧盟发布“增强欧洲自然资本”新战略：基于林业的自然保护网成为绿色基础设施的骨干

欧盟认为，由于人类发展，土地利用破碎化、集约化，以及用途变更（fragmentation，change and intensification），导致欧洲景观被严重破坏。城市扩张、道路和能源基础设施建设，使有价值的生态系统退化和破碎，影响栖息地和物种，减少景观的空间和功能连贯性。退化的生态系统往往有较低的物种丰富度，与健康的生态系统提供同样的服务范围无法相比。这些服务有直接经济价值，因此绿色基础设施投资具有重大意义。

2013 年 5 月 6 日，欧盟委员会出版一份名为《绿色基础设施——增强欧洲自然资本》（*Green Infrastructure（GI）— Enhancing Europe's Natural Capital*）的新战略，确保把自然生态生长进程纳入空间规划中。绿色基础设施是一个久经考验的工具，利用自然提供生态、经济和社会效益。应对洪灾，绿色基础设施解决方案是建设自然湿地，而不是建设防洪基础设施。

欧盟环境专员 Janez Potočnik 说：“绿色基础设施建设对自然、经济和就业来讲，是一项好的投资选择。我们应该为社会提供依靠自然、利用自然的解决方案而不是破坏自然，并产生经济和环境意义。”绿色基础设施比传统的土木工程提供的替代品，往往更具成本效益、更有持久性。生物多样性丰富的公园、绿地和新鲜空气走廊（biodiversity-rich parks，green spaces and fresh air corridors），可以减轻夏季热浪的负面影响。除了健康和环境效益，绿色基础设施还产生多种社会福利，创造就业机会和使城市更具生活和工作吸引力。它甚至允许野生动物在城市环境中茁壮成长。

该战略聚焦于四个方面：一是促进绿色基础设施纳入政策领域，如农业、林业、自然、水、海洋和渔业、区域和凝聚力政策、减缓和适应气候变化、交通、能源、防灾和土地利用政策。2013 年底，欧盟委员会将制定指导原则，帮助把绿色基础设施纳入这些政策领域。二是提高研究和数据，加强知识基础，促进创新技术，支持绿色基础设施。三是完善对绿色基础设施项目的资金支持。2014 年欧盟委员会将成立欧盟融资基金（EU financing facility），与欧洲投资银行一起支持绿色基础设施项目。四是开展欧盟层面的绿色基础设施项目基础工作。2015 年底，欧盟委员会将开展一项研究，评估“开发欧盟范围内绿色基础设施网络(EU-wide network of green infrastructure)的”机会。2017 年底，欧盟委员会将评估绿色基础设施发展方面取得的进展，并发布经验总结报告。

针对增强自然资本，该战略关注到“土地和土壤、水、保护大自然(Nature Conservation)”三个方面。就保护大自然，该战略认为：自然 2000(Natura 2000)是栖息地和鸟类指令框架构建的一个生态网络。它包括超过 2.6 万个保护点，遍布所有成员国，占欧盟陆地领土的 18%，以及成员国管辖的海域范围内的 4%左右。建立它主要是为了保护重点物种和栖息地，但它也对人类社会提供了许多生态系统服务。这些服务的价值估计每年为 2000 亿 ~3000 亿欧元。为建立和巩固该网络，过去 25 年做出了艰苦工作，表明欧盟绿色基础设施骨干(backbone)已就位运行。该网络是一个生物多样性“巨型库”，可以重新恢复和复兴退化的环境，并促进绿色基础设施的发展。有助于降低生态系统的碎片化，提高自然网络之间的连接性，从而实现栖息地指令第 10 条的目标。

（摘译自：Environment：Investing in green infrastructure will bring multiple returns to nature，society and people、Communication from the Commission to the European Parliament，The Council，The European Economic and Social Committee and the Committee of the Regions Green Infrastructure（GI）— Enhancing Europe's Natural Capital {SWD(2013) 155 final}）

# 欧洲可持续城市和城镇大会：基于生物多样性和生态系统管理的可持续发展城市和城镇

城市快速扩张把自然及自然提供的资源置于危险境地。但自然可以帮助城市规划者，推进城市可持续发展并降低成本，同时提高本国公民的福祉。4 月 19 日在日内瓦举行的欧洲可持续城市和城镇大会探讨了城市化进程中依靠基于自然的方法促进可持续发展。

Vitoria-Gasteiz，2012 年欧洲绿色城市大奖①(Green Capital of Europe Award)的赢得者，利用自然而不是修建基础设施为居民提供服务。该市的绿化带，是环绕城市的一个巨型绿色区域并覆盖着从退化地恢复的土地，提供娱乐机会和重要服务，如空气、水调节和防洪。该市战略环境和自然总干事 Luis Orive 说，绿色成为资本的地方已成为本市接纳的城市标语。法国城市 Grandt Synthe 的市长 Damien Carême描述这个 2.2 万人的小镇，人们的日常生活如何与自然环境和当地生态系统高度连接。开展广泛的环保行动和倡议，通过行政推动大量植树和增加物种多样性。这使得在日常生活中人与自然之间取得了更好的联系，公民把自然摆在更加突出的位置。因此，该市获得法国 2010 年生物多样性城市奖。

(摘译自：Biodiversity and Ecosystems for Sustainable Towns and Cities)

## 欧盟环境署：
## 绿色空间增进人类健康　生态系统观可有效应对复杂环境对人类健康的威胁

在 5 月 30 日欧盟环境署(EEA)发布的《环境与人类健康》(*Environment and human health*)报告中，分析了影响人类健康的 11 种环境因素，包括化学物质、户外空气、室内空气、噪音、水、绿色空间等。环境署认为解决这些复杂因素对人类健康的威胁，需要打破目前部门分割整体效果不佳的现状，着力系统性的战略和政策，建议加强绿色基础设施建设，加强基于生态系统观的策略设计，应对威胁人类健康的环境复杂局面。

### 一、绿色空间增进人类健康

环境署认为增加绿色空间(green spaces)可增进人类健康。走进天然、绿色的环境，有利于身体健康，享受心理和社会福祉，提高生活质量。当然，这些关系的内在影响机制还需要进一步研究。现有资料表明，更好、更多地

① 欧盟委员会 2008 年发起的奖项，当选的城市必须具备以下条件：具有实现高环境标准的纪录；致力于改善环境及持续发展的目标；成为可激励其他城市及推广最佳作法的榜样。如斯德哥尔摩市 2010 年当选的原因包含 95% 人口的生活距离绿化区不到 300 米、减少噪音污染的有效措施、设定干净水新标准的保护计划、创新的综合废弃物处理系统等。

接触绿色环境的人，更可能活力充足，并有减少成为超重和肥胖的趋势。本月初欧盟发布的绿色基础设施战略，是一个有力工具，促进绿色空间对人类健康的多重效益。报告中载明，绿色空间用来指城市内部或边缘覆盖植被的土地或地表水体，包括天然或半天然栖息地(semi-natural habitats)、人们容易接近的毗邻城镇的乡村、绿色走廊(林荫道、河流和运河)、市容草原、公园和花园、户外运动设施、运动场和其他功能的绿色空间如坟场和菜地甚至一块废弃和空置的土地。绿色基础设施(green infrastructure)指的是，经规划和管理，具有多功能用途的高质量绿色空间组成的网络，它能产生很多的福利和服务，如提供清洁水、肥沃土壤、有吸引力的休闲区，以及减缓和适应气候变化。

欧盟环境署认为绿色空间和绿色基础设施对于增进人类健康存在如图 1 所示的关系。主要关系是，通过对绿色空间进行良好治理，构建优良的绿色基础设施。在此基础上，绿色基础设施可以调动许多做法和创新的解决方案，能够提高整体环境质量和增强生态系统服务能力，从而有助于提高人类健康和福祉。

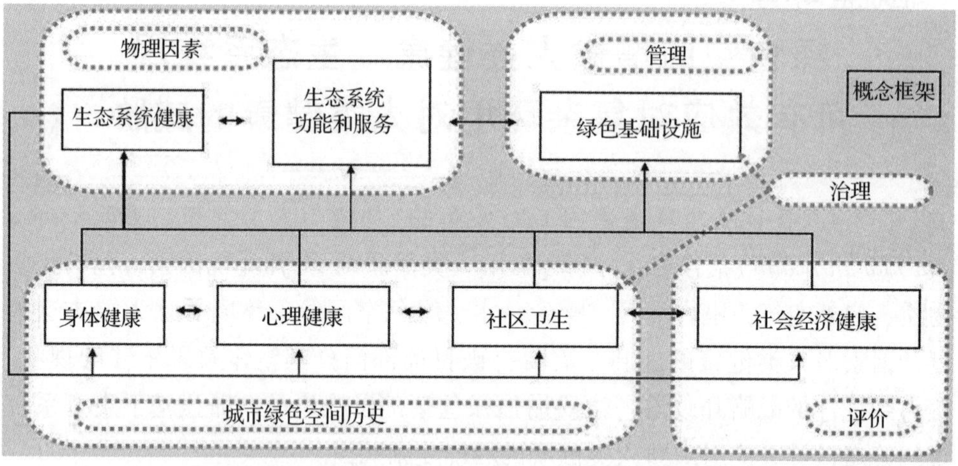


**图 1　欧盟描述的人类健康与绿色空间、绿色基础设施之间的关系**

## 二、生态系统观可应对威胁人类健康的环境挑战

环境署认为，人类健康影响因素很多，但是关键的自然资源能支撑人类健康和福祉，因此，建议基于生态系统观，应对威胁人类健康的环境挑战。

要制定环境政策增进人类健康需要系统考虑。环境署认为，以前基于改善空气质量、水质量或化学物的环境政策，初衷都是为了增进人类健康，但是这些政策对人类健康的反应都是破碎化的(fragmented)，只能解决个别问题。目前，聚焦主要环境危害并采取隔离式的部门封闭政策办法(predominantly hazard-focused and compartmentalised approach)，不利于解决相互联系和相互依赖的影响人类健康的环境挑战，如气候变化、资源枯竭、生态系统退化、肥胖流行，以及持续的社会不平等。应采取综合方法，减少人类受多种环境压力(multiple environmental stressors)共同影响的不利局面。

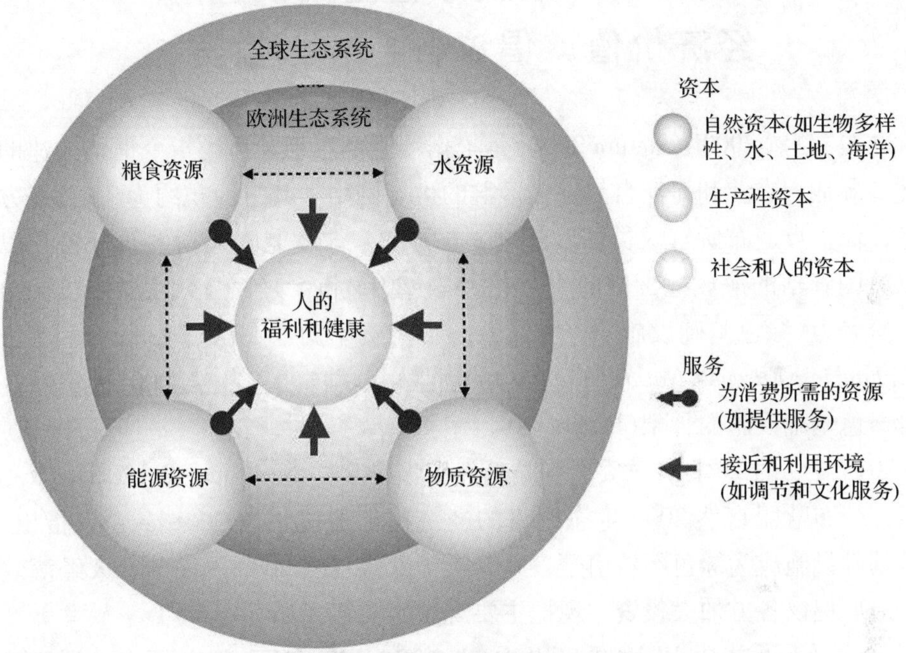


**图 2　欧盟描述的关键性自然资源支撑人类健康和福利**

环境署认为，要制定促进人类健康的环境政策，首先需要正确认识环境与人类健康之间的关系，建议采取生态系统观点(ecosystem perspective)。环境署分析，2005 年的千年生态系统评估指出，人类健康和福祉最终依赖于良好功能的生态系统，以及人类利用自然资源的方式。基于这个观点，环境署提出如图 2 所示的处理环境与人类健康关系的生态系统观。生态系统观的主要内容是，自然资源以生态系统为支撑，它们可以被粗略地分为四类，即粮食、水、能源和物质资源。所有自然资源直接影响人类福祉，因此，它们的供给受(部门)政策干预。这些不同的资源的利用又是相互高度依赖的，这种相互依赖关系将导致协同和权衡，往往通过对环境的影响，间接影响人类健康和福祉。

(摘译自：EEA Report No 5/2013 ‘Environment and Human Health’ Joint EEA-JRC report)

# 绿色经济新引擎：欧委会公布欧洲绿色基础设施的经济价值，倡议各方加大投资

欧盟“自然 2000”(Natura 2000)是根据欧盟栖息地和鸟类指令框架构建的森林、湿地、农业和海洋自然保护区群的生态网络。其总面积约为 75 万平方千米，保护点遍布所有成员国，超过 2.6 万个，占欧盟陆地领土的 18%，以及成员国管辖的海域范围内的 4.7% 左右。2013 年 5 月 6 日，欧盟委员会出版一份名为《绿色基础设施——增强欧洲自然资本》(*Green Infrastructure* (GI) — *Enhancing Europe's Natural Capital*)的新战略，确定了“自然 2000”生态网是欧盟绿色基础设施的骨干(backbone)。

2013 年 7 月 26 日，欧委会网站自然和生物多样性(Nature & Biodiversity)子版，公布欧盟自然 2000 生态网络的经济价值概览情况(factsheet)。指出，绿色基础设施成为绿色经济引擎，并分析了欧盟自然 2000 网络的六大经济效益，最后倡议各方加大投资。现把主要观点摘要汇编如下：

## 一、绿色基础设施骨干“自然 2000”生态网成为绿色经济新引擎

欧委会认为，全面有效运转的“自然 2000”生态网络，鼓励更和谐、更讲求资源效率的自然资本利用方式，培育更具包容性和可持续的经济增长。在此基础上，产生更加综合且更具凝聚力的发展政策，全面激发健康生态系统带来的多重互补性的综合经济效益。

欧盟环境委员 Janez Potočnik 在为 2013 年出版的《“自然 2000”网络经济价值(综合报告)》(*The Economic Benefits of the Natura* 2000 *Network Synthesis Report*)中指出，欧盟的经济繁荣和福祉由包含提供产品和服务的自然生态系统的自然资本支撑。根据生态系统和生物多样性经济学(TEEB)和千年生态系统评估(MA)的方法，可以发现，“自然 2000”网络在保护和增强欧盟自然资本中起到核心作用，对该网络进行投资，将在地区、成员国和欧盟层面产生巨大效益。Janez Potočnik 认为，“自然 2000”网络产生了多重经济效益，不仅是应对气候变化、保护生物多样性，还有昆虫授粉、保护景观和美学价值、旅游和游憩。最后，Janez Potočnik 说：“向‘自然 2000’网络投资具有重大意义，因为它成为地方和区域经济的引擎(motor)，直接关系到欧洲 2020 年的经济增长和就业目标的实现。”在分析绿色基础设施骨干“自然 2000”网络的经济

价值时，欧委会认为，该网络已经成为地方经济的重要引擎。

## 二、绿色基础设施骨干“自然2000”生态网经济价值评估

据欧委会最新研究成果，“自然2000”网络年经济价值估计为2000亿～3000亿欧元。据估计，每年到“自然2000”网络旅游的游客约有12亿～22亿人天数，每年产生的游憩效益为50亿～90亿欧元。在欧洲，大约440万个就业岗位，4050亿美元的年营业额，都直接依赖于维护健康的生态系统，其中很大部分位于“自然2000”网络内部。欧委会从六方面评估“自然2000”网络的经济价值：

（1）应对气候变化。2010年，“自然2000”网络约储存96亿吨碳，折合350亿吨二氧化碳，价值可观。未来，积极有效的政策还将促进“自然2000”网大幅增加碳汇，特别是通过恢复湿地、泥炭地和农林复合生态系统。而负面政策，如把草地转化为农地将释放大量的碳。

（2）自然灾害。欧委会认为，“自然2000”网络的保护区为防范极端天气事件产生的灾害，提供了基于成本效益的选择。1990～2010年，欧盟25国由于自然灾害导致的经济损失约为1630亿欧元。“自然2000”网维持完整和健康的生态系统，一方面可减缓洪水、雪崩、山体滑坡等灾害的发生；另一方面，可减轻社区的脆弱性。在应对灾害方面，运转良好的生态系统经常以低成本，提供比人造设施更有效的减缓服务。例如，在“自然2000”网络的一个保护点，即比利时的Kalkense Meersen地区，通过对湿地和河口栖息地进行修复恢复原来的河流景观，每年因减缓洪灾而产生的效益为64万～165万欧元之间。

（3）粮食安全和供给。在欧洲，授粉昆虫服务非常重要，年价值估计为140亿欧元。许多“自然2000”的保护区支持重要的农业实践。农地涵盖了欧盟50%的土地，农业生态系统占“自然2000”网络的38%。

（4）旅游。欧委会认为，“自然2000”已成为地方经济的重要引擎。据估计，每年到“自然2000”保护点的游客，直接支出约为90亿～200亿欧元（2006年），直接支持了80万～200万个全职工作岗位。2008年，欧盟27国旅游业提供的全职工作岗位为1300万个。此外，保护区可以提供其他效益，吸引外来投资，以及提升当地形象和生活质量。

（5）水。欧洲许多城市，包括慕尼黑、柏林、维也纳、马德里、奥斯陆、索菲亚、罗马和巴塞罗那，都是依靠生态系统自然过滤（natural filtration）提供饮用水服务。城市节约了水处理（water treatment）成本，转嫁到城市居民身上的水利用成本也更低。四个欧洲城市柏林、维也纳、奥斯陆和慕尼黑的案例证明“自然2000”网络的保护区，在水净化和水提供方面产生了效益。据估

计，其中每个城市全年水净化平均效益为700万~1600万欧元，水提供为1200万~9100万欧元。这四个城市，水净化和水提供的人均效益为每年15~45欧元。形成对比的是，德国每户家庭的水费账单为每年200欧元。

(6)海洋保护区。据估计，“自然2000”网络包含的海洋保护区每年约产生14亿~15亿欧元的价值。

## 三、加大向绿色基础设施骨干“自然2000”生态网投资

欧委会指出，要加大向绿色基础设施骨干“自然2000”生态网的投资。根据欧盟第七个欧盟环境行动计划(7th EU Environmental Action Programme)，保护、节约和提高欧盟的自然资本，需要从源头上解决问题，包括更好地将自然资本目标纳入政策决策，确保该政策连贯实施并产生多重利益。根据欧盟跨年金融架构计划(2014~2020)(*EU Multi-Annual Financial Framework* (2014~2020)，欧盟基金特别是农业、渔业和凝聚基金，以及生活基金(LIFE+)，能够支持绿色基础设施投资。为了促进“自然2000”生态网发挥最大潜能，要促进所有利益相关者参与投资进程。为了促进“自然2000”网络产生多重社会和经济利益，要鼓励所有土地使用部门在其决策过程中更好地纳入欧洲丰富的自然资本价值。这反过来会促进欧洲2020年战略倡议提出更有效、更具包容性和有利于可持续发展的政策。

欧委会在2004年对维护和恢复“自然2000”生态网所需的成本进行了一次评估，每年约为61亿欧元。随后几年，又进行了一次评估，基本上支持了这一数字，评估结果认为每年至少需要58亿欧元才能维护好这些绿色设施，而其产生的效益相较成本却更为显著。欧委会列举了三个案例：一是苏格兰维护300个“自然2000”网络中的保护区，历经25年，效益约为成本的7倍。二是法国，在其Plaine de la Crau保护区进行的测算表明，每年效益约为142欧元/公顷，达到其成本的7倍。三是2009年，芬兰自然遗产服务(Metsähallitus)和芬兰森林研究所(Metla)，进行了大自然旅游和与大自然有关的休闲活动对当地经济的影响评估。据研究，每年国家公园游客消费产生的总收入额为7000万欧元，支持当地893人就业。据估计，一般情况下，对保护区1欧元的公共投资，能产生20欧元的回报。

(摘译自：Factsheet The Economic Benefits of Natura 2000)

# 联合国人居署：须将生物多样性和生态系统服务纳入城市发展决策和城市规划

据联合国人居署官方网站10月7日的消息，由生物多样性公约、联合国人居署等机构合作完成，第一份城市化和生物多样性丧失关系的全球评估报告——《城市和生物多样性展望》(*Cities and Biodiversity Outlook*)于10月4日正式发布。该报告指出，城市化对生态系统管理既是机遇也是挑战，而生物多样性和生态系统服务有利于城市生存，是城市建设的关键性自然资本，功能良好的生态系统能极大有利于人类健康和福利，为此，城市发展决策和城市规划须将生物多样性和生态系统服务纳入其中。

该报告共有十章，分别是：城市化对生态系统管理既是机遇也是挑战、丰富的生物多样性可以作为城市生存、生物多样性和生态系统服务的关键性自然资本、维持功能良好的生态系统能极大有利于人类健康和福利、城市生态系统服务和生物多样性有利于应对气候变化、提高城市生物多样性有助于增强粮食和营养安全、生态系统服务必须被纳入城市政策和规划、成功管理生态系统和生物多样性必须基于多尺度、多部门和多重利益相关者、城市为弹性和可持续的未来提供了独特的教育学习机会、城市为可持续土地管理提供了很多创新和治理工具。

报告针对将“生物多样性和生态系统服务纳入城市发展决策和城市规划”，分析了澳大利亚墨尔本、加纳阿卡拉以及美国部分城市等地区的经验，指出美国在2007~2008年期间，投资810亿美元保护生物多样性(大部分用于保护区的设计、建立和运行管理)，其中610亿美元来自地方城市。大量建设公园廊道、生态走廊、市级及省级公园(公共和私人)的做法，实现了投资目标。加纳阿卡拉为保护湿地，将该市两个湿地指定为拉姆萨尔湿地、划定绿带阻止城市蔓延、制定海岸敏感地图(coastal sensitivity mapping)等。墨尔本为保护生态，专门设立城市增长区管理局(The City's Growth Area Authority)，负责与地方部门沟通，专门保护生物多样性和生态系统。该报告认为，国家要执行好《生物多样性公约》缔约方大会第十届会议通过的决定，特别是其中的三条爱知目标，才能更好地将生物多样性和生态系统服务纳入城市发展决策和城市规划。这三条爱知目标是：①爱知目标2。至迟到2020年，生物多样性的价值已被纳入国家和地方发展和减贫战略及规划进程，并正在被酌情纳入国家会计系统和报告系统。②爱知目标 11。到 2020 年，至少有 17% 的陆地和内陆水域以及 10% 的沿海和海洋区域，尤其是对于生物多样性和生态系统服务具有特殊重要性的区域，通过有效而公平管理的、生态上有代表性和相连性好的保护区系统和其他基于保护区的有效保护措施的得到保护，并被纳入更广泛的土地景观和海洋景观。③爱知目标 17。到 2015 年，各缔约方已经制定、作为政策工具通过和开始执行了一项有效、参与性的最新国家生物多样性战略和行动计划。

（摘译自：New Assessment Calls for Urban Areas to Take Stewardship of Ecosystem Services）

# 第二节

# 林业与粮食安全

## 联合国粮农组织建议各国大力发展农林业促进解决生计和粮食安全问题

### 一、森林：保障全球粮食安全和改善营养的希望所在

全球粮食和营养安全已经引起了国际社会的高度重视。联合国粮农组织在罗马召集了世界粮食安全委员会（粮安委）的大约180个国家政府、国际组织、民间社会和私营部门的利益相关者，商讨2015年后发展议程。此次会议，要求将粮食安全和营养问题作为未来发展工作的核心要素，应当为整个国际社会确立新的发展目标。为此，粮农组织于2013年5月13～15日在罗马召开应对新挑战的国际会议，会议主题为：保障全球粮食和营养安全的希望在于森林。

粮农组织认为，在世界范围内，近10亿人每天都在挨饿。到2050年，全球人口将超过90亿人，全球农业产量必须增长60%，才能满足全球粮食需求。然而许多地方为扩大耕地、获得纤维和发展生物质燃料而大肆毁林，反过来导致陆地自然生态系统的退化，生态服务特别是淡水供给和薪柴采集剧减，加剧了食物供给安全的脆弱性，这对贫困人口尤为明显。

事实上，森林对保障粮食和营养安全非常重要。首先，天然林对森林居民包括许多土著居民的生存至关重要，因为森林通过保护流域提供干净的水，

灌溉着农地。其次，农民通过自然更新或者种植树木，在耕地上保留树木，这种农林兼作方式非常有利于粮食安全。还有，干旱和半干旱地区的牧民，在一年中的大部分时间里，依赖树林提供牲畜饲料。

遗憾的是，树木、森林和农林复合系统对保障粮食和营养安全的多方面贡献，目前很少反映在国家发展战略和粮食安全战略中。与此同时，由于部门之间缺乏协调，最终导致国家在确保粮食安全和营养改善的决策中遗忘了森林。

联合国粮农组织召开探讨森林对食品安全和营养的国际会议，目的就是引起各国进一步重视森林的重要作用，尤其是在发展中国家，林木、森林和农林复合系统可以提供粮食安全和农村居民营养。同时，它将在国际和国家层面整合这方面的知识服务决策。

具体地说，这次会议的目标是：

- 强调在森林、农场树木和农林复合系统有助于粮食安全和营养的各种方式；
- 探索政策选择和创新经营方式，以提高森林、农场树木和农林复合系统在粮食安全和营养方面的贡献；
- 识别森林在保障粮食安全和改善营养方面的关键挑战和制约瓶颈。

## 二、农林业新编指南

为更好地推动农林业发展，2013 年 2 月 5 日，粮农组织出版《农林业新编指南》。粮农组织指出，如果各国把更多的精力放在促进农林业发展，即树木与农作物或牲畜相结合的综合发展方式上，那么千百万的人便可摆脱贫困、饥饿和环境退化。粮农组织指出，农林业部门是薪柴、木材、水果和牲畜饲料等本地商品和椰子、咖啡、茶叶、橡胶和树胶等全球性商品的一个重要来源。世界近半数农业土地的树木覆盖率超过 10%，农林业成为千百万人的生计支柱。

### （一）发展农林业

在指南中，粮农组织论述了如何将农林业纳入国家战略及如何调整政策来适应具体情况。这份新的政策指南提供了最佳规范和成功经验的实例，以及在应对挑战和失败中汲取的经验教训。

“在许多国家，农林业让农民、社区和行业致富的潜力尚未得到充分的发挥，”粮农组织的森林评估、管理及养护司司长爱德华多 · 曼苏尔说。“尽管农林业好处诸多，但是不利的政策法规，以及农业、林业、农村发展、环境和贸易部门之间缺乏协调的情况都限制了农林业这个在上述领域均发挥重要作用的产业的发展。

农林业不断提供新的机遇，例如，在覆盖非洲中部、东部和南部超过 11

个国家约300万平方千米的林地，它为大约1亿低收入者的生计作出了重要贡献。其贡献之一是它能够通过减缓将森林转化为农田的速度来遏制温室气体排放，以及通过碳交易和REDD+举措提供的财政支持来促进农场中树木的碳吸收。同样，尼日尔超过500万公顷干旱退化土地的持续自然更新将有助于减缓气候变化和增加农民收入。

### (二)政策行动

该指南提供了有关实施政策行动的10个主要途径，包括提高农民和国际社会对农林复合系统的认识；改革有关林业、农业和农村的不利规定；澄清土地使用政策法规。后者并不一定意味着正式的土地所有权。研究发现，一些习惯性权属形式为种植树木提供保障，同时减少了行政管理手续和费用。

### (三)提供环境服务

根据该指南，应当对那些在农用土地上植树的农民给予奖励，因为这些树木能够为社会提供生态系统服务。奖励办法可以采取经济或其他形式，包括减免税收、费用分摊计划、小额贷款或实物奖励，尤其是提供推广服务和开发基础设施。长期信贷同样至关重要，因为只有在若干年后农民才能获得植树带来的好处。树木提供的固碳和其他环境服务的价值甚至可以用来支付利息。

哥斯达黎加于1996年通过法律建立了一项旨在为林业活动提供补贴的国家林业融资基金，而该基金在2001年和2005年扩大了补贴范围，将作物、树木和牲畜生产相结合的农林复合系统包括在内。过去8年来，已经签署了1万多份农林业生产合同，农场植树超过350万棵。

（摘自：www. fao. org，2013－2－22）

# 林业对保障粮食安全和改善营养极其重要<br>我国应加快发展林业尤其是潜力巨大的林下经济

## 一、“森林促进粮食安全和营养国际会议”：粮食安全从1970年代以来第一次占据了国际政治议事日程的首要地位

2013年5月13～15日，联合国粮农组织在罗马召开了森林促进粮食安全和营养国际会议，聚集了来自政府、企业、民间、社区、国际机构等400多名代表，一起研究在新形势下如何保障世界粮食安全和营养。观察人士认为，

这是自20世纪70年代以来，粮食安全第一次占据了国际政治议事日程的首要地位。

经过深入研究讨论，会议各方一致认为，森林、农田树木和农林业可在抗击饥饿的斗争中发挥重要作用，并应更明确地纳入粮食安全和土地使用政策。

会议重要内容和共识主要有以下五个方面：

(1)森林为民生改善作出了极大贡献。每年森林为超过10亿人提供生计，其中许多是世界上最贫困的人口。森林提供食物、烹饪燃料、动物饲料和购买食物所需的收入。野生动物和昆虫通常是林区居民的主要蛋白质来源，而叶子、种子、蘑菇、蜂蜜和果实则提供矿物质和维生素，从而保证了营养饮食。

(2)为小规模林业生产商提供激励。小规模生产商应该加强参与农林业，森林抚育经营化，小规模的木材加工和提供生态系统服务。在许多情况下，给中小企业小额贷款，尤其是当小额贷款给女性经营者时，会较好地促进农村地区的家庭收入增长，更好地提高人们的健康水平、营养状况和生活质量。

(3)改进林权制度安排。林地使用权稳定且有保障，会获得实实在在的经济效益和环境效益。林木使用权促进土地管理根本改进。会议强调，通过授予农民以林地和林木的经营权，确实能产生巨大的激励作用。

(4)森林生态系统服务功能促进粮食生产。会议强调了森林和树木给农业生产提供极其重要的生态系统服务，包括保护水土资源，促进土壤形成过程和增加土壤肥力，调节气候，并为野生传粉昆虫和农业害虫天敌提供栖息地。森林湿地和红树林保护沿海地区免受洪灾，从而增强沿海地区粮食生产的稳定性。森林在河流和沿海渔业也扮演着重要的角色，这对贫穷的社区尤其重要。山地森林提供了最核心的生态系统服务，特别是给下游森林和相关社区提供清洁淡水。

(5)加强部门间的合作。目前最大的问题是，在制定粮食安全和土地使用政策时却很少考虑森林和农林业系统。农村人民利用森林和树木资源的权力往往得不到保障，其粮食安全受到威胁。应当更好地认识森林在农村人口粮食安全和营养方面所能发挥的重要作用。会议建议，林业、农业以及食品安全和营养卫生等相关部门的政策应该协调一致，这非常有必要确保所有利益相关者、依赖森林的社区、相关领域机构积极参与、制定和实施政策。

## 二、被浪费的小生物——野生和养殖昆虫

根据粮农组织在森林促进粮食安全和营养会议上发布的一项最新研究——《可食用昆虫：食物和饲料保障的未来前景》，认为昆虫是来自森林的

一种主要的食物，随手可得，富含营养及蛋白质。据估计，昆虫是至少20亿人传统饮食的一部分。昆虫的采集和养殖可提供就业和现金收入，虽然现在的生产模式大多以家庭为主，但未来有望实现产业化经营。

(1)生物种类数量惊人。昆虫的已知种类约100万个，占地球现有分类的活体生物的一半以上。粮农组织与荷兰瓦赫宁根大学合作开展的研究表明，全世界人类食用的昆虫超过1900种。全球消费最多的昆虫是：甲虫(31%)；毛虫(18%)；蜜蜂、黄蜂和蚂蚁(14%)；以及蚱蜢、蝗虫和蟋蟀(13%)。许多昆虫含有丰富的蛋白质和脂肪，富含钙、铁和锌。每100克牛肉(干重)的铁含量为6毫克，而每100克蝗虫(干重)的铁含量则为8~20毫克，取决于品种和本身摄取的食物。

(2)昆虫利用的第一步。“我们并不是说，人们应该吃虫子。”报告的共同撰写人，粮农组织森林经济政策及产品司司长伊娃·穆勒解释说，“我们想说的是，昆虫是森林所提供的一种资源，而昆虫在食物，尤其是饲料方面的潜力几乎未得到开发。”采用可持续的方式养殖昆虫有助于防止过度收获，从而减少对珍贵物种的影响。有些物种，如粉虫，已经实现商业化生产，主要面向宠物食品、动物园和垂钓等小众市场。如果能够通过提高生产的自动化程度来降低成本，那么利用昆虫等替代品取代牲畜饲料中的鱼粉便可让产业获利。好处是供人类消费的鱼品供应增加。

(3)昆虫养殖节省饲料。由于昆虫是冷血动物，它们不需要从饲料中获取热能来保持体温。昆虫平均仅使用2千克的饲料便可生产1千克的昆虫肉。而牛则完全不同，它需要8千克的饲料才能产出1千克的牛肉。此外，昆虫排放的甲烷、氨、导致气候变暖的温室气体以及粪便等所有这些污染环境的物质数量很少。事实上，昆虫可以用来分解废物，促进向土壤输送养分的堆肥过程，同时还有助于减少臭味。

(4)缺乏有利的政策。大多数工业化国家的立法禁止用废料和浆液或泔水喂养动物，尽管这些都是昆虫常用的食物。但科学家普遍认为，从生物学角度看，昆虫与哺乳动物极为不同，昆虫疾病传染给人类的几率非常小。与其他类型的食品相同，重要的一点是确保生产、加工和食品制备环节的卫生，以避免可能影响人体健康的细菌和其它微生物的生长。应当将食品安全标准的范围扩大以包括昆虫和昆虫制品，而且整条生产链的质量管理标准对于建立消费者对昆虫饲料和食品的信心将是至关重要的。“私营部门已准备对昆虫养殖进行投资。巨大的机会就摆在我们面前，”该报告的作者之一保罗·万托姆说，“但是，如果法律不明确，任何大的企业也不会冒险投资，因此这种法律的不确定实际上阻碍了这个新生部门的发展。”

## 三、我国解决粮食安全和营养问题面临着严峻的形势和诸多的挑战

我国正在迅速接近自身可利用耕地资源的极限，即政府设定的1.2亿公顷耕地的粮食安全“红线”。我国尽管还能实现国内的粮食自给，但整体上的食品自给率有可能出现下降。随着人民生活水平提高和饮食结构的改善，我国不得不进口大豆和玉米这些比较便宜的农产品，把耕地空出来生产鱼类和蔬菜等价值较高的农产品，并推进生猪、家禽和牛羊等。有专家评估，2030年我国的玉米进口可能达到1600亿吨，大豆进口可能达到7200亿吨，集约农场的猪和家禽养殖量从2000年到2030年至少要增加2.5倍。我国要解决好粮食安全和营养问题，仍然面临着诸多压力和挑战，整体形势不容乐观。

从国内生产看，影响我国粮食保障力的因素，一是单产，二是播种面积，三是种粮积极性。其中单产影响因素中，土壤的作用大于品种改良；在单产增幅不大的前提下，播种面积或播种季节减少导致产量下降。转基因技术只能在目前大化肥、大农业、除草剂、杀虫剂基础上发挥作用，用上述技术取代劳作，人会变得越来越懒，地会变得越来越贫瘠，污染会变得越来越严重。长期下去，影响中国耕地粮食产量的关键因素——地力，不但得不到提高，反而会越种越瘦。转基因技术征服农业后，农民种地受制于人，种粮积极性将进一步下降。可以说，在目前科技水平下，国内耕地可供挖掘的潜力有限，大幅度提高的可能性很小。

在国际贸易和合作方面，我国作为世界最大的粮食进口国之一，一直面临着诸多挑战和压力，主要有4个方面：

（1）国际市场粮价高涨。粮食价格虽然已经从年初的最高峰有所回落，但仍然是过去10年的平均价格的3倍。

（2）粮食出口国的贸易限制。印度控制大米出口，乌克兰停止小麦外运，阿根廷向大豆出口征收重税。这给进口国敲响了警钟，对国际粮食市场的依赖将使进口国更加脆弱，巨大风险不仅来自粮价猛涨，更致命的在于供应中断。

（3）“新殖民主义”。在粮食潜在出口国投资发展农业，在过去确实受到各方好评，但是现在受到多方指责。在非洲和南美洲，反对者描述这么一个噩梦般的场景：外国人把粮食运出肥沃的土地，本国的饥民却只能眼巴巴地看着。还有一些人指出，在一些法制环境较差的国家，正在发生土地抢夺，大多数农民都没有正式的土地证，也无法得到补偿机制的保护。农业自由贸易的倡导者们也担心：这些投资国的目的是建立粮食生产的所有权，而不是为国际市场增加供应。

（4）“生态殖民主义”。不少国际机构认为，中国不管是从国际市场进口

农产品，还是直接投资海外农业生产项目，实质上转嫁了国内生态危机，造成生产国或者出口国自然生态系统的严重破坏。以我国从巴西进口大豆为例。巴西的亚马孙地区是世界上生物多样性最丰富的地区，已知的物种中有1/10都生活在这里。过去20年，巴西迅速扩张的大豆种植已经大大加剧了亚马孙地区的森林破坏。2000～2005年，亚马孙地区10%的森林破坏都是大豆种植造成的。巴西大豆种植业大规模快速发展，与中国从巴西进口大豆有很大关联。有数据表明，2012年，中国大豆产量远远不能满足消费，需要进口5838万吨大豆。在这5838万吨中有很大一部分来自大豆产量占世界27%的巴西；2013年，巴西大豆产量达到了创纪录的8300万吨。继巴西的亚马孙地区之后，中国农业联合企业预计将与其他国际投机商联手，开发同样极富生物多样性的非洲和南美洲。对此，一些国际机构不断指责中国推进“生态殖民主义”，这种声音的影响越来越大。

## 四、我国应认真研究粮农组织政策　建议加快推进我国林业尤其是林下经济的健康发展

我国森林资源丰富，发展林业尤其是林下经济潜力大。其中，仅集体林地就有27.37亿亩，是耕地的1.5倍。随着集体林权制度改革全面深入推进，集体林将释放出更大的发展潜力，2012年全国林下经济产值达到3601.24亿元。但由于各种原因，尤其是缺乏科学规划和有力政策措施，我国很多地区的林下经济发展尚未形成规模，尚未带来更多的效益。

在森林促进粮食安全和营养国际会议上，为充分发挥林业保障粮食安全和促进经济发展的作用，粮农组织倡议各国采取以下方面的政策和行动，对我国加快林业尤其是林下经济发展有较强的借鉴意义：

(1)加大投资力度。为了支持可持续森林管理和恢复退化的土地，政府和发展伙伴应增加预算拨款。根据森林状况，采取的方法可能包括保护、管理和恢复。对于支持穷人和弱势群体来说，与投资于更昂贵的社会福利计划相比，对可持续森林管理进行投资是一个符合成本效益的方法。此外，对可持续森林管理进行投资将有助于通过减少温室气体排放来减缓气候变化的影响，并且还会增加森林弹性，以帮助农村弱势群体适应气候变化带来的负面影响。

(2)加强森林管理和使用的本地控制。一个明确的所有权人意识，有助于增强当地人民保护森林资源的责任感和激励对森林的长期管理进行投资。权利和责任下放的一个重要方面是增强当地群众进行可持续管理森林资源的技能。必要的管理工具包括，可持续森林管理的整体性原则，采伐指导原则以及在高需求和有限供应情况下特定产品的配额制度。

(3)制定和实施有利于贫困人口的林业措施。由于缺乏有针对性的使穷人受益的措施，比较富裕和受过教育的社会成员往往在地方一级的森林管理中获利。贫困人口——这些人的食物和收入最依赖于森林，虽然从森林中获得很多，但是不能够在森林管理中投入时间和资源。加大贫困家庭参与管理森林的力度和使其受益的具体措施可能包括：提供森林收入项目；取消贫困家庭的各类林业税费；确保贫困家庭在当地森林管理委员会中有代表席位。

(4)支持发展经济、社会和环境可持续发展的中小型森林企业(SMFEs)。各国政府可以在许多方面帮助加强中小型森林企业，以减少贫困，改善粮食安全：

①授予和保护农村社区对森林资源的合法准入；

②通过治理和法律改革，遏制非法采伐和不可持续的采伐非木材林产品(NWFPs)，对森林用户进行培训和提供信息，以减少不公平竞争；

③简化中小型森林企业登记程序，以降低成本，提高增值机会；

④提供金融激励措施，包括对中小型森林企业进行减税。

服务提供者，包括非政府组织、私营部门和捐赠资金项目，可以帮助成立区域或国家层面上的可以代表中小型森林企业利益的生产者组织，同时也促进加工和销售中的规模经济，以及更大的议价能力。

(5)将森林和树木的贡献整合到国家粮食安全战略和政策中。在2009年11月由联合国粮农组织主办的粮食安全世界峰会上，成员国达成五个原则用来投资国家国有粮食安全计划和战略，旨在提供资源开展精心设计和基于结果的项目和伙伴关系。这一原则在2010年9月的联合国首脑会议审查千年发展目标进展的会议上再次被强调。上述证据显示，需要加强对森林和树木对粮食安全的贡献的普遍认可，并更好地将森林和树木的贡献与即将实施的战略相连接。

(6)提高国家监测和评估森林和树木对粮食安全作出贡献的能力。监测森林和树木的进展和影响是国家和区域粮食安全战略的一个重要方面。区别食物获得的地点和方式(生产，购买或从野外收集)的国家报告框架必须包括农场的种植的和野生的森林和树木的贡献。林业部门认可的全部贡献是增加投资的基础。森林机构和国家统计局需要在社会各层面上更有效地记录和提升森林和树木的贡献。

(7)鼓励跨部门和机构间的协作。为了提高森林和树木在粮食安全中的作用，负责林业的政府机构需要在林业部门各机构之间和与其他部门合作开展更有效的工作。这些部门可能包括农业和粮食安全、畜牧、水利、土地、环境和能源部门，以及非部门的机构，如地方政府、财政和规划部门。开展合作有助于将林业和粮食安全信息集成到整个政府的法律和政策中去。应该鼓励来自不同学科领域的人员在多方利益相关者平台上开展社区层面上的共同努力。加强各国之间的合作，需要共享的森林资源的管理。目前在刚果盆地、亚马孙河流域和地中海地区的国家之间的协作需要得到加强并扩展到其他地区。

（来源：①www. fao. org，2013－05－20；②安德鲁·英格兰，嘉维尔·布拉斯，2008. 富国租地种粮：食品安全还是新殖民主义？③蒋高明，2009. 保障粮食安全到底靠什么？④汤姆·莱维特，2012. 中国未来粮食进口的生态代价；⑤杰瓦斯·保尔登，2013. 中国大豆需求让巴西不堪重负.）

# 国际农业研究磋商组织分析：农林业与粮食和营养安全 重视“绿色肥料”、“树木商品的增收贡献”等功能

7月10日，国际农业研究磋商组织（CGIAR）发布题为《农林业与粮食和营养安全》（*Agroforestry, Food and Nutritional Security*）的报告，该报告分析了三个主题：农林业对粮食和营养安全的贡献、农林业支持粮食和营养安全面临的挑战以及增强农林业支持粮食和营养安全的政策选项。以下，根据该报告的内容，对这三个主题进行解释。

## 一、农林业对粮食和营养安全的贡献

主要从四方面进行分析：①农林业对粮食生产的贡献。报告中列举的案例指出，为了连续增加粮食的平均产量，在非洲南部种植树木作为“绿色肥料”（green fertilizers），可以提高干旱年份或极端天气事件干扰下的农作物产量；②农林业提高收入帮助穷人获取食物。报告中列举的案例指出，据印度尼西亚2013年的数据，农林业小农场占该国棕榈油、咖啡、橡胶、可可和茶叶总生产面积的42%、96%、85%、94%和46%。而这五种依赖树木的商品作物（tree commodity crops），2013年出口价值为数十亿美元（FAO），直接提高了小农的收入，从而提高了其购买粮食的能力；③农林业对燃料和食物的直接贡献。报告指出，木材和木炭仍然是20亿人的生活能源必需品，在撒哈拉以南的非洲地区，木炭使用仍在迅速增加，2007年木炭行业的价值约合80亿美元（世界银行，2011）；④农林业与生态系统、气候变化和粮食。报告指出，农林业树木提供了重要的生态系统服务，包括土壤、溪流和流域保护、

动物和植物多样性保护以及碳吸收和储存，这一切都最终影响到粮食和营养安全。

## 二、农林业支持粮食和营养安全面临的挑战

主要表现在三方面：①政策制约。报告指出，农民需要土地和树木的产权、需要激励政策支持他们获取种苗、政策需作出调整以激励农业领域投资转向农林业。②树木产品走向市场的制约。目前，许多树木产品（tree products）销售市场缺乏组织和协调，导致农民收益较低且不稳定，而且卖价较高。生产者经常反映的问题有，缺乏集体谈判系统、糟糕的交通基础设施，以及在供应链中较多的中介机构。③对农林业研究的投资不足。

## 三、增强农林业支持粮食和营养安全的政策选项

主要从三个方面推进：①政策机遇。如 FAO 正在开发农林业指南。巴西正在设计农林业战略，中国和印度政府已着手雄心勃勃的计划，以增加森林外树木的覆盖。在这些计划中，应更多关注粮食树（food trees）。一些国家规定了农场上树木覆盖率的最低要求，如肯尼亚规定农场上树木的最低覆盖率为 10%。这是农林业气候公约下农林领域一个重要的减缓方法，国家适应气候变化计划应纳入农林业作为气候智能型农业的响应。②设计实施三阶段方法。三阶段方法是支持土壤肥力补充技术、农村居民参与植物驯化（tree domestication）、自主创业并增加树木产品的价值。③应对气候变化规划。调整好适应气候变化的树木组成结构，提高粮食生产。

（摘译自：Agroforestry，food and nutritional security）

# 联合国粮农组织：<br>食物浪费危害气候、水、土壤和生物多样性

9 月 11 日，粮农组织发布的一份最新报告说，每年 13 亿吨的食物浪费令人震惊，不仅造成重大经济损失，而且严重危害着人类赖以生存的自然资源。

《食物浪费足迹：对自然资源的影响》是首份从环境的角度分析全球食物浪费影响的研究报告；它具体论述了食物浪费给气候、水土的利用和生物多样性带来的后果。

主要调查结果包括：每一年生产但未被食用的粮食所耗用的水相当于俄

罗斯伏尔加河年流量的3倍，并向大气排放33亿吨温室气体。据粮农组织报告估计，除了这一环境影响之外，食物浪费给生产者造成的直接经济后果(不包括鱼和海产食品)每年高达7500亿美元。

“我们所有人——农民和渔民、食品加工商和超市、地方和国家政府、个体消费者——必须在人类食物链的每一个环节作出改变，首先要防止食物浪费的发生，并尽可能加以重新利用或回收，”粮农组织总干事若泽·格拉济阿诺·达席尔瓦说。

“除了对环境的考虑，还有道义上的责任：每天有8.7亿人在挨饿，而我们却将自己生产的全部粮食的1/3浪费掉，这是绝对不能允许的，”他补充说。

粮农组织还编制发布了一个“工具包”，其中包含有关在食物链各阶段如何减少粮食损失和浪费的建议。该工具包简要介绍世界各地实施的一些项目，说明国家和地方政府、农民、企业、个体消费者可以采取一些措施来解决这个问题。

联合国副秘书长及联合国环境规划署执行主任阿齐姆·施泰纳说：“环境署和粮农组织将食物浪费作为向低碳、资源节约型和包容性绿色经济过渡的一个重大经济机遇。粮农组织今天发布的报告强调了所能获得的多重好处——在很多情况下是家庭、零售商、餐馆、学校和企业通过采取简单措施而实现的——可以促进环境可持续性、经济改善、粮食安全和实现联合国秘书长提出的零饥饿挑战。”

环境署和粮农组织作为创始合作伙伴于2013年早些时候启动了“思前、食后、厉行节约——减少耗粮足迹”运动，旨在帮助协调全球在减少浪费方面的努力。

粮农组织的研究认为，世界54%的食物浪费发生在“上游”，即生产、收获后处理和储存过程。其中46%发生在“下游”，即加工、流通和消费阶段。

从总的趋势看，在发展中国家，粮食损失更多地发生在农业生产过程，而零售和消费环节的食物浪费在中等收入和高收入地区通常较高，占浪费总量的31%~39%，而低收入地区为4%~16%。

粮农组织的报告指出，食物链上的食品浪费越晚出现，造成的环境后果就越严重，因为在加工、运输、储存和烹制过程中所产生的环境成本必须计入初始生产成本。

研究报告重点提及世界食物浪费的几个“热点”：亚洲谷物浪费是一个突出问题，对碳排放、水和土地利用具有重大影响。稻米生产因其甲烷的高排放和大量浪费而尤为引人注目。

世界各地肉类的浪费量相对较低，但肉类行业对环境的影响却很大，体现在土地占用和碳足迹方面，尤其是高收入国家和拉丁美洲，它们的浪费占全部肉类浪费的80%。如果不包括拉丁美洲，高收入地区的浪费在所有肉类浪费中所占比例约为67%。

在亚洲、拉丁美洲和欧洲，水果的浪费程度非常高。同样，在亚洲、欧洲、南亚和东南亚的工业化地区，蔬菜的大量浪费转化为该部门巨大的碳足迹。

粮农组织认为，消费行为加上供应链中缺乏沟通导致富裕社会中的食物浪费水平较高。消费者会无计划地购买、过量购买或对“最佳有效期”做出过度反应，而质量和美观标准则导致零售商拒绝接受大量完全可食用的食物。

对于发展中国家而言，主要问题是供应链早期阶段出现的大量收获后损失，原因包括收获技术和储藏及运输基础设施在财政和结构上的限制，以及促使食品加快变质的气候条件。

为解决问题，粮农组织工具包详细论述了需要采取行动的三个层面：应当首先考虑减少食物浪费，将其作为优先重点。在减少因生产方式落后而导致的农场作物损失之外，进一步平衡生产与需求关系，这首先就可避免使用自然资源去产生不必要的食物。

关于食物过剩问题，最好的解决办法是在人类食物链内进行再利用，即寻找二级市场或捐赠多余的食物来养活社会贫困人口。如果食物不适合人类食用的，接下来最好的选择是用作牲畜饲料，从而节约了原本要用来生产商业饲料的资源。

在无法实现再利用的情况下，应该尝试循环利用和回收：副产品循环利用、厌氧消化、制作堆肥及能量回收的废物焚烧等方法能够从食物废料中回收能量和养分，这种做法明显优于把食物废料倒入垃圾填埋场。吃剩的食物在垃圾填埋场腐烂，产生大量甲烷，而这是一种高度有害的温室气体。

（摘自：联合国粮农组织中文网）

## 联合国环境署：
## 基于生态系统的适应性方法是非洲粮食安全的关键

2013年8月23日，联合国环境署网站消息：为应对气候变化给非洲粮食安全带来的严峻挑战，来自非洲大陆的近800名代表在联合国环境规划署（以下称“环境署”）总部召开了为期两天的第一届非洲粮食安全和适应性会议，会议决定采用基于生态系统的适应性方法，应对气候变化，确保为非洲大陆的居民提供足够的粮食。

会议召开的背景是由于资源枯竭、生态系统恶化、人口增长、水资源短缺和自然灾害等问题导致的整个非洲大陆的粮食短缺。

非洲农业极易受气候变化的影响。据估计，到2050年，农作物产量将下降10%~20%。全球范围内，到2050年，大米的价格预计会上涨30%，玉米的价格预计会翻番。气候变化是导致粮食产量下降和粮食价格上涨的主要原因。

气候变化给撒哈拉以南非洲国家带来了严峻的粮食风险。农业是大部分撒哈拉以南非洲国家的经济基础，其雇佣了约60%的劳动力，并占国内生产总值的30%。但是，在过去的20年，农业增长率已经下降，营养不良的情况也仅仅扭转了30%。

据估计，全球的粮食产量至少增长一倍，才能满足全世界90亿人口（到2050年）的粮食需求。撒哈拉以南非洲国家需要大量的投资以支持其农业发展。然而，只有采取适应气候变化的措施和实践行动，包括支持农民生产足够的粮食以满足人们的营养需求，以及阻止生态系统的不断恶化提高农业生产力，才能实现非洲大陆的粮食安全目标。

基于生态系统的适应性方法（EbA）通过减少投入和对气候变化的影响，为构建繁荣的粮食体系提供了灵活的、有一定经济效益的和可以广泛应用的替代方法。

这次会议重点关注了来自乌干达的一个项目，并和与会代表分享了该项目的经验：推广农林间作和农业保护，增加土壤的肥沃和提高农业产量。反过来，节约了准备耕地的时间和成本，为多样性预留了更多的时间，如牲畜饲养和提高75000人的收入和粮食安全。

来自联合国粮食和农业组织、地区性经济共同体、非政府组织、私营部门和其他相关组织的代表，通过一项宣言呼吁：

- 扩大对基于生态系统的适应性方法的投资，构建非洲的弹性粮食体系和适应气候变化。
- 环境署和联合国粮农组织要求各国政府和区域组织：将基于生态系统的适应性方法纳入国家政策框架；敦促非洲区域组织鼓励其成员国支持基于生态系统的适应性方法；以及鼓励成员国全面实施指南，满足脆弱地区的居民获取粮食的权利。
- 采用基于生态系统的适应性方法的非洲国家，应该对其生态系统的条件状况和政策进行深入的评估，识别过渡到基于生态系统的适应性方法的障碍，识别能力建设和政策的差距，确保政策实施的连贯性。

- 非洲部长级环境会议(AMCEN)采用第一届非洲粮食安全和适应性会议的建议和宣言，将基于生态系统的适应性方法纳入到区域性旗舰项目之中。
- 非洲适应性知识网络(AAKNet)继续在最佳技术、活动和技术援助方面合成和交流技术信息。

(摘自：联合国环境署中文网)

# 联合国粮农组织针对森林保障粮食安全和改善营养提出五条建议

联合国粮农组织于10月11日发布题为《增强森林和树木的贡献保障粮食安全和改善营养》的报告，分析了森林对于粮食安全的重要性，并提出加强林业促进粮食安全的五条建议。粮农组织认为，全球估计有8.4亿人营养不良，其中8.27亿人生活在发展中国家。数以百万计的人依赖森林外树木获取食物并增加营养多样性。发展中国家大约有24亿人使用薪柴做饭。在粮食供给危机特别是自然灾害和战争期间，从森林获取食物成为生存依靠。森林外树木对农林业起到关键保障作用，因为其有助于调节气候、保护土壤。森林外树木有利于增强粮食安全四支柱，即可供、获得、利用和稳定(access, availability, use and stability)。

粮农组织提出的五条政策建议如下：

(1)采用《确保国家粮食安全的土地、渔业及森林权属负责任治理自愿准则》，为人们提供安全的土地和林权制度以及公平获取资源的权利。须开展以下三项政策行动：①承认、尊重和保护当地人和其他当地社区使用和管理森林外树木的权利；②鼓励弱势群体参与发展林权和治理框架，如原住民、当地社区、妇女、青年等；③通过监测《确保国家粮食安全的土地、渔业及森林权属负责任治理自愿准则》实施情况，保障权利。

(2)建立跨农业、林业、畜牧业、渔业、能源、采矿和其他相关部门的协调机制，确保强有力的粮食安全和营养干预以及更好的政策协调。实现跨部门和多个利益相关者在提供粮食安全和营养的目标方面的合作，确保更高效、更具连贯性和更有效地实现国家粮食安全和营养目标。须开展以下两项政策行动：①鼓励开展跨部门伙伴关系和景观尺度方法，实现森林外树木的可持续利用，将其作为确保粮食安全和营养的一种手段；②林业部门应纳入制定和实施粮食安全、营养、扶贫与农村发展政策中。

(3)制定支持政策，加强小农获得信贷、技术、扩展服务和保险，帮助其森林、林木产品和生态系统服务进入生态市场。这项针对小农的政策，有助于保证农村社区充分挖掘森林外树木在改善粮食安全和营养方面的潜力。须制定三项政策支持发展：①小型生产者的创业、融资和规划技能，鼓励他们参与混农林业复合经营、非木材林产品、木材加工和生态系统服务等，促进实现收益最大化；②建立生产者协会，帮助小农获得当地的附加值(local added-value)、参与公平贸易和森林认证，帮助获得市场准入和获得公平的森林收益；③加强森林生态系统服务市场，如保障清洁饮用水的下游付费规定，支持森林外树木在粮食安全和营养中发挥作用的创新型金融机制。

(4)在制定、实施和评估粮食安全、营养、扶贫政策和投资战略中，实现性别平等。须开展以下三项政策行动：①审查和修改相关政策和法律，确保妇女和男人能够平等地获取森林资源，包括在土地所有权和继承权，接受教育、信用服务和技术，就业机会以及积极参与决策过程的平等；②支持数据搜集方法和加强协调方面的工作，用来采集在林业和自然资源管理中性别参与情况的数据，为粮食安全和营养的政策和项目的设计、实施、监测和评价提供参考；③促进和实施在自然资源管理中性别平等宣传。

(5)加强森林外树木对粮食安全和营养的贡献方面的数据库建设，为政策制定提供参考。制定政策用以支持：①广泛合作，掌握报告、监测粮食安全和营养方面的非木材林产品、生态系统服务、野生动物和其他林业活动贡献的数据；②建立森林外树木促进粮食安全和营养的国家级指标；③野生森林植物、昆虫和其他动物的可持续利用方面的参与式研究，促进粮食生产和营养的可持续发展。

(摘译自：Towards Food Security and Improved Nutrition：Increasing the Contribution of Forests and Trees)

## 联合国粮农组织：全球粮食系统需转型以改善营养 森林保障人类营养和健康大有可为

2013 年 11 月 13 日，联合国粮农组织和世界卫生组织为 2014 年的第二届国际营养大会(ICN2)做准备，举行了改善营养问题专家会。会议指出，世界超过一半的人口受到严重营养问题的困扰，因此有必要通过对粮食系统作出重大调整来改善人们的饮食和生活。

全球饥饿人数有所下降但营养不良发生率仍居高不下。粮农组织总干事达席尔瓦说："今天，世界上有超过一半的人遭受某种形式的营养不良、饥饿、微量元素缺乏或消费过度。"

"生产却未消费的食物总量将足以再养活两亿人。真实的情况是，当前的政策没能在健康饮食方面正确引导消费者。这是我们需要解决的问题，"达席尔瓦说。

全球有 8.42 亿人长期挨饿，更多的人则死于或罹患营养不足引起的疾病。大约 2 亿人缺乏微量营养素。每年有近 700 万儿童在 5 岁之前死亡，每年 1.62 亿 5 岁以下儿童发育迟缓，而与此同时，5 亿人肥胖。

考虑到更广泛的可持续发展进程中营养不良的严重程度及其影响，总干事重申，粮农组织和总部设在罗马的其他两个粮食和农业机构——国际农业发展基金会(以下简称农发基金)和世界粮食计划署(以下简称粮食署)支持 2012 年 4 月在马德里举行的饥饿、粮食安全和营养问题高级别磋商会议关于在 2015 年后发展议程中纳入一个独立的粮食安全和营养目标的建议。

世卫组织总干事办公室执行主任韩卓升也呼吁对粮食系统的管理方式进行反思。他认为饮食是解决全球疾病问题的一个关键因素，需要在婴儿到成人等各个阶段应对营养的多方位挑战。

"我们过去面临的主要问题是儿童营养不良，而我们今天要应对的挑战是普遍膳食失调和缺乏体力活动而导致的高血压、心血管疾病、糖尿病和超重，"韩卓升说。

"营养和健康方面的威胁实际上已经扩大并恶化，而且不会自行消失。我们迫切需要现在和未来采取措施，消除这一威胁，"韩卓升说。"卫生部门和粮食部门应当携手努力。"

"由于意识到这个问题给数百万的个人及其国家乃至社会的发展造成了巨大的负担，欧盟和欧委会已经把抗击营养不足列为发展议程的一项重点工作，"欧盟委员会可持续增长及发展司长罗伯特·里多尔菲说。

里多尔菲补充说，欧盟致力于推动旨在减少儿童发育迟缓和营养不良后果的"可衡量和有时限的目标"，而此次技术筹备会议可以在拟定类似的指标方面发挥至关重要的作用。

目前，全球已意识到林业系统，特别是森林、森林外树木以及昆虫和林产品已在改善全球营养健康中发挥重要作用。2013 年 5 月，联合国粮农组织(FAO)在罗马召开的"林业与粮食安全和营养"会议指出，森林是重要的食物和营养的来源。森林食物种类繁多，包括可食用昆虫、野生动物、森林蔬菜、森林果实。在某些热带国家，森林是最重要的动物蛋白来源。同时，森林还是生物多样性的宝库，是作物和动物的驯化和基因改良的基础。

（摘自：联合国粮农组织中文网）

# 第三节

# 绿色经济

## 联合国环境规划署提出<br>衡量绿色经济进展的重要指标

2012 年 12 月 5 日，联合国环境规划署发布题为《衡量迈向包容性绿色经济取得的进展》的报告，指出了测算迈向绿色经济的进程的指数，用于指导采取可持续发展的政策干预措施。报告建议，在国内生产总值(GDP)的基础上，增加国家环境产品和服务(如森林或水资源)的价值，以及人民的福利和生活质量，作为衡量增长和发展的指标。

在报告中，联合国环境规划署把测算指标分为三大类：一是环境问题和环境目标的测算指标；二是绿色经济政策干预措施的效果的测算指标；三是绿色经济对福利和平等的影响的测算指标。这三类指标，又具体细分为若干的二级衡量指标，指标体系具体的内容及名称请见下表。

| **环境问题和环境目标的测算指标**(示意性指标) | |
|---|---|
| 1. 气候变化 | 碳排放(吨/年) |
| | 可再生能源占能源供给的比重(%) |
| | 人均能源消耗(英热①/每人) |

① 英热是一种传统英制的能量或热量单位，1 英热约等于 1055 焦耳。

（续）

| 环境问题和环境目标的测算指标（示意性指标） | |
|---|---|
| 2. 生态系统管理 | 林地面积（公顷） |
| | 水分胁迫（%） |
| | 陆地和海域保护区面积（公顷） |
| 3. 资源效率 | 能源生产率（英热/美元） |
| | 资源生产率（吨/美元） |
| | 水资源生产率（立方米/美元） |
| | 二氧化碳生产率（吨/美元） |
| 4. 化学物和废弃物管理 | 废物收集（%） |
| | 废物回收再利用（%） |
| | 废物产量（吨/年）或垃圾填埋场面积（公顷） |
| **绿色经济政策干预措施的效果的测算指标** | |
| 1. 绿色投资 | 研究和开发投资（占 GDP 的%） |
| | 环境产品和服务部门投资（美元/年） |
| 2. 绿色财政改革 | 化石燃料、水和渔业补贴（美元或%） |
| | 化石燃料税（美元或%） |
| | 可再生能源激励（美元或%） |
| 3. 生态系统价值评估及外部性定价 | 碳价格（美元/吨） |
| | 生态系统服务的价值（如水资源提供） |
| 4. 绿色采购 | 可持续采购的支出（美元/年和%） |
| | 政府运转的二氧化碳和资源生产率（吨/美元） |
| 5. 绿色工作技能培训 | 培训支出（美元/年和占 GDP 的%） |
| | 被培训的人数（人/年） |
| **绿色经济对福利和平等的影响的测算指标** | |
| 1. 就业 | 建筑（人，%） |
| | 经营和管理（人，%） |
| | 产生的收入（美元/每年） |
| | 基尼系数① |
| 2. 环境产品和服务部门的绩效 | 增加值（美元/每年） |
| | 就业（工作岗位数） |
| | 二氧化碳和资源生产率（美元/吨） |

① 基尼系数是意大利经济学家基尼于1922年提出，定量测定收入分配差异程度的经济指标。其值在0和1之间。越接近0就表明收入分配越是趋向平等，反之，收入分配越是趋向不平等。按照国际一般标准，0.4以上的基尼系数表示收入差距较大，当基尼系数达到0.6时，则表示收入悬殊。

（续）

| 绿色经济对福利和平等的影响的测算指标 | |
|---|---|
| 3. 总财富 | 自然资源储量的价值(美元) |
| | 每年度净增加(或减少)值(美元/年) |
| | 识字率(%) |
| 4. 资源获取享用程度 | 现代能源获取享用的比重(%) |
| | 水资源获取享用的程度(%) |
| | 卫生资源获取享用的程度(%) |
| | 医疗保健资源获取享用的程度(%) |
| 5. 健康 | 饮用水中的有害化学物质成分(克/升) |
| | 因空气污染而住院治疗的人数(人) |
| | 每10万居民中与运输相关的道路交通死亡人数 |

无独有偶，在2011年，经济合作与发展组织发表了绿色增长报告以及世界银行出台了一个新的计划，对绿色发展进行测度，目的是创设一个绿色增长的“知识平台”，借以引导发展中国家开展相关工作。其中，经合组织确定了4组指数来衡量绿色增长：

(1)环境和资源生产率。这一指标所衡量的是自然资本的利用率，以及经济模式和核算体系中很少量化的生产内容。

(2)经济资产和环境资产。经济减少意味着增长遇到风险，因为持续增长需要一定的资产基础。

(3)生活环境质量。这一指标衡量环境对人民生活的直接影响。如，衡量用水情况或者空气污染的破坏作用。

(4)经济机遇和政策响应。这一指标用来判断政策措施对绿色增长的作用，以及这些措施在哪些方面最能发挥作用。

但是，并不是所有的指标现在都能够被测度，很多国家和机构正在构建最优的绿色经济或者绿色增长的测度指标，这一工作仍在继续。

(摘译自：Measuring Progress Towards an Inclusive Green Economy)

## 环保人士担忧英国新出的生物燃料补贴政策

2013 年 3 月 6 日，英国议会批准了向电厂生物燃料利用提供补贴的建议，允许电厂通过燃烧棕榈油和木屑颗粒(wood pellet)发电。这一新举措备受争议，环保人士认为，新措施将有可能补贴棕榈油生产的燃料，可能会加剧非洲和东南亚的毁林。印尼苏门答腊猩猩学会主任海伦·巴克兰担忧道："濒危物种和热带雨林的命运，与我们就能源开发利用的决策直接相关。英国能源和气候变化部(DECC)倡议的这一政策的后果已受到警告，但该部门仍然忽视大量科学研究的结论，即燃烧棕榈油获取能源比燃烧化石燃料对气候变化的危害更为严重。"

英国能源和气候变化部已引进可持续性标准，核查可取得补贴的主体的资格，但环保人士担心，即使是可持续生产，仍会促进对棕榈油的大量需求，鼓励该项生产活动全面扩张，把热带雨林、泥炭地、濒危野生动物置于高风险境地。

海伦·巴克兰进一步分析指出，现在的问题是，进口上限设定很高，它可能会导致英国每年的棕榈树油进口增加一倍，可持续性标准并不能完全阻止补贴政策让农林地转化为燃料生产基地的过程中，对生态系统、生物多样性、社区、粮食安全和气候变化的影响。

（摘译自：Despite deforestation worries，U. K. approves palm oil for power production）

## 联合国大会通过关于生态旅游的决议<br>倡议发展生态旅游助推发展中国家减贫和环保

2012 年 12 月 21 日，联合国大会通过"关于促进生态旅游消除贫困和保护环境的决议"，倡议优化生态旅游推动其在发展中国家特别是非洲国家、最不发达国家和小岛国，通过创造收入和工作机遇实现经济价值，帮助推动国家发展。大会意识到，生态旅游为保护和可持续利用生物多样性和自然保护区创造了机遇，同时注意到，它的潜力有助于推动实现千年发展目标。

根据世界旅游组织的建议报告，应鼓励成员国在其具有发展生态旅游优势的地区，升级生态旅游投资、按照国内立法增加中小企业，并为参与主体提供多渠道的金融服务。该决议反映，联合国跟踪落实 2012 年 6 月举行的全球可持续发展峰会上形成的成果文件——《我们期望的未来》，促进可持续发展的举措。

（摘译自：UNGA Adopts Ecotourism Resolution）

## 欧盟环境署关注生物质能源利用与生物多样性保护　斯堪的纳维亚森林为重要潜在能源地

2010 年，欧盟一半的成员国利用的可再生能源来自于木材和木材剩余物。预计到 2020 年，生物质能源消费将占欧盟总的能源消耗量的 10% 以上。目前来看，斯堪的纳维亚森林将作为潜在的重要木质生物质能源原料来源地。

2013 年 1 月 30 日，来自欧盟环境署、国际鸟盟（birdlife international）欧洲森林观察等机构的专家将在欧洲议会所在地讨论生物质能源开发与生物多样性保护的问题，关注生物质能源的合理利用。目前，据专家研究，采取有效的政策，如保护原生生态系统和原住民土地，或者在所有的生物质能源生产中优先考虑可持续性，就可以做到在合理开发利用生物质能源的同时较好地保护生物多样性。

（摘译自：How Sustainable is Scandinavian Biomass）

## 美国林务局支持 2013 年度可再生能源项目　聚焦减少林火风险、创造农村经济机遇和吸纳就业三大目标

6 月 20 日，美国林务局局长 Tom Tidwell 宣布授予 250 万美元补助，帮助 10 个小型企业和社区群体发展能源项目，以壮大区域经济、吸纳更多就业。Tom Tidwell 说：“这些赠款帮助创造新的就业机会，支持清洁能源生产，提

高当地环境质量，尤其是减少火灾威胁。2013 年的计划将使马萨诸塞州到阿拉斯加州的社区受益。”这些项目将使用来自林火毁坏、甲虫破坏的树木的木质材料，在生物质能源工厂处理这些木质生物质，生产绿色能源用于取暖和供电。补助资金来自木质生物质利用赠款计划（Woody Biomass Utilization Grant），帮助促进这些小型能源厂的规划。

2012 年度，共拨款 300 万美元支持 20 个对象。这 3 亿美元的投资，撬动了 4 亿美元的农村发展赠款和贷款担保用于木质生物质能源设施。木质生物质利用赠款计划已促成超过 50 万英亩（约 20.2 万公顷）森林的抚育。创造或保留了 1470 个就业机会。该计划自 2005 年运转，帮助申请人完成必要的设计工作需要，以确保公共或私人投资加强工厂建设。

（摘译自：US Forest Service awards nearly ＄2.5M for renewable energy projects）

## 联合国环境署：传统生物质能源占全球最终能源消费 9.3% 木材等资源保障全球 28 亿农村人口的能源供给

6 月 12 日，21 世纪可再生能源政策网络（REN21）的《2013 全球可再生能源现状报告》和联合国环境规划署的《全球可再生能源投资趋势》作为姐妹出版物，正式发布。

两份报告结果表明，2011～2012 年间，全球对可再生能源的需求持续增长。2011 年（自有记录以来的最新数据）可再生能源约提供了全球最终能源消费的 19%，这其中几乎一半（占全球最终能源消费的 9.3%）是来自传统的生物质能源。

2012 年生物质能源提供的初级能源供给增加了 2%～3%，达到 55 百万兆焦耳（EJ）。生物质能的生物量供给源于森林、木材加工、粮食作物的残留量等很多来源。现代生物质能需求推动国际贸易增加，特别增加了生物燃料和木屑颗粒（Wood pellet）。全球生产和运输木屑颗粒超过 2200 万吨，木屑颗粒消费（用于发热和发电）的增幅约为每年 20%。木屑颗粒生产以欧盟、北美洲和俄罗斯、中国为主。木屑颗粒需求不断增加，主要由于其相对木屑（wood chip）来说具有高能量密度（energy density）和较低含水量、适合燃煤电厂的混合燃烧、适合小供热厂的自动控制选项。大约 2/3 的木屑颗粒用于小型供热厂，1/3 用于较大的电厂。

2012 年木屑颗粒中有 820 万吨用于国际贸易，其中超过 320 万吨从北美运到欧洲，比 2011 年增长 50%。这部分增加的需求，用于保障英国 750MW 的蒂尔伯里（Tilbury）生物能源电站和一个 400GW 的燃煤电厂。木屑颗粒消费在其他地区也在增加，韩国 2013 年初新建了 8 个木屑颗粒生产厂。并将于 2020 年每年新增 500 万吨木屑颗粒进口，实现 2012 年发电机组使用可再生能源 2% 配额的要求。

2013 年 5 月 28 日世界银行发布的消息"关于能源获得、可再生能源和能效的首个全球数据系列发布"指出，全球约有 12 亿人（相当于印度的人口）无法获得电力，有 28 亿人需依赖木柴或其它生物质能来做饭和取暖，可再生能源在全球能源构成中占 19%，中国在节能和扩大可再生能源比例方面取得的进展最大。

UNEP 执行主任，阿奇姆·施泰纳表示："全球范围内持续性的对可再生能源的推动，是由于国家、企业和社会了解低碳绿色经济和未来能源使用及安全、可持续生活方式及稳定的气候之间的联系。这些都发生在碳市场低迷这一背景下。可以想象，如果为了保证在 2015 年前达成一份有意义的全球气候协定而加大对造成污染的惩罚力度，这一举措将催化及大力促进清洁能源的使用。"

（摘译自：Renewables 2013 global status report、联合国环境署中文网）

## 美国农业部奖励基金支持农村木材能源项目发展

9 月 11 日，美国农业部长维尔萨克宣布了一项伙伴合作协议，提出扩大木材能源利用，确保国家森林的安全和健康。该伙伴合作协议是奥巴马总统倡议的利用"一切可能的能源的长远战略"（all of the above' energy strategy）伙伴协议中的组成部分。新的伙伴关系成员包括美国农业部、绿色热能联盟（the Alliance for Green Heat）、生物质发电协会、生物质热能源理事会和颗粒燃料研究所。

农业部将对这五个组织颁发 110 万美元的赠款，组建州级机构，以刺激木质能源项目发展。维尔萨克说："这将帮助我们找到使用木材剩余物的新方法，发展可再生能源，并在农村创造良好的就业机会"。木质能源是"一切可能的能源的长远战略"的重要部分。适度规模的木材能源设施建设，有利于消除危险燃料威胁和减少灾难性野火的风险。

这份合作协议的目的是，在国家层面推进木材能源作为重要手段，应对火灾危险、促进农村经济发展、改善空气质量，并有助于实现奥巴马提出的可再生能源和能源效率目标。根据今天宣布的五项赠款条款，私人、州和联邦机构将共同努力，刺激木材能源项目发展。总的赠款金额将达到290万美元，其中联邦资金110万美元，地方资金180万美元。

（摘译自：USDA Awards Funds to Promote Development of Rural Wood to Energy Projects）

# 联合国环境署：中国绿色投资获益需更加严格法规

2013年11月26日，中国环境保护部和联合国环境规划署（以下简称环境署）联合发布一份报告指出，虽然中国在绿色经济方面取得了飞速发展，但是中国必须解决严重的环境和社会挑战，才能实现可持续发展目标。中国在工业能源效率方面的投资效果显著，2006～2010年单位GDP能源强度下降了19%。

报告《中国绿色长征：基于可再生能源、环保和水泥产业部门的研究》确认中国在可再生能源技术投资的全球领先地位。仅2012年，中国在可再生能源方面的投资总额居全球首位，达677亿美元，是2009年投资额的2倍。

水泥行业是主要的$CO_2$排放源，对水泥行业能源效率的投资使得这段时期生产每吨水泥的能源需求下降了41%。

中国将碳排放指标纳入到“十二五规划”（2011～2015）当中，到2020年我国单位GDP二氧化碳排放比2005年下降40%～45%。此外，到2020年非化石能源占一次能源消费的比重达到15%左右。

联合报告编写方之一中国环境保护部环境与经济政策研究中心表示，中国有着强有力的政策支持绿色经济的国家转型。例如，上网电价补贴和税收优惠等激励措施在帮助刺激绿色投资的同时，这些严格的法规政策也有助于淘汰低效工厂、减少水污染和提高废弃物管理。

但是重大的挑战依然存在：

- 中国已成为世界上最大的温室气体排放国。2012年占全球总排放的27%。虽然GDP占全球输出的10%，但是消耗了全球60%的水泥、

49%的钢铁和20%的能源。

- 空气和水污染给中国的经济增长带来了巨大的压力。据估计，全国90%的城市水体遭到污染，室外空气污染每年造成120万人过早死亡。

报告指出，随着不断加快的中国城市化进程，中国不仅需要开发更多的能源效率建筑，还需要创造更加绿色的供应链以减少产生的废物、水和材料的消耗以及能源的利用。目前，建筑行业占全球温室气体排放的1/3。因此，绿化建筑行业供应链将可能成为中国向绿色经济转型的一个重要契机。

报告发现，对太阳能光伏(PV)产业生产能力的过度投资导致价格严重下跌和重大的经济损失。

与此同时，中国国家电网容量历来投资不足，如果不采取相关行动，将可能在未来几年里出现问题。中国大部分的太阳能光伏项目位于中国西部地区。因此，如何将这些能源输送到发达的东部地区将成为重中之重。

此外，环境署报告发现中国企业的技术能力普遍低于世界先进水平。中国政府需要在研发方面鼓励更多的创新和投资，以解决中国面临的严峻环境挑战和确保中国的绿色行业可以在全球立足。

（摘自：联合国环境署中文网）

# 第四节 森林治理和林业发展

## 英国环境、粮食与农村事务部提出重视林业和林地的五条政策

2013年1月31日，英国环境、粮食与农村事务部发布题为《政府林业和林地政策声明：对独立咨询小组(2012年7月)的林业最终报告的应对陈述》的报告，主要针对林业独立咨询小组(The Independent Panel on Forestry)于2012年7月提出的“社会已忽视树木和林地的价值”观点，强调如何增强社会重视林业的意识。报告从五个方面提出增强社会重视林业和林地的政策声明：

一是保护树木、树林和森林。全力保护林地资产免受不断增加的威胁的干扰。应比以往任何时候，把树木和植物健康置于优先地位。环境粮食与农村事务部提供400万英镑支持“与环境变化共融生活(LWEC)合作伙伴”；提供400万英镑支持研究理事会开展深入研究，掌握树木疾病暴发的区域和方式，以及处理办法。建立树木和植物健康生物安全专家小组(Tree and Plant Health Biosecurity Expert Taskforce)，对我们的战略方法进行评估并给出建议。

二是提升林地资产的价值。①提高林地对经济增长的促进价值。与林地所有者合作增加积极管理(actively-managed)林地的数量，并以五年为一期进行进展评估；支持林业部门按照发展方向设计新的产业导向的行动计划；支持林业部门探索新的经济机遇，比如木材燃料市场和乡村旅游；鼓励在适当情况下搞好与地方政府和企业的伙伴关系，充分利用政府政策提供的机遇，

实现当地林地资产的潜力。②让林地更多地为当地社区和人们造福。与整个行业的合作伙伴合作，促进社区更多地参与当地林地的管理；继续实现大树计划(the Big Tree Plant)，此外，继续为可能的未来行动寻求资金，旨在增强当地社区介入树木、木材和森林的工作；继续寻求方法提高利用林地。③让林地更多地为野生动物和大自然造福。继续实施自然生态环境白皮书和生物多样性2020(Natural Environment White Paper and Biodiversity 2020)；继续改善和恢复原生和古代林地(native and ancient woodlands)，并根据我们对栖息地开放政策(the Open Habitats Policy)的承诺更新的情况，适度开放栖息地；发布公益性森林财产(the Public Forest Estate)栖息地开放战略；鼓励地方的自然合作伙伴把林业定位为当地的优先领域。

三是扩张林地资源。为实现2060年林地覆盖增加到12%的目标，应采取下述三条措施：①与林业部门合作，寻找新途径，鼓励土地所有者种植更多最适合当地条件的树木；②进一步发展自愿性林地碳市场和其他投资来源，让林业反映低碳投资的成效，并提供更广泛的繁茂景观的公众利益；③进一步减轻“需澄清环境申明(Environmental Statement)后才能种植树木的”林地所有者的负担。

四是实现林地资源更多的价值。与自然资本委员会(the Natural Capital Committee)和国家统计办公室(the Office of National Statistics)制定一套英国林业资产自然资本核算账户，利用它作为核算公益性森林财产自然资本账户的基础；开发林地生态系统的市场路线图，使政府和合作伙伴一起行动，在未来5年建立知识体系、制定更广泛的合作网络和专业知识以及构建示范良好做法的实施机制和项目；与其他方合作，支持森林碳以及其他生态服务如水和生物多样性市场的进一步发展。

五是加强治理和简化结构。如通过立法建立一个新的独立运作的公有制林业管理机构，代表国家持有林地财产。又如按照环境局和自然英格兰的三年期审查(the Triennial Review of the Environment Agency and Natural England)重新评估林业部门的功能。

(摘译自：Government Forestry Policy Statement-Incorporating the Government's Response to the Independent Panel on Forestry's Final Report)

# 美国林务局分析国有林管理对美国农村经济和社区的贡献

2013年3月13日，美国林务局局长Tom Tidwell就近年来林务局主要的八项管理工作对农村经济和社区的贡献进行分析，主要观点如下：

(1)森林恢复。Tom Tidwell描述了美国森林健康，受干旱和昆虫破坏以及灾难性野火影响，百万英亩森林受损。他强调，森林恢复工作的重要性，有助于防火，并在农村地区创造数以千计的就业机会。Tom Tidwell说："林务局认识到需要一个强有力的森林工业，帮助完成森林恢复工作。要降低森林恢复治疗期的成本，最佳时机就是通过木材采伐和管理承包合约(stewardship contracting)。"过去20年中，一种趋势是，严重的火情(severe fire behavior)和防火成本快速上升。从全国范围看，2012年有72400个社区面临林火风险，同年，林务局花费1.4亿多美元用于防火。通过实施共同恢复森林景观项目(the Collaborative Forest Landscape Restoration Program)，通过制定管理承包合约，林务局创造或维持1550个就业机会，同时使国家的森林应对野火威胁更具弹性。但他同时指出，林务局的工作，不能仅仅放在修复森林上。安排好森林产品行业的90万劳动力，才是解决方案的重要组成部分。随着房地产市场的节节攀升，木材需求和价格上升，林务局能根据管理承包合约完成更多的森林恢复。2012年，大约25%木材销量由管理承包合约完成。

(2)水。森林为超过1.8亿人提供清洁饮用水，国家森林和草原流域区提供全国饮用水供应源的20%。许多主要的中心城市，丹佛、波特兰、亚特兰大和洛杉矶，依赖国有林供给水源。国家森林和草原包含超过20万英里(约32万千米)含鱼溪流，支持着全国知名的休闲渔业，并为当地创造就业。

(3)荒地野火。最近，许多国家都经历了历史上最大或最具破坏力的火灾。平均而言，野火燃烧比40年前增长了两倍。火灾增加，将扩大对地方和国家经济的影响。

(4)国有林旅游。过去几年，国家森林和草原平均每年接待1.66亿人次。森林休闲旅游每年对美国经济贡献约130亿美元。旅客直接消费，再加上附近经济体的连锁反应，保持了超过20万个全职和兼职的工作。

(5)矿产、石油和天然气。林务局管理约16万个采矿权(mining claims)和2600个矿产原料销售合同(mineral material sale contracts)。这些工作都在林务局土地上进行，每年能源和矿物生产值超过65亿美元。每年，林务局上交给财政部的收入包括租赁租金、(木材)特许生产权使用费、国家森林和草原的矿业权出让金(bonus bid)和矿产原料销售，金额为6.5亿~8.5亿美元。

(6)特殊用途。林务局管理约7.4万个特殊用途授权(authorizations)，允许使用林务局管理的土地用于特殊用途，以造福公众，包括能源传输和通信基础设施、可再生能源、公共服务设施，如滑雪区、度假村和游艇码头。

(7)州级和私人森林。林务局管理许多项目，以保护州级和私人所有的森林。目前，约2000万英亩的私有林按照林务局可持续管理项目进行管理。森林健康保护项目(the Forest Health Protection Program)帮助州、土地所有者，社区和部落对抗虫害、疾病和外来入侵植物。

(8)森林研究和开发。林务局向社区提供流域管理工具和教育计划，帮助保持清洁水。开发用户友好的软件和数据，提供分析实时支持，积极应对野火。也在不断扩大可持续、环境友好型木质材料的使用。

(摘译自：Forest Service Management protects rural economies and communities)

# 联合国第10届森林论坛：粮农组织提出亚太地区制定国家森林融资战略的指导原则

现在，越来越多的国家和人民已认识到保护森林的重要性，森林与生态多样性、气候变化、经济和社会发展以及民生生计等广泛领域之间的密切关联性。

2013年4月上旬举行的联合国森林论坛第10届会议，集中讨论了各国在森林资源可持续发展方面的资金需求、筹资缺口、不同国家的特殊需求等问题，以及本次会议能够达成什么样的结果，让世界各国政府和人民、联合国系统以及私营部门都能参与其中，为达成一个全球森林可持续发展的筹资安排而作出贡献。本届会议在此方面作出一些具有实质影响的决定和建议。例如大会成果文件将呼吁各国重点关注低森林覆盖率国家、小岛屿发展中国家以及最不发达国家的森林筹资问题，并提供相关政策建议，以供各国政府和联合国系统借鉴、学习和推广。

联合国粮农组织就本次会议准备了森林融资观点，提出了亚太地区制定国家森林融资战略原则的报告，主要内容如下：

## 一、提升林业投资吸引国家政治经济

(1)如果林业在森林管理以及各种林业生态、经济、科技和文化方面创造大量直接和间接的就业机会，林业以及资金流的重要性将得到增强。对于政府来说，应采取下述行动：应发起行动，促进森林集约化管理，如辅助天然更新、土壤和水分的保护、防止火灾、杂草、害虫和疾病、森林基础设施建设、生态旅游开发、研究和监测，这些活动具有增加就业的良好发展潜力，同时产生良好的生态效果和推进可持续森林经营；应高度重视气候变化林业减缓和适应行动，因为它具有良好的潜力，可以帮助发展中经济体吸引资金、技术和管理技能；在上述这些活动中培训林业工作人员和利益相关者社区。

(2)只有当森林具有重要生态价值且经济实用时，国家可以大量保持森林覆盖，但是，过分强调保护森林这一现象已在很多国家流行，需要重新评估，并在必要时修正。对于政府来说，应采取下述行动：把有关利益相关者纳入，开展动植物保护现状优良评价工作，然后决定国家公共林地需要严格保护的范围。

(3)在绝大多数新兴经济体，缺乏适当合格的当地林业专业人才。为保持林业投资成本较低以及林业项目对当地经济的有用性，林业部门在当地社区的培训供给应有所改善。对于政府来说，应采取下述行动：评估林业专业人才需求，鼓励大学和林业机构举办新的教育课程及职业课程。

## 二、森林融资与 REDD + 和其他国际机制相兼容

(1)尽管关于 REDD + 的谈判尚未最终落实，但是 REDD + 必将在后京都时期气候制度框架下占据重要地位，具备吸引国际融资的良好可能性。其他国际机制如适应气候变化、生物多样性保护、防治荒漠化，也具有类似的重要性。亚太地区发展中国家加强林业投资必须使其与这些国际机制相融合。对于政府来说，应采取下述行动：鼓励林业部门及相关机构和森林社区，利用现有的和承诺的 REDD + 适应气候变化资金，以提高可再生能源的生产和利用、保护生物多样性、防治荒漠化和实现森林可持续经营目标；应当在关于 REDD + 的国际协议的技术和金融援助条款中，探索森林火灾和病虫害保险机制。

(2)非法采伐不仅导致森林退化，增加二氧化碳排放，也降低了合法采伐林产品的市场价格，并损害长期投资者的利益。需要采取纳入当地社区的有效措施，控制非法采伐。对于政府来说，应采取下述行动：应建立一个适合本国的木材认证体系抑制非法采伐；认证进程中要确保当地社区关键利益相关者的合作。

## 三、非木质林产品对林业投资者具有经济吸引力

无限制地利用和采集非木质林产品(NWFP)，再加上控制不严、腐败和

隐秘的贸易惯例(secretive trade practices)，导致大多数非木质林产品的隐秘市场(clandestine markets)的发展，这一重要资源被迅速破坏，同时森林利益相关者的经济回报也很低。对于政府来说，应采取下述行动：管制对公有林的利用；加强非木质林产品价格、进出口信息的传播。

## 四、把生态系统服务付费纳入林业经济

生态系统服务付费具有提升林业投资回报的巨大潜力。但是目前尚未建立直接市场机制，碳市场也仅处于起步阶段，难以传递生态系统服务的市场价值和价格信号。对于政府来说，应采取下述行动：启动一个长期的利益相关者协商进程，提升意识，认识到生态系统产品和服务付费的内涵；通过环境服务的识别和估价、识别潜在的买方和卖方、评估现有法律框架、以及开发"建立有效的生态系统服务支付系统"的付款和合同制度安排，构建森林生态服务以及景观的供需平衡生态服务付费社会；通过广泛的研究以及利益相关者的广泛咨询，开发生态服务的估值工具，提高其质量和市场接受程度；建立市场中介系统。

## 五、探索能源资金支持

假如能源部门能提供更多的基于生物质的现代能源，它能吸引到更多的国家、双边和多边资金。对于政府来说，应采取下述行动：制定基于生物质的可再生能源政策，并且在不损害重要的生物多样性保护的情况下，识别木材资源在农村地区的能源利用；假如自身资源不足的话，应寻求国际能源署的帮助；与民间社会合作，引导能源行业基金通过地方政府适度调整到农村生物质能生产企业。

## 六、理顺法律和政策

(1)对私有林木材采伐和运输的不合理管制，抑制了森林投资。对于政府来说，应采取下述行动：通过跨部门专家委员会的工作，识别"抑制植树造林的"正式法律、法规和官僚作风；调整上述这些法规；也可考虑采取"捷径型"方法，如在泰国种植速生树种如桉树被认定为农作物，不受林业采伐、运输等限制。

(2)重新审查法规，剔除限制外资拥有土地和公司所有权的法律，对新兴国家很有裨益。

(3)许多亚太国家设立抑制森林投资的公司注册和注销的繁文缛节，比如有很多的森林投资前置审批条件、许可证颁发等繁琐步骤。

另外，还提出了减少林业投资者的交易成本负担、确保私有林和私有树木的产权、促进林业项目使用债券和股票投资、加强基础设施建设改进林业运输条件降低成本、增加森林研究和推广投资等原则。

(摘译自：Guidelines for formulating national forest financing strategies)

# 美国林务局：<br>2014 年林务局工作聚焦三大核心领域

2013 年 4 月 16 日，美国林务局长 Tom Tidwell 在向美国参议院能源和自然资源委员会(the Senate Committee on Energy and Natural Resources)提交的证词(testimony)中，指出奥巴马总统建议 2014 年分配给林务局的预算为 49 亿美元，林务局将聚焦三大核心工作领域：恢复生态系统(restoring ecosystems)、增强社区并提供工作岗位(strengthening communities while providing jobs)和森林火灾管理(managing wildland fires)。

## 一、恢复生态系统

美国林务局已在生态系统恢复项目的进度和规模方面取得较大成就。当前，全美林地中约 8000 万英亩(折合 3239 万公顷)需要恢复。去年，林务局与合作伙伴通过生态项目恢复或提升超过 400 万英亩(折合 162 万公顷)的公有和私有林地，使它们对野火影响更具弹性。

恢复森林、增强栖息地、控制外来入侵物种、危险燃料处理及其他措施，可帮助生态系统更具弹性，并具有较强的生态服务能力，如保护水供给、支持鱼类和野生动植物。林务局 2014 年的预算特别支持跨机构之间的综合性恢复工作。

美国淡水量超过一半来自公有和私有林地，约 6000 万美国人依赖的饮用水，起源于国家森林和草原。林务局估计，国家森林和草原 48% 的集水区处于流域功能(watershed functionality)受损的风险中。

## 二、增强社区并提供工作岗位

近百年来的抑火工作导致某些森林类型过快生长，树木密度过高、下层杂木增多(understory brush)、阶梯可燃物蔓延(ladder fuels)，急需加强森林景观管理，增强森林健康。林务局正与合作伙伴努力，开展一项新的景观尺度恢复(Landscape Scale Restoration)项目。

2012 年林务局和合作伙伴订立了超过 7700 份捐赠拨款协议，贡献了约 5.35 亿美元的现金和实物，加上林务局贡献的 7.79 亿美元，总价值超过 13 亿美元。2011 年，国家森林和草原上的各种活动，为美国国内生产总值(GDP)贡献超过 360 亿美元，支持近 45 万个就业岗位。

### 三、森林火灾管理

加强森林生态系统服务功能恢复，一个原因是为了应对愈加强烈的火灾趋势。林务局着力把初期灭火(initial attack)抑制在98%以内。越来越多的家庭和社区散布在易着火点，增加了林火管理难度。2000～2030年，预计在全国4400万英亩(折合1781万公顷)的私有林地上，居住密度快速增加。

目前，林务局采取的防火战略有三个核心部分：①恢复适应火灾的生态系统(restoring fire-adapted ecosystems)。许多火灾后评估显示，可燃物管理和森林健康是减少火灾危险程度的有效办法。林务局主要关注荒地和城市交界区最有需要区域(high-priority areas)的管理，指导社区采取国家林火智能系统(national firewise program)或开发社区林火保护计划(community wildfire protection plans)。②构建适应火灾的人居社区(building fire-adapted human communities)。超过7万个社区处于林火风险中。林务局正与合作伙伴通过跨辖区伙伴关系帮助社区远离风险。通过国家林火智能系统，定义的林火智能社区(firewise communities)的数字，即无需外部干预也能经历林火生存下来的社区，从2008年的400个上升为2012年的700个。③提高对林火的适当反应(responding appropriately to wildfire)。大多数美国的景观都适应火灾。在许多森林类型中，林火扮演着一个自然和有益的角色。需要抑制管理林火，林务局会在适当的时候、适当的地点，开发适当的灭火资源。消防员们正在做风险评估，决定何时何地采取林火抑制措施，而同时又利用林火来实现管理目标，促进生态系统长期健康和更具弹性。

(摘译自：Forest Service Chief cites restoration, jobs and wildfire in Senate budget testimony)

## 联合国欧洲经济委员：
## 森林对欧洲经济区经济发展多方面贡献
## 强调重视森林的正向外部性

2013年3月，联合国欧洲经济委员会(UNECE)发布了《森林与经济发展：欧洲经济委员会区域绿色经济的驱动力》(*Forest and Economic Development: A Driver for the Green Economy in the ECE Region*)。报告评述了森林对欧洲经济委员会(ECE)区域经济发展贡献的许多方面，并基于ECE和联合国粮农组织

(FAO)的最新研究成果，分析了该区域林业部门面临的主要挑战和前景。

## 森林对 ECE 区域经济发展的多方面贡献

报告阐述了林业部门在 ECE 地区经济发展方面所起的重要作用，而这一作用在以往传统的经济分析中常常被研究者们所低估，尤其忽略了其正向外部性。报告主要有如下结论，承认森林的诸多方面贡献。

(1)ECE 地区林业部门的经济贡献约3000 亿美元，占地区 GDP 的近1%，少数国家这一份额达到了 3%~6%。

(2)林业部门有近 540 万工作人员，约占经济活动人口的 1%。这不包括工作在其他部门但又依托于林业部门的许多人。由于生产率的提高，林业和木材加工等行业的工作人员已经出现持续的减少。

(3)ECE 地区的居民除了每年 0.25 立方米直接取材于森林的能源木材，年人均林产品消费量约 1 立方米，木材产量远低于整个地区森林的自然潜能，因此自然物质资本稳步增长。

(4)目前基本上没有木材的损耗现象，该行业已实现了几乎所有木材、工业残余、废纸及回收木材的良好利用。景观林(如城市森林、果园、行道树等)和回收木材(如托盘、拆除木)正在成为原料和燃料的重要来源。

(5)在日益复杂、竞争激烈的全球林产品市场中，ECE 地区的三个部分都是净出口国，其出口的木材产品的价值约2500 亿美元，其中大部分出口目的地是区域内的国家。

(6)ECE 地区林业部门提供了广泛的非木材产品及服务，但其中大多被低估，不被重视或没有推向市场。包括碳封存、环境保护、生物多样性功能以及娱乐在内的森林的一些主要功能未能得到重视，其根源在于对重要政策的扭曲。

(7)森林的公共资金支出难以估计但却尤为重要：据估计，欧洲平均为 32 美元/公顷(国家间差异很大)、美国为 19 美元/公顷，俄罗斯为 1 美元/公顷。这其中包括管理成本、转移支付、管理公有森林的净支出和收益，以及对森林所有权的特殊性的财政补贴。

(8)金融机构开始在严格管理的木材生产林区进行重点投资，尤其是北美地区。

## ECE 区域林业发展面临的挑战

基于最近出版的 ECE/FAO 关于欧洲、北美及俄罗斯的展望研究，报告还分析了 ECE 地区在森林和经济共同发展方面可能面临的挑战。

(1)显著增加木材能源的供给是可能的。然而这需要更有力的政策和财政方面的投入以确保木材供应的调度，此外，在现有条件下，这一做法会给木板、木浆制造商尤其是生物多样性带来负面影响。但是这些负面影响可以通过供应小尺寸的木材能源的方式来实现消除，并且可以提高生物多样性。

(2)从木材供给的角度来看，研究中所有前景的考虑是可持续的。随着需求的不断增加，可以预见未来木材产量将增加。同时研究还指出了来自气候变化、火灾、虫害、病原体以及城市扩张等对森林的威胁。

(3)林业工作依然充满危险、工作条件差、社会地位低。要使林业工人能够有一份“体面的绿色职业”，更应该改善安全健康的环境、提供更高的报酬和更好的工作条件以及更高的社会地位，以吸引年轻有为的技术人员从事林业工作。

(4)生态系统服务付费(Payment for Ecosystem Services，PES)是一个新颖的、具有潜在变革性的概念，尽管它不是一个适应各种情形的优先选择，但它可以产生大量的税收并且可以减轻政策扭曲现象。从理论到实践的转变，需要相当大的政治意愿的投入，以提供必要的支持性框架和主要资金的承诺。然而，这一理论对效益和方法的关注体现在，以低于传统的粗略补贴方案的支出达到计划的目标，此外，支出应更公平地在普通纳税人和该项服务的受益者之间分配，透明度和公众的理解也将得益于PES。

(5)在林业产业、市场以及管理方面，还有很大的潜力去实现更多的创新，从而提升该产业部门的竞争力。然而，在林业部门一项真正创新文化观念的发展需要该部门众多参与者观念的根本性改变，以及来自社会和产业部门政策的整体支持。可持续观念是目前ECE地区林业部门奉行已久的理念，新的创新精神理应不能去违背和破坏这一点。

(6)自1992年里约环境与发展会议后，通过认证、跟踪监察、制定标准指标、打击非法伐木的市场措施以及参与国家林业项目等手段对林业部门实行监管，该地区已在透明度和循证决策方面取得了巨大的进步。目前的挑战就是保持这个进程、合理使用公共资金实现特定的政策目标、与其他部门交流经验并借鉴学习、提升交流对话、应对该产业部门在ECE地区及其它地区所面临的重要挑战。

(摘自《科学研究动态监测快报》，2013－05－07)

# 美国林务局局长陈述该局森林管理面临的挑战和机遇

6月25日，美国林务局局长Tom Tidwell在向美国参议院能源和自然资源委员会(the Senate Committee on Energy and Natural Resources)提交的证词(testimony)中，分析林务局森林管理努力面临的机遇和挑战。他说道：“为了所有美国人的利益，我们必须管理和恢复更多的森林，减少灾难性林火威胁、消灭病虫害、恢复森林生态健康。我们知道，假如没有建立起一个强有力的综合性林产品产业，可以充分利用树木的所有部分帮助我们完成森林恢复工作，我们将无法实现这一切。”

美国大陆超过40%的土地处于中度或严重干旱状态，这些地方中有4%的区域处于极度干旱状态。病虫害已经削弱了美国森林的弹性，预计约8000万英亩(折合3238.9万公顷)的树木面临枯死的严重风险。

林务局继续探索新的和现有的管理工具，使其变得更加高效。2012年2月，林务局概述了一份战略，即通过更有效地执行现有的项目和政策，以及推行新的举措，在大型景观上增加森林恢复活动。通过这些努力，2012年，林务局木材销量达2.6亿板英尺(board foot)，超额完成了一些恢复目标，如将九个流域的状况提升到状态改良级(improved condition class)、拆除2103英里(折合3365公里)的林道、恢复或提高3704英里(折合5926公里)的河流栖息地。

恢复美国国有林的健康和弹性产生许多价值。例如，通过在国有森林和草地上实施共同恢复森林景观项目(Collaborative Forest Landscape Restoration Program)，维持了4174份工作岗位，2012年产生了超过1.47亿美元的工资收入。

林务局根据《国家环境保护法案》(*National Environmental Protection Act*)正在进行环境评估，提高了效率帮助节约了成本。这一进程产生的改良将导致更加快捷和更大景观层面的实地恢复。例如，布莱克山国家森林公园(Black Hills National Forest)的山松蠹虫响应项目(Mountain Pine Beetle Response Project)，正在一个面积为20万英亩(折合8.1万公顷)的区域实施景观尺度的适应性方法(landscape-scale adaptive approach)，阻止目前和未来山松蠹虫的爆发。自从2012年12月签署决定以来，该片森林进行了一次木材销售，2013年计划销售两次。明年的销售也已明确，附带计划在随后几年治理现有和新近大规模出现蠹虫的地区。这一决定给予现有的和新的受侵扰森林更大的灵活性，采取及时和战略性的治理方式。所有的这些努力都致力于积极有效地保护国家自然资源，并提供工作岗位。

林务局为减少木材销售成本，正在评估其木材销售准备的业务操作实践，特别是如何指定采伐木材以及商品材材积。虽然木材销售(timber sales)是林务局森林恢复服务工作的中流砥柱，Tidwell 告诉参议院能源和自然资源委员会，管理承包合约(stewardship contracting)是另一个重要管理工具，它允许林务局更有效地完成森林恢复活动。

对管理承包合约永久授权以及扩大该工具的使用，有助于政府以低成本恢复景观。2012 年，大约 25% 的木材销量由管理承包合约完成。管理承包合约监管当局允许林务局资助改善流域和野生动物栖息地的项目、资助抵御外来物种入侵项目以及资助林道拆除和减少危险可燃物的活动。

由于住房市场的衰退和低迷，林务局继续寻找办法支持地方基础设施。在过去的 17 年里，林务局增加了木材销售，从 1995 年的 1.8 亿美元，到 2012 年的 3.35 亿美元。林务局通过价格调整和合同延期提供木材销售合同救济，并继续以反映市场价值的较低价格出售木材。工业部门继续以这种低价购买林务局的木材，为它们比较这些低价木材和以前的高价木材，提供更多的灵活性。

木质能源项目通过提供木质生物质的生产利用，促进木材采伐更加经济可行。农业部的木质能源倡议将林务局和农业部的农村发展结合起来，扩大可再生木材能源使用方案，从全国各地的农村社区、学校、医院到国民警卫队设施。

2012 年林务局完成了大量的抚育和木材采伐。2013 年，林务局的预算被削减。因此，需下调抚育任务量和木材采伐量。除了预算减少，林务局面临的防火任务也较重。灭火费用大量增加，消耗了近一半的预算。林务局内的人员编制发生了变化，以反映增加灭火的努力。1998 年以来，林务局内防火工作人员从 1998 年的 5700 人增加到 2012 年的超过 12000 人。而同期，国有林和草地的管理人员从 1998 年的 17000 人下降为 2012 年的 11000 人。

(摘译自：Forest Service Chief Cites Conservation Opportunities, Challenges in Senate Hearing)

# 英国“林业科技创新战略”关注生态系统健康和弹性、林地面积增加和管理以及支持经济增长的林业可持续效益

7月11日，英国林业委员会针对《大不列颠林业科技和创新战略(草案)》(*Science and Innovation Strategy for Forestry in Great Britain*)开展公众咨询活动。该战略(草案)期望实现三个主要目标。

## (一)科技研究将提供证据基础，证明健康和富有弹性的森林生态系统为社会的福利

具体包括6项科技活动：①加强水平扫描(horizon scanning，也译为侦测扫描)，提前预知病虫害威胁。②分析掌握森林类型和物种的性质、状况和分布，包括其造林、生态、生长和产量的情况，探索未来的机遇和威胁；③加强森林管理确保森林远离健康威胁，通过森林经营实践和林木育种方法，确定未来抗病害(future proofed)树种，掌握它们的育林技术、生长周期和木材质量。④评估林地在景观和生态系统服务两个层面的价值时，需更多地考虑生态系统提供的“一揽子”服务，如减缓洪水和气候变化以及树木的景观效果。⑤林地适应气候变化和增强弹性的科技评估方法，应参照目前气候条件与英国未来气候条件相似的地区，关注有效应对气候变化的林分组成(品种、起源、多样性和生态群落稳定性)和经营系统(育林和再生系统)。⑥保持或提高林地的生物多样性，尽可能阻止物种减少，同时重视长期干预的可持续性。考虑新的本土树种及物种的价值，确保林分组成和森林经营管理，帮助原生森林生态系统在现在和未来都具有更强的弹性。

## (二)加强林地管理，促进林地面积增加

科技研究应提供证据基础，让大家认识到森林为社会提供的效益。加强科技研究成果应用，把增加林地面积作为促进综合性可持续土地管理的一个手段。科技创新应支持林地在水土保持、保护生物多样性方面发挥作用。在许多景观管理方法中，增加林地面积已成为促进国家生态社会经济效益的有效方法。增加林地面积主要通过以下四方面的具体途径：①在生产力较高和经济可持续的农村区域，大力支持绿色增长，主要包括增加自然资本、减少温室气体排放、用木材和木质燃料替代高碳密度产品、增加碳汇活动。②建设民众和社区重视的绿色空间，提供更多的休闲、健康场所，增强农村和城市景观建设。③恢复受干扰的栖息地，发展栖息地网络，建设新的原生和非

原生林地，以适应气候变化。④提供生态系统服务管理，如流域可持续管理、保护土壤和干净的水资源。

为加强林地管理并增加林地面积，科技创新需在 7 个方面发挥作用：①研究科学方法(包括人为干预和改良的再生技术)，以成功增加英国林地覆盖，以及增加经森林经营计划(如英国林委会的标准)认证的林地。②加深人类对森林管理的认识，包括森林文化、社区林地所有权和治理，以及人类与野生动物共存的方法。③计量分析新增林地的地点、规模、物理效应对生态系统服务(如改善水质、保持水土、扶贫和碳储存)的影响，并将不同林地类型与现有不同类型的土地利用(效益)进行比较。④开发科技工具，帮助林业经理人选择最具生态系统服务综合效益的地区，增加林地面积。⑤为解决森林碎片化和土地利用连接问题提供参考建议。⑥开展综合性和跨学科的社会研究，研究土地所有者和森林经理人在改变土地利用方式进行可持续经营的驱动因素。⑦开展研究，以更好地了解林业劳动力的性质，尤其是未来几十年林业劳动力配置问题，并为未来预计扩大的木材生产和林业产业提供支撑。

### (三)科技战略应确保林业产生可持续效益，支持经济增长

林业应支持欣欣向荣且可持续的农村经济、确保林业在实现低碳经济道路上发挥重要作用、为决策提供更有效的依据。为实现林业可持续发展并推动经济增长，科技创新需在 4 个方面发挥作用：①优化木材生长、恢复和利用的相关研究，支持林业产业。建立永久性样地网络(network of permanent sample plots)，并采用可产生多种环境和经济效益的森林经营办法，调查替代性造林系统、树木更新和培育新树种的潜力。②找到提高木材价值链的方法。尤其是聚焦树木遗传育种技术，改良木材产品属性。③建设森林生态系统服务市场，支持经济增长，并调节生态系统退化风险。科技研究应聚焦于理解农村和城市生态系统服务的(文化、社会、环境和经济)价值，并设计评估和付费机制，以及设计自然资本核算系统。④设计汇聚多学科观点的决策工具，如评估碳和木材生产，为不同的经营选项设计情景方案，包括纳入可持续能源生产政策的情景。

(摘译自：Consultation launched on draft review of forestry science and innovation strategy、science and innovation strategy for forestry in Great Britain)

# 联合国粮农组织发布改进林权治理的工具书

2013 年 9 月 10 日，联合国粮农组织发布《改进林权治理的实践指南》(*Improving governance of forest tenure*: *A practical guide*)工具书。发布该书的背景是，粮农组织认为，目前，森林和树木的决策权往往掌握在不该持有产权的人手上，或者决策水平低下。森林所有者可能是需要森林并管护森林的人，也可能是破坏森林没有顾及他人福祉的人。总之，森林产权由权力决定，并没有正式的产权约束。本指南旨在激励和促进那些想要尝试改善权力并用来为森林服务的人，它描述了如何利用实用工具塑造森林良治。

该报告指出，全球各大洲林权治理形势不同，但面临着五个共同的核心问题：一是角色、职责和权利往往不明晰或不安全，这可以激化冲突；二是对边缘人群特别是妇女，林权分配的不公正和排斥现象较为严重；三是习惯权和土著人权利得到了承认，但还没有在政策和法律中得到正式明确和使用；四是林权持有人在行使林权权利、管理森林资源以及利用资源维持生计方面，都显得能力不足；五是政府机构在支持林权持有者以及改进法规方面，也显得能力不足。

这本工具书的内容包括四部分：一是理解林权的工具手册。主要有评估生物物理资源基础、理解森林产品和服务在生计支撑中的地位、认识目前和历史的林权制度安排并认识到对林权的竞争申张(competing claims)、掌握政治和体制环境、界定改变的机会。二是组织工具。包括增强社区的参与能力、构建负责任的公共部门、组织私营部门以公平和包容性方式参与、构建或增强联盟、网络和联合会。三是参与工具。包括支持民间社会运用证据、主张、宣传和谈判、运行有效的协商，参与多方利益协调过程。四是保障工具。包括监测和评价、问责制和透明度、申诉机制、争议解决及律师援助支持、诉诸法院或更高级别的政府。

(摘译自：Improving governance of forest tenure：A practical guide)

# 澳大利亚农业、渔业和林业部发布科技战略（2013～2018）：促进农渔林业资源可持续利用、提高生产力和推动市场发展

2013年8月14日，澳大利亚农业、渔业和林业部(DAFF)发布科技战略(DAFF Science Strategy)，强调澳大利亚加强科学技术，把握发展机遇，增强科学对制定政策的重要作用，运用科学决策促进自然资源可持续利用、提高生产力、推动市场发展。该战略为期五年(2013～2018)，侧重于生物物理科学，同时结合社会科学和经济学，内容涵盖科学方法、科学知识和技术，为农渔林业政策发展提供科学依据。

该战略的主要内容如下：①建立一个科学的领导小组，有效管理农渔林业的自然资源并指导科学投资，以实现可持续发展；②建立一个积极运行的科学信息网络，实现资源、数据、信息、知识及经验的及时共享，提高DAFF获取数据、共享数据的实践水平，及对潜在数据的使用效率，同时增强DAFF科学信息的透明度；③建立一个有效的信息研究交流机制，提高DAFF在解决农渔林业争端问题上的地位和可信度；④指导农渔林业的资源、生产力和市场的发展方向与目标，推动创新机制；⑤促进DAFF与外部科学资源的互动，减少获取专业知识的投入，建立与外部科学资源合作的长效机制，实现利益最大化；⑥提供科学的劳动力计划，参考其他科学管理机构适当提高从事农渔林业的科学工作者的工资待遇，保证其不间断地提供有价值的专业技术知识；⑦组织年度科学信息交流会，加强DAFF内部及与其他部门的沟通，为DAFF提供展示其科学严谨性的平台，推动有关重要决议的信息交流与合作，保证农渔林业科学决策的质量并促其与时俱进的发展。

该战略的行动时间表是：①2013年完成六项工作，即发布科技战略、建立一个科技领导小组、农渔林部投资计划向科学技术倾斜、农渔林部人力资源计划向科学技术倾斜、农渔林部通讯和宣传计划向科学技术倾斜、制订计划确保农渔林部科学工作获得必要工具；②2014年完成三项工作，即建立科技网分享信息、增强能力并向科技领导小组反馈信息、启动首届科学技术交流大会、向部行政管理委员会报告科学能力战略政策方向；③2015年完成三项工作，即每年举办一次科学交流大会、每两年一次向部行政管理委员会报

告农渔林部科技状态、继续推进科技网和信息分享门户网站建设。

（摘译自：DAFF Science Strategy）

## 美国农业部发布美国第一份混农林业发展报告

2013 年 10 月 28 日，美国农业部长 Tom Vilsack 发布第一份关于农业部推进混农林业工作的报告，指出混农林业实践可帮助农民、牧场主和林主提高生产力、保护环境和增加利润。Tom Vilsack 说："目前，农业部将其预算的 1% 用于支持基于树木的生产实践(tree-based practices)。投资规模虽小，但能产生温室气体减排以及促进土地具有生态恢复弹性，还能促进增收和吸纳就业。"

混农林业将农业和林业充分结合起来，促进形成土地可持续利用模式。在过去五年，农业部向土地所有者提供资金和技术，建立约 33.6 万英亩(折合 13.44 万公顷)防风林、河岸植被缓冲带与田篱间作①(alley cropping)，2000 英亩的农业、林业及畜牧业复合系统，约 500 英亩的林下养殖。

Tom Vilsack 说："混农林业还能在城市地区提供效益。其可改善野生动物栖息地，减轻异味和灰尘运动，形成隔音屏障，作为过滤器帮助保持清洁水。"

美国农业部自然保护局的官员指出，下一步将推进土地所有者、农场主、林主之间针对混农林业的全国对话，通过本报告，向大家证实混农林业的效果，目的是促进大家在正确的地点种植植被，促进土地可持续经营。

（摘译自：Secretary Vilsack Highlights First-Ever Report on USDA Efforts to Expand Agroforestry Practices on Farms, Ranches and Woodlands）

① 为减少水土流失，每隔 4～6 米种植速生树种形成田篱，田篱之间种植一般农作物。

# 欧洲森林研究所分析欧洲森林治理改革新路子

欧洲森林研究所(EFI)是设在芬兰的国际研究机构，由来自36个国家的100多个成员单位构成，主要为欧洲林业决策服务。2013年11月29日，该机构发布题为《欧洲森林治理：攸关问题和未来之路》(*European Forest Governance: Issues at Stake and the Way Forward*)的研究报告，分析欧洲森林治理存在的问题和治理改革的创新路子。现将该报告对欧洲森林治理现状和原因，以及治理改革的建议编译整理如下：

## 一、欧洲森林及其治理现状

该报告指出，欧洲森林既成为可持续发展的基础，2011年吸纳就业人员313.8万人，覆盖率达到32.2%(表1)，但同时欧洲森林也面临许多不断增长的需求，如提供木材、应对气候变化、保护生物多样性等。欧洲提供木材的森林面积达到1.69亿公顷，生物多样性保护区森林面积占欧洲陆地面积达9.6%(俄罗斯除外)。满足这些需求导致森林治理的协调和连贯出现问题。如一方面为了保护生物多样性、增加碳汇，必须减少木材商品林面积，另一方面欧洲对木材的需求仍在增加，如何权衡处理好二者之间的关系；还有，在成员国、区域层面，如何权衡决策森林生态系统服务如水提供、旅游休闲，与生物质生产之间的关系。

涉及欧洲森林管理的法律和政策，面临的形势和利益关系复杂，增加了森林治理改革的难度。

从法律角度看，森林部门专门的及相关的法规有：农产品和基于森林的产业的贸易法规(如遗传资源法规、欧盟木材法规、WTO法规)；生态系统、生物多样性和可持续法规(如鸟类指令、栖息地指令、水框架指令)；气候变化和可再生能源法规(如欧盟排放贸易计划、生物质行动计划)。目前，主要趋势是森林已从关注农业和贸易，转向生物多样性、气候变化和能源。欧盟正在针对森林跨领域的法规治理问题，研究共同的准则，以建立合适的框架。目前森林法律治理多倾向采取具有法律约束力的模式，避免便于修订的非法律约束力模式，但是法律约束力的文件，如环境协议的一些条文很模糊，也难以修订，因而很难让成员国作出新承诺。另一方面，虽然是具有约束力的文件，成员国也有很大的自由裁量权。而且必须注意到的新趋势是，政策工具领域正从传统的依靠法规治理模式转向基于市场的合作模式。新工具包括自愿信息工具(包括生态标签)、自我承诺，以及在不同利益群体之间订立的自愿协议。还有金融支持机制，援助项目和监测也能产生法规管理效果。森林法规治理的挑战，并不仅仅只是建立适合的法规，还在于赋予适当的义务：如果法规过于严格，可能使缔约方避免承担义务，如果义务过于宽松，缔约方能较好守约，但是法规产生的效果不佳。

从政策角度看，目前森林治理存在的不足有：①国际森林政策。目前，国际森林政策通过三种形式影响欧洲，即全球规范和话语、市场的统一和认证、以及来自各机构的国际“森林大使”。但从另一方面看，欧洲对国际森林政策影响力不足，欧洲内部森林治理能力不足反映在国际森林定位无效，欧洲对国际森林政策的影响，主要通过成员国而不是欧盟。全球森林治理的规范、标准和思想更多地被其他国家影响。②欧盟层面森林相关政策。欧盟层面涉及林业的政策领域有农业和农村政策、环境政策、气候变化政策、能源政策、产业和贸易政策、研究和技术开发政策、植物健康和保护政策，以及合作开发政策等。这些政策对如何管理森林有时存在相互矛盾的做法，相互竞争，需要权衡协调。目前来看，缺乏有效的协调机制。欧盟林业部门的政策(森林战略和森林行动计划)的目标是实现跨部门协调。但由于是自愿机制，协调效果有限。总的说，协调和设置优先领域，并为这两个方面制定适合的政策，是欧洲森林政策治理面临的主要挑战。

从机构角度看，目前建立的常设林业委员会和跨部门森林服务小组(Inter-Service Group for Forests)是有效决策的成功典范。另外，也在欧盟层面和成员国层面成立了与森林有关的论坛，但是常设林业委员会的协调机制主要是信息分享而不是政策协调。欧洲缺少综合性林业政策的根源在于，很多理事部门(Directorate Generals，DGs)都有自己的立法建议权。反映出欧洲理事会缺乏政治领导力，难以促进更深入的林业部门政策工具。跨部门参与仍然只保留在信息分享和协商的层面。难以实现对其他部门产生影响，或者接受更广泛的观点。欧洲倡导推进更多利益方参与决策，但是目前相关进程都做得不够。

**表1 2011年欧洲林业部门数据**(俄罗斯除外)

| | 北部 | 中西部 | 中东部 | 西南部 | 东南部 | 合计 |
|---|---|---|---|---|---|---|
| 森林面积(百万公顷) | 69.3 | 36.9 | 43.9 | 30.8 | 29.9 | 210.8 |
| 森林覆盖率(%) | 52.1 | 26.4 | 26.8 | 34.8 | 23.1 | 32.2 |
| 提供木材的森林面积(百万公顷) | 54.5 | 34.4 | 33.9 | 24.8 | 21.3 | 168.9 |
| 立木蓄积(立方米/公顷) | 117 | 227 | 237 | 81 | 140 | 155 |
| 活生物质碳储量(百万吨) | 3115 | 3410 | 3988 | 1082 | 2038 | 13632 |

（续）

| | 北部 | 中西部 | 中东部 | 西南部 | 东南部 | 合计 |
|---|---|---|---|---|---|---|
| 生物多样性保护区的森林面积占欧洲土地(%) | 6.6 | 10.4 | 3.5 | 23.3 | 5.5 | 9.6 |
| 景观保护区的森林面积占欧洲土地(%) | 2.3 | 26.2 | 12.3 | 6.0 | 0.8 | 8.6 |
| 水土及其他生态系统服务保护区的森林面积占欧洲土地(%) | 16.3 | 17.7 | 20.8 | 37.6 | 6.7 | 19.2 |
| 销售原木的价值（亿欧元） | 49.79 | 79.41 | 25.96 | 7.03 | 15.24 | 177.43 |
| 林业占 GDP(%) | 2.2 | 0.8 | 1.6 | 0.8 | 0.7 | 1 |
| 林业部门员工（万人） | 34.6 | 92.5 | 87.9 | 58.2 | 40.6 | 313.8 |

## 二、欧洲森林治理的不足之处

该报告指出，目前，欧洲林业政策制定者对下述四个欧洲森林治理弊端表示关切：

一是林业部门法律能力(legal competence)基础薄弱。主要指的是在欧盟运行框架条约等基础性法律中，没有涉及综合性的森林条约。尽管目前存在一些与森林相关的法律条约，但还不足以保证森林政策之间的协调和连贯。二是林业部门被其他部门过度影响(overrule)。由于法律能力基础薄弱，森林相关的法律行动，主要地并正在越来越多地由森林外的部门具体政策来实施。特别是由于缺乏管制森林可持续经营的法律约束工具，行业外的其他部门人员正积极参与森林决策。另外，一些成员国特别是欧洲南部国家，林业部门的政治影响力非常薄弱，加剧了其它部门的干扰。三是林业政策缺乏协调和连贯(coordination and coherence)。林业部门的政策目标不断增加。一些关注自然保护，一些关注气候变化，还有一些关注生物质能源生产等。在增加政策目标的同时，政策之间的协调和连贯出现了问题。四是政策目标的前后矛盾(inconsistency)。

## 三、欧洲森林治理改革新路子

该报告分析了欧洲森林治理面临的政策不协调、政策目标前后矛盾等挑战，提出了改革建议，现将建议的重点内容整理如下：

一是在欧盟运行条约(里斯本条约)中增加森林章节，增强欧盟层面关于林业的法律能力(competence)。目前，里斯本条约中没有提到森林，森林的法律能力来自其他政策领域，如贸易、农业、环境或能源，林业部门被其他部门削弱，欧盟也被成员国削弱。最为明显的是，林业政策被其他贸易、农业等政策割裂，导致林业政策破碎化。将森林纳入里斯本条约，既增强林业部门自身的立法、执法权，又增强欧盟与成员国之间的政策协调和连贯。

二是以水框架指令的形式，制定森林框架指令，增强林业政策的执行力。目前，欧洲关于林业的目标并非是相互兼容的，如到2020年停止生物多样性损失、利用森林增加森林碳汇，以及利用森林生产能源，很难把这些目标纳入同一个框架下。当务之急，需正确处理好森林利用与欧盟综合平衡可持续发展之间的关系。为了避免欧盟、成员国之间存在的可能侵权程序，应建立灵活的实施框架指令，协调各国政策目标。这样做，也有利于把地方参与者更多地纳入进来。

三是在公民社会层面，要增强软模式治理(soft modes)，即增强民间论坛、合作治理等新形式。要增强欧洲林业政策的参与性，可采取民间论坛、微型公众(mini publics)，让更多的民众加入进来。特别重要的是，根据里斯本条约的公民动议(Citizens' Initiative)原则，公民可以要求欧委会启动立法。

四是在地方层面，坚持包容性增长，增强合作政策对话和景观方法(landscape approach)，协调处理好森林政策实施中竞争性目标之间的管理。主要指的是多方和多部门参与的办法，它通过增强利益相关者在景观政策和规划中的参与，整合各部门的思想和利益。Axelsson(2009)定义了景观方法的五大核心特征：一个地理区域、利益相关者之间的合作、各方都致力于可持续发展、知识生产、共享知识和经验。景观方法由世界自然保护联盟首先提出，其核心思想是包容性增长，自然保护要与农业和水资源管理等包容发展。欧洲目前执行较好的一个景观方案案例是水框架指令，森林可参照进行改革。水框架指令要求，在各种利益复杂存在的流域地区，成员国必须严肃、认真地在水管理规划和计划中执行参与式设计过程。

（摘译自：European Forest Governance：Issues at Stake and the Way Forward）

## 美国农业部：
## 林务局保护项目极大改善环境和经济
## 农业部推出创新措施增强保护项目

2013年12月4日，美国农业部长Tom Vilsack指出，自2009年以来，通过农场法案支持，农业部与超过50多万个农户、土地所有者合作，开展了大量的环境保护项目，保护项目增强了户外旅游休闲(outdoor recreation)，对国家经济增加约6400亿美元。其中，林务局的两大项目产生了巨大的环境和经济效益：①开展了23个“森林联合恢复项目”(Collaborative Forest Restoration Projects)，抚育、采伐了50万英亩(折合20.24万公顷)林地上的木材，这些项目一方面减少了林火，一方面促进了农村经济；②林务局自2009年以来售出了超过1030万板英尺的木材，以及为确保现代林业管理，美国农业部公布并实施了新的规划规则，既增强森林管护和恢复，又创造就业机会。

为了加强保护项目，农业部已着手几项重大创新，比较显著的有三项：一是快速碳评估(Rapid Carbon Assessment)。2013年发布了快速碳评估指南，支持保护者计算碳量，并发布了COMET-FARM™实用工具，使农户、土地所有者等可以方便地计算碳储量。二是建立气候中心(Climate Hubs)。当地的气候中心，帮助农户分析判断气候挑战，并为他们减缓和适应气候变化提供支持。三是加强生态系统服务市场。农业部已支持创建水质交易市场(water quality trading markets)。并正在促进建立农林经营土地野生动物倡议(working lands for wildlife initiative)，帮助农户等积极保护处于减少趋势的野生物种。

(摘译自：FACT SHEET：The Tremendous Impact of Farm Bill Programs on Our Environment and Our Economy)

## 秘鲁开展林业部门法律、机构和预算改革

据世界林业研究中心官方网站2013年11月底的消息，秘鲁为承办2014年气候公约第20次缔约方大会，正针对其林业部门进行法律和机构改革。该篇报道首先简要介绍秘鲁推进林业改革的背景，其次介绍改革的主要内容。

(1)改革的主要背景是应对气候变化及气候公约大会对秘鲁林业管理的挑战，借会议窗口效应展示秘鲁REDD+成效，推动REDD+资金机制解决方案。秘鲁总统指出明年的气候公约大会是事关秘鲁“国家利益”的大事。2014年年底将在利马举行的会议，可能会形成关系各国利益的“2015协议文本的草案”。为了成功推进这次会议，秘鲁一方面既重视谈判，另一方面非常重视加强国家应对气候变化。这次会议对秘鲁管理亚马孙森林提出了挑战。秘鲁专家认为，会议也是展示秘鲁建设REDD+国家框架、碳计量监测成果的良好窗口，可以更好地促使出资国供资。

(2)秘鲁林业改革的主要内容。秘鲁国家森林保护计划负责人Gustavo Suarez de Freitas 指出，改革最重要的是简化 REDD + 程序，同时产生有效成果。他说到："我们正在林业部门进行制度设计改革，包括制定新的法律、建立新的机构和创新被称为'SINAFOR 的'新的森林服务。"SINAFOR 指的是国家森林管理系统。其显著特征是协调所有的政府部长和政府机构，直接或间接地参与森林管理。改革涉及的相关法律条款将纳入"关于森林和森林野生动物的法律"中，该法于 2011 年通过，但必须在其相关实施条例制定后才能生效。2013 年 10 月 11 日，秘鲁环境部发布了关于该法的草案法规以及政府机构、民间社会和地方政府的意见。改革还将涉及森林部门的预算和支付方式，特别是与 REDD + 有关的基于结果的支付方式。Gustavo Suarez de Freitas 说："将建立一种基于结果的预算方式，并纳入所有作出更好长期规划的机构"。

（摘译自：Peru reforms forest sector as it prepares to host next year's COP）

## 联合国粮农组织敦促决策者建设林业生产者组织

2013 年 11 月 25 日，联合国粮农组织在中国桂林举行的森林生产者组织国际会议上指出，加强森林生产者组织建设，可帮助小农减少贫困、改善生计和确保可持续收入。参加生产者组织可以使个体农户获得更多进入市场的机会，增强议价能力，获得基本市场信息，在政策制定上享有发言权，而且还有助于提高其创业技能。

### 作用大多被低估

数亿人的生计依赖森林。除此之外，森林生产者组织还从事木材、非木材产品、手工艺品和药用植物的生产。然而，它们尚未像农业领域的同类组织那样普遍或得到广泛认可。

粮农组织林业部助理总干事爱德华多·罗哈斯·布里亚莱斯说："大多数森林生产者组织缺少资金，得不到适当的重视。组织有序的团体能够帮助其成员提高议价能力和获得贷款。规模较大的团体可以为其成员利益进行游说并影响决策。此外，通过森林生产者组织，小规模经营者也能够促进森林的可持续管理。政策制定者应该进一步认识这些积极因素，支持建立这样的组织。"

### 农场与森林

农民，尤其是土著居民、小生产者、妇女和家庭农民，也从森林经营中受益，因为它使收入来源多样化，消除了作物单一种植带来的潜在风险。

“鉴于气候变化造成的风险日益增加，对生计活动多元化提供支持将使农民受益，”森林和农场基金主任杰弗里·坎贝尔说。该基金是粮农组织、国际环境与发展研究所和自然保护国际联盟之间建立的一项伙伴关系。“严重干旱可能会毁坏庄稼，但某些类型的森林则具有更强的抵御和承受干旱的能力，在促进粮食安全的同时，生产一系列其它重要产品，”他补充说。

### 保障林权

如果给予当地居民明确、公平和透明的森林经营权，使他们从中获得经济利益，他们就更有可能进行林业所需的长期投资。此外，如果当地居民确信这种权利是有保障的，他们便会在传统基础上，保持和加大对森林的保护力度。

粮农组织强调，妇女应享有作为生产者、受益人和决策者的平等权利。如果情况不是这样，森林生产者组织则可以为改变这一状况进行游说并发挥重要作用。

### 数字的力量——成功的故事

粮农组织在会议上发布一份新的报告，介绍了森林生产者组织的一系列成功案例。

在中国，一个笋竹合作社从其成员手里购买竹笋、水果和蔬菜、蘑菇等进行加工、存储，运输和出售，并已经创建了品牌。通过合作社，成员能够有更多机会获得贷款。

在危地马拉，植树者团体已经不再通过中间商，因为直到最近，大部分利润被中间商拿走。现在，他们与大公司直接打交道，增加了销售收益。

在纳米比亚，马鲁拉树生产者团体也与制造商建立了联系。马鲁拉果实中的果仁营养丰富，而且含油量高，可用来烹饪和生产护肤品。纳米比亚大多数农村妇女的生计主要依靠采伐和加工这类地方产品。现在，她们可以为几个大型化妆品生产商供货，而且政府的支持推动了国内马鲁拉油市场的发展。

（摘自：联合国粮农组织中文网）

# 第五节

# 森林可持续经营

## “泛欧洲森林公约”草案文本取得突破<br>部分国际组织批评文本<br>建议关注森林生态系统整体状态

6月10~14日，“欧洲森林具有法律约束力的政府间谈判委员会”第四次会议在华沙举行，本次会议关于“泛欧洲森林公约”的草案文本针对“欧洲森林开展可持续经营”取得突破性进展。据“欧洲森林具有法律约束力的政府间谈判委员会”网站公布的观点，认为这个文本接近于最终文本(the text is now very close to a final version)，仅存在有限的突出问题需要进一步解决。本次会议于14日休会，将在2013年秋天复会，进一步谈判。

据森林与欧盟资源网络(Forests and the European Union Resource Network, FERN)6月18日的消息，包括地球之友(欧洲)、绿色和平组织等在内的许多NGO对上周的“泛欧洲森林公约”文本进行批评。它们认为草案文本偏向木材生产，没有着重提高欧洲森林生态系统的整体状态。

森林与欧盟资源网络官员Saskia Ozinga说：“条约侧重于可持续森林经营的监管，但并未明确澄清其内容。它并未改善欧洲森林以及保护森林的状态，对森林提供了一个纯粹的经济可持续利用观，忽视了现有法律、政策中反映的社会、环境和文化等方面的管理内容。”欧洲鸟类协会(Birdlife Europe)官员Peri Kourakli说：“欧洲森林保护状态不佳，而文本的文字太一般化，并未针对急需改进的地方。欧洲森林栖息地中，超过 60% 保护状况不佳，只有 5% 的欧洲森林未受到人类干扰。但拟议的公约缺乏解决这一问题的决心。看起来一切就像以往一样，欧洲森林法未作出改变，以履行公约义务，也没有相关工具检查受到的影响”。欧洲地球之友官员 Friedrich Wulf 认为，草案文本缺乏公民参与的相关规则。草案文本偏离保护欧洲森林的需求。

（摘译自：Press release：NGOs reject proposed text of the legally binding agreement on forests）

# 欧洲森林战略新动向：多个组织敦促欧委会尽快发布新战略　就社会效益、气候变化、绿色经济等十大战略点提建议

7 月 18 日，欧洲林主联盟（Confederation of European Forest Owners）等几家森林组织表态，欧盟委员会本应于 2013 年第一季度发布的欧洲森林新战略，却一再推迟，对此表示十分遗憾。欧盟林业和软木咨询集团（EU Advisory Group on Forestry and Cork）主席 Juha Hakkarainen 说：“时间在流逝。进一步延迟提出一个整体连贯的欧洲森林战略，只能导致支离破碎的、矛盾的决定（fragmented and contradictory decisions）。”事实上，欧盟委员会似乎一直在犹豫提出森林和林业战略。欧盟林业和软木咨询集团以及成员国代表敦促欧盟委员会克服最后障碍，发布战略，以供欧洲议会和欧盟理事会审查，但仍未见采取任何行动。欧盟委员会关于欧洲森林新战略的沟通文件（Communication），将更新和取代 1998 年的欧洲森林战略。新战略应考虑森林和林业政策面临的新挑战：气候变化、可再生能源、生物多样性、资源利用效率和绿色经济，并与其他政策建立一个合作框架。此外，新战略也将继续坚持森林可持续经营和多功能经营的理念。现把多家机构敦促欧委会的理由以及它们就社会效益、气候变化、生物质能源等十大战略点提出的建议摘编如下：

## 一、多个组织敦促欧委会尽快发布新战略的两点理由

欧洲林主联盟、欧洲国有林业协会、欧洲木工行业联盟和欧洲纸业联盟 2013 年发布的联合声明（题为《欧洲森林和林业：由欧洲拥有和管理、原料源于欧洲、生产在欧洲、附加值留在欧洲、回收也在欧洲》）认为，有两大理由敦促欧委会尽快发布欧洲森林新战略：一是该战略成为欧洲与森林有关的政

策制定的重要参考；二是以长远的视角，提供一份积极的声明或指导，促进建立一个强有力的框架，以更好地促进和协调欧盟和成员国必要的行动，刺激全林业行业的潜力。

## 二、欧洲制定新的森林战略的主要动因

一是形势巨变的要求。1998 年制定的森林战略主要是促进森林可持续经营，已经不适应目前的形势巨变。需要协同应对新的挑战和发展机遇，如气候变化、生物多样性丧失、原材料和可持续能源的需求、国际贸易、全球化和占有新兴市场。二是森林战略和森林政策促进林业部门更好地满足社会需求。三是要帮助成员国更好地利用欧盟各项基金和科技计划，特别是环境基金和科技基金支持林业。比如欧盟的生活项目(LIFE + programme)(预计2014～2020 提供 34.56 亿欧元，其中气候变化 8.64 亿欧元)、农村发展政策、地平线 2020 科技计划，应该用来支持实现森林产品和服务(forest goods and services)，包括生态系统服务。

## 三、欧洲森林战略和森林行动计划历程

旧版森林战略的制定历程：1995 年欧洲议会环境委员会的托马斯报告就设计欧洲森林政策提出建议；1998 年欧委会发布森林战略沟通文件，后在欧洲议会通过了关于森林战略的决议；2005 年欧委会向欧洲议会和欧盟理事会报告森林战略实施情况；2006 年制定森林行动计划(2006～2011 年)；2011 年进行森林战略评估。

新版森林战略的制定历程：2012 年启动制定新战略，6 月出版报告初稿，7 月举行了成员国和利益相关者研讨会提出最终报告，9 月常设林业委员会提出关于最终报告的建议，10～12 月欧委会准备沟通文件，2013 年第一季度提交欧洲议会和欧盟理事会。

## 四、多个组织关于新战略关注点的十条建议

(1)社会效益(包括维护人类健康等社会效益)。①欧盟森林新战略的制定，应考虑到整个欧盟地区森林所有权的多样性。根据欧盟森林可持续经营战略，森林所有者和经营者不仅是利益相关者，更是森林资源的保护者，即谁拥有(经营)、谁保护。②森林的社会经济效益如生产木材、造纸等对促进欧洲经济增长、提高社会福利水平及带动就业具有重要作用，新战略应注重提高森林的社会经济效益。

(2)森林保护(包括人为和自然灾害)。①新战略应创造更好的条件和更完善的协调机制，预防森林灾害，包括火灾、洪水等自然灾害和人为原因引

起的灾害。②在应对森林灾害时应采取协调一致的有效方式。③新战略还应研究气候变化对森林的影响以便预测各种潜在变化，从而提高森林生态系统的恢复能力。

(3)生态系统服务和生物多样性。①森林经营和生物多样性保护应在有效协调发展与保护二者关系的前提下以多种方式进行。同时，进一步发展并强化一些创新性的保护措施，如自愿性森林保护方案。②森林生态系统具有保护生物多样性、净化水体、涵养水源和保持水土等功能，新战略应成为加强该系统的评估和营销体系的强推动力。

(4)减缓和适应气候变化。①新战略应明确认可森林在应对气候变化中的重要地位和作用。目前欧洲主要通过造林、实施积极的森林可持续经营战略、提高木材的生产和使用量等增加森林资源储备、提高森林资源质量的方式来应对气候变化。②新战略应在国家和地区层面为森林风险管理提供具体行动指南。

(5)绿色经济。建议提出的目的是促进合法、绿色的采伐业，把控林业绿色增值的所有木材链环节，避免资源增值和吸纳就业环节被欧盟外国家占有。具体提出了三点：①新战略应确保欧洲林业产业在其所有价值链条上连续的技术和经济发展，避免生产逐步转移到低成本的国家。为了确保对每一个价值链上(锯材生产、板材生产、纸浆和纸生产、家具、生物质能源以及纤维生产)的原料供给，必须保证欧洲可再生森林资源在欧洲境内被加工成为高附加值产品，决不能在欧洲境外再加工。②森林新战略应明确促进国内木材和木产品生产与供给的持续性和合法性。此外，竞争性的下游产业，精加工木材，生产附加值产品，也是欧洲需要发展的产业。整个林业部门绿色体面工作和收入、农村发展以及持久的经济活力和竞争力的创造和维系，要求主动积极并可持续地经营森林，以及有力促进木材利用。③应通过可持续经营自然资源发展绿色经济。允许合法和可持续的采伐，确保对欧洲林业产业和其他利用者的原料供给。

(6)生物质能源。①支持可持续的、经济可行的生物质能源利用。基于森林的生物质能源是全欧盟可再生能源解决方案的重要组成部分，应鼓励生物质能源以可持续且经济可行的方式进行利用。②新的森林战略应明确认可生物质的可持续生产和组织调用。

(7)森林信息和监测。①进一步推进监测、评估和报告，满足土地利用、土地利用变化和林业(LULUCF)、可再生能源的报告要求。②现有的数据和信息较为丰富，但是关于森林和林业产业的社会经济信息仍较为缺乏，需要更好地编辑和沟通。③新的森林战略应考虑将泛欧洲森林可持续经营标准和指标作为欧盟森林可持续经营数据采集和森林报告的基础，并可根据需要在成员国层面设计森林可持续经营指标。

(8)研究和创新。新的森林战略应促进林业产业更好地利用欧盟科技计划和科技基金，特别是利用好地平线2020框架计划(Horizon 2020)以及有关的欧盟创新伙伴关系。

(9)协调、合作和沟通。新战略应重新调整欧盟和欧委会关于森林的机构部门设置，促进欧委会内部以及欧盟与成员国的沟通、合作，提高欧洲森林专家团体在政策咨询中的作用。

(10)国际和区域支柱。新战略要保持国际合作，特别要借鉴吸收"rio + 20"会议的成果。新战略要有助于推动成员国履行欧洲森林具有法律约束力的协议。

(摘译自：European Commission urged to release the EU Forest Strategy, European forest and forest-based sector on the new EU Forest Strategy Europe's forests and forest industries "Owned and Managed In Europe, Sourced from Europe, Made in Europe, Adding value in Europe, recycled in Europe")

# 森林欧洲发布森林可持续经营标准和指标最终报告　倡议其作为森林监测和报告及国家和欧洲层面决策的工具

7月8日，森林欧洲组织发布题为《欧洲实施可持续森林管理的标准和指标(草案报告)》(*Implementing Criteria and Indicators for Sustainable Forest Management in Europe Draft Report*)的报告。报告提供了利用这些标准和指标在46个国家评估森林可持续经营情况的有效性测试结果，并指出该标准和指标体系在欧洲国家和地区的森林政策制定中占据的地位。报告编制组重要成员Hubert Inhaizer说："这些标准和指标是森林监测和报告，及国家和欧洲层面决策的政策工具"。该套标准和指标体系包括6个标准，35个量化指标及17个定性指标，为森林各利益部门之间的交流协商提供了一个框架，对促进欧洲森林可持续经营具有积极贡献。

测试标准和指标的项目活动包括7个专题：项目经营与宣传；标准和指标的制定与实施；标准与指标的国家评定和报告；巴尔干半岛西部、中欧和东欧以及西欧的区域标准和指标研讨会；泛欧洲标准和指标论坛；最终报告及建议；网络交流平台。最终报告指出标准和指标体系的实施在整个欧洲具有多种形式。虽然该体系由于评估程序缺乏明确的目标和阈值，限制了自身的发展进程，但其实施办法能够支持森林可持续经营的监测与报告，并可提高信息的质量及可获取性，有助于对森林相关信息进行更加深入的理解。

此外，该体系作为一个政策参考框架有利于国家政策的发展和改进，并可通过其内在规范力，使政府在森林可持续经营方面承担着更多的义务。报告还指出，为适应不断变化的现状，标准和指标体系需要进行修订。另外，欧洲森林可持续经营的标准和指标体系发展过程回顾，将于 2013 年 9 月完成。

（摘译自：Implementing Criteria and Indicators For Sustainable Forest Management in Europe Draft Report）

# 世界银行发布“森林和树木行动计划”分析林业投融资新航标

7 月 21 日，世界银行发布征询意见书，希望公众就其 2013 年 5 月公布的《2014～2016 财年可持续景观下的森林和树木行动计划（概念说明）》（*Forests and Trees in a Sustainable Landscapes Action Plan Concept Note*，*FY14－16*）发表评论，评论活动持续进行到 2013 年 9 月 15 日。世行认为，制订行动计划是为了顺应世界形势变化，根据其 2002 年制定的森林战略，进一步调整林业投融资方向，创新金融市场，支持林业发展。世行指出，世界形势已较 2002 年制定森林战略时发生了重大变化，森林行动亟须改进以推进 2002 森林战略，这些重大变化主要有：①世界人口显著增长。2002 至今世界人口增加了 10 亿。②木材需求快速增加。③气候变化对森林健康的维持产生压力。④林业部门在减缓气候变化的行动中尚未产生重大影响。如气候公约目前仅接受项目级机制的森林碳汇、国际最大的碳市场 EU-ETS 不接受森林碳汇项目。

基于上述背景，世行认为，林业投融资以及金融市场应重视以下领域，推动林业新发展。

一是应对气候变化，增强森林和树木固碳，把森林建设为全球公共品。①构建环境服务市场，支持对全球公共品基于结果的支付。世行已成为构建环境服务市场和全球公共品市场的先驱，特别是成为提供生物多样性和森林碳市场的先驱，并一如既往地支持这些领域。目前非常关键的是 REDD＋，已成为全球焦点，这份行动计划介绍了如何通过投融资支持 REDD＋。还要特别关注在国家账户中反映环境服务的价值，尤其要推进财富核算和生态系统服务估值倡议(Wealth Accounting and the Valuation of Ecosystem Services, WAVES)之类的计划。②保护和管理关键的森林栖息地和保护区。

二是为优化森林管理构建社会包容性战略。①支持基于社区的森林保护和管理。促进全球森林向社区分权，有效激励森林保护和管理。②支持有利于促进森林保护和管理中利益公平分享的财产权利改革。

三是减少森林损失和退化。①加强森林可持续经营。本行动计划勾勒出如何实现有效和可持续森林经营的一套实践做法，如根据认证和独立第三方核查认可和批准的森林经营实践，得到了广泛采用。行动计划将大力促进有利于小林主的团体认证(group certification)的应用。支持森林认证的同时，世行还支持森林经营实践如森林清查以及森林火灾和病虫害管理中的公共品提供。②支持有效的政策和机构改革。改进农村景观中森林和树木管理，不仅依赖于政策和法律框架，还依赖于国家机构提供服务的效率。

另外，世行提出了支持私营部门建设人工林减少天然林压力、开发木质能源市场等重点领域。针对开发木质能源市场，世行认为，要加强供应链管理和法律制度建设。它指出，在非洲木质能源市场每年交易价值80亿美元，并产生约700万个就业机会。这些市场很少以可持续供应链的管理模式进行开发，都是不可持续的。改进私营部门参与木质能源市场的政策和法律框架，要从仅为城市生产和提供木质燃料这一不可持续的土地清理模式，转变为可持续的森林和林地管理模式。

(摘译自：World Bank Group Forests and Trees in Sustainablel and Scapes Action Plan, FY14－16, Concept Note)

# 联合国秘书长提出山区可持续发展报告<br>建议山区发展纳入绿色经济战略、<br>减少山区毁林、防治荒漠化

2013年9月，联合国秘书长提出了山区可持续发展报告(SMD)，强调了山区可持续发展在国家和国际层面的重要地位，并分析了其未来将要面临的挑战。该报告是为响应联合国大会的66/205号决议，决议要求联合国秘书长在第68届联合国大会上作山区可持续发展主题报告，阐述可持续原则对于山区发展的重要作用。报告概述了联合国提出的在现有政策体系下如何继续推

进山区可持续发展的建议。

报告中包括一些推动山区可持续发展的国际研究行动：生物多样性保护和山区生态系统维护；山区的气候变化研究；山区的土地退化和荒漠化研究；山区的水流域管理；灾害风险管理；山区的土著居民问题；山区发展问题；山区绿色经济；山区的食品安全与营养；山区的通信、网络和信息共享。

报告中关于推进国际山区可持续发展进程的建议有：努力确保山区发展问题列入区域发展议程中优先考虑的问题；山区发展纳入绿色经济战略；减少毁林应对山区荒漠化；支持山区企业的合作经营，鼓励所有利益相关者的积极参与；在巩固现有发展机制的基础上，推进山区可持续发展机制，包括跨界合作的协调机制、信息共享机制等。

报告中关于山区可持续发展政策方面特别指出：巩固现有的或建立新的国家委员会、机构及机制来加强山区的可持续发展；鼓励将具体的山区发展政策纳入到国家可持续发展战略中；在制定适应并减缓气候变化的战略过程中，考虑山区生态系统的特殊地位；保护日益稀缺的山区资源并实现其可持续利用；支持山区的教育和建设规划；确保山区原住居民的文化、传统及知识得到传承；提高妇女在山区发展规划和决策过程中的地位。同时，该报告包括金融机制、提高公众认识和进行调查研究方面的建议。

（摘译自：Sustainable Mountain Development Report of the Secretary-General）

## 联合国粮农组织倡议推进多用途森林管理

9月17日，联合国粮农组织发布《潮热地区多用途森林管理——森林可持续管理的机遇和挑战》(*Multiple-use Forest Management in the Humid Tropics—Opportunities and Challenges for Sustainable Forest Management*)报告，倡议加强多用途森林管理(MFM)，报告认为要科学管理发挥森林多用途，包括木材、非木质林产品、渔业、生态旅游、森林保护、薪材和木炭，以及其他生态系统服务。

基于对亚马孙、刚果盆地和东南亚国家的区域评估，报告认为多用途森林管理目前运用不足。报告提出了加强多用途森林管理的一些建议，包括政策和法律改革、推广采用多用途森林管理、奖励和提供足够的信贷、建立和加强伙伴关系。该报告还建议通过交流经验加强新的能力建设、推进社区发展实践、建立多学科技术团队、传播多用途森林管理信息、加强机构建设促进社区和小农参与多用途森林管理。最后，建议加强多用途森林管理情景下木材和森林物种的生态学研究。

（摘译自：Multiple-use Forest Management in the Humid Tropics—Opportunities and challenges for sustainable forest management）

# 欧盟发布欧洲森林新战略　关注城乡发展、林业产业、气候变化、生态系统服务等领域

2013 年 9 月 20 日，欧盟委员会发布名为《从欧委会到欧洲议会、欧洲理事会、欧洲经济和社会委员会和区域委员会的沟通文件：森林和基于森林的部门的欧盟森林新战略》(*A New EU Forest Strategy*: *for forests and the forest-based sector*)的文件，公布目前至 2020 年欧盟森林新战略。

欧盟指出，该战略旨在把森林和林业部门纳入绿色经济转型的核心地位和绿色基础设施的核心部分，重视森林可持续管理提供的效益，同时确保森林保护。新战略倡议欧盟和成员国作出强有力的承诺和政治支持。该战略的主要内容有：编制战略的背景、森林地位和现状、战略行动优先领域、政策保障措施等。预计 2018 年将针对本战略的成效进行评估。近期，本战略将提交欧洲议会和理事会，经它们授权同意并发表其关于实施这一战略的意见后，开始执行。现将该战略文本主要内容编译整理如下：

## 一、欧委会发布新战略的主要背景

欧盟制定新的森林战略，总体看，是基于变化的林业经济形势和林业发展面临的多方挑战，为应对不断增加的机遇和挑战并促进欧盟发展，制定一个协调统一欧盟和成员国的林业共同愿景，明确行动重点和目标，协调林业各部门发展方式，调整利益相关者的参与方式，实现森林的可持续经营和多功能经营，确保相关欧盟政策充分考虑成员国森林政策，促进森林和林业部门在各种政策中支持国家发展并将林业纳入不同政策体系中。

理解这种背景，一方面要从 1998 年森林战略实施后积累的林业发展经验分析；另一方面要从当前欧盟林业面临的形势分析。欧委会于 1998 年制定了森林战略，当时的目的是促进森林可持续经营，增强欧盟与成员国之间相关政策和举措的联系与合作。该战略作为在农村发展规划中制定林业行动计划的参考指南，与欧洲众多政策方针及发展目标一脉相承，特别是农业、农村

发展、环境保护、气候变化、生物多样性、工业和能源等。2005 年欧委会向欧洲议会和欧盟理事会报告 1998 森林战略的实施情况，表明 1998 年的森林战略遵循的基本原则仍然有效，但需要制定更为连贯且积极的欧盟层面的森林战略。因此，欧委会于 2006 年制定森林行动计划 2007 ~ 2011，强调了四个主要目标：提高欧洲林业长期竞争力；改善并保护环境；提高生活质量；促进社区行动之间以及社区行动与成员国森林政策间的沟通与协调。该行动计划 2009 年的中期评估和 2012 年 11 月的事后评估，以及欧盟林业新形势，强调需要制定新的森林战略，主要理由有三方面。

一是过去 15 年来(1998 ~ 2013 年)，欧洲森林和林业面临的形势发生重大转变，社会需求和各种威胁不断增加，需要制定协商一致的共同愿景，加强森林可持续经营并实现森林多功能用途。当前，欧洲森林和林业面临的机遇、挑战和威胁主要有：

——在传统林产品供给基础上，绿色化学品和纺织纤维、生物经济和生物能源需求不断增加。这些需求一方面为实现市场多元化提供了机会，另一方面却对森林可持续管理和实现不同需求间的平衡带来了挑战。林业部门占欧盟 GDP 的份额约为 1.3%，欧盟 56% 的人口生活在农村，农村土地占欧盟领土的 91%。农业和林业是农村主要的土地利用模式，也是主要的自然资源管理模式，还是农村经济多样化的基础。木材是森林所有者主要的收入来源。木质生物质占欧盟来自可再生能源的最终能源消费的 50%。此外，森林生产大量产品，如软木(欧盟占全球产量的 80%)、树脂、药用植物、蘑菇、猎物、坚果和浆果等，其中树脂被越来越多地用于化学行业。基于不断增长的需求，需要制定新战略，满足对林产品、新产品(如绿色化学品和纺织纤维)及可再生能源的需求，平衡生物经济和生物能源需求与传统需求的矛盾。

——生态系统服务压力增加。欧洲森林与其他陆地生态系统相比，是最大的生物多样性储备库。不仅为欧洲提供了超过 50% 的可再生能源供给，还提供了木材和非木材产品及服务，如娱乐游憩、水和土壤保护、减少自然灾害等。日益增长的多种需求，赋予林业良好的发展机遇，但也对维护森林生态系统构成重大挑战，增加了潜在冲突。因此，要坚持森林可持续管理，确保森林能够长期提供多种产品和服务，确保可持续、平衡地发挥森林多功能潜力。

——林业产业面临挑战和机遇。林业产业占欧盟制造业国内生产总值的 7%，创造近 350 万个就业岗位。林业产业易受经济影响，也易受上游行业影响。当前，欧盟林业产业面临推动经济增长的许多难点，如提高资源和能源效率、确保原料供给、物流效率、结构调整(绝大多数仍是中小企业)、创新、教育、培训和技能、国际竞争、2020 后气候政策，以及信息与沟通。

——欧洲森林面临着严重的自然干扰，需要加强保护。目前，欧盟每年由于森林火灾约损失 50 万公顷的森林，占欧洲森林面积的 0.25%，超过欧盟每年增加的森林面积的一半。2012 年，自然 2000 生态网中约有 15 万公顷森林被火灾毁坏。此外，森林火灾每年造成的经济损失约为 20 亿欧元。

——欧洲森林承担重要的环境保护功能。从土壤质量来看，硫沉降在过去 10 年发生下降。1998 ~ 2007 年间，硫输入平均每年下降 30%，在监测点每年减少一半。含氮化合物在沉降方面没有明显变化趋势。在欧洲许多地方，土壤呈现酸化和富营养化趋势，而土壤 pH 值和盐基饱和度的发展趋势，在欧洲并没有表现出均匀模式。但是，在酸性的森林土壤中，土壤 pH 值和盐基饱和度在增加。

——欧盟林业的生产和消费已对全球产生重大影响，必须加强和协调国际林业行动。1990 ~ 2008 年，全球进入国际贸易市场的"生产国与毁林有关的农产品和畜产品"(隐含毁林农产品和隐含毁林畜产品)，欧盟 27 国进口消费了 36%，等同于在欧盟毁林 900 万公顷(相当于三个比利时)。同时，欧盟进口的隐含毁林农产品和畜产品，大量留在欧盟消费(93%)，少量加工再出口(7%)。

二是欧盟目前没有共同的森林政策或与森林有关问题的指导框架，需要一个协调各森林相关政策并保证其一致性的战略指南。在过去的 15 年间，社会和政治的深刻变革改变了欧洲对于森林和林业问题的处理方式，而欧盟在处理森林相关事件上并没有统一的政策或行动指南，越来越多的森林相关政策形成了一个复杂而支离破碎的森林政策环境，因此，欧盟需要一个新的森林战略，能够应对全球、不同区域及国家森林政策的变化情况，并作为其他森林相关政策的参考标准，实现各森林相关政策间的高度协调和一致性，同时纳入到各成员国的森林政策中，统一欧盟与成员国之间的资金战略和计划，加强相互交叉的林业行动计划及实施情况的连贯性，促进森林相关行业发挥协同效应。

三是欧洲森林战略需要响应和匹配政策变化形势。欧盟关于应对气候变化的白皮书中明确建议制定新的森林战略，要求新战略中补充气候变化方面的相关政策。2010 年欧委会发布了有关森林保护和森林信息公开的绿皮书，旨在鼓励更为广泛的公众参与，同时为新森林战略中关于气候变化方面的政策制定提供了基础资料。

## 二、森林促进欧盟发展具有重要地位

欧盟森林和其他林地分别覆盖 1.55 亿公顷和 2100 万公顷土地。两者共覆盖欧洲陆地的 42%，并具有丰富的生物多样性。自 1990 年以来，通过造林计划、自然更替和农地弃耕，欧洲森林覆盖率年均增长 0.4%。欧洲 60% 的森林由私人所有者拥有，平均每户拥有森林 13 公顷，均以木材为主要收入来源。其余 40% 的森林为公有，平均每个单位拥有公有林的面积为 1000 公顷。森林具有多功能效益，不仅提供经济、社会和环境服务，还可提供栖息地、减缓气候变化、增进人类健康、促进生态旅游。欧盟森林面积的近 1/4 属于被保护的自然 2000 生态网，其余大部分是根据欧盟自然立法得到保护的物种家园。林业产业的年度营业额为 5000 亿欧元，林业和林业产业对城乡发展极其重要。一方面木材是新兴的生物基(bio-based)产业的重要原料来源，另一方面森林生物质是欧盟重要的能源供给。具体来讲，欧洲林业对于促进欧盟发展具有重要作用，表现在表 1 列举的六个方面。

**表 1　林业促进欧盟发展的重要地位**

| 欧盟 2020 发展目标 | 林业部门贡献 |
| --- | --- |
| 1. 经济增长和提高就业<br>• 2020 年 75% 的就业率<br>• 将工业占 GDP 比重从目前 15.2% 提高到 2020 年的 20%<br>2. 减少贫困<br>• 贫困人口控制在 2000 万以下 | • 欧洲结构基金和投资基金投向林业有助于消除贫困和增强社会凝聚<br>• 林业部门提供 300 多万就业岗位，尤其在农村地区<br>• 林业产业占欧盟制造业国内生产总值的 7%，占制造业雇佣总劳动力的 8% |
| 3. 气候变化<br>• 2020 年较 1990 年减少 20% 的 $CO_2$ 排放 | • 2009 年，LULUCF 部门碳清除量等于其他部门总排放的 9%<br>• 成员国有义务针对 LULUCF 行动申报信息，并根据议定书第二承诺期承担“增强碳汇、减少排放”的国际义务 |
| 4. 能源<br>• 2020 年可再生能源占总能源的 20% | • 2012 年木质能源占欧盟可再生能源总消费的 50% |
| 5. 生物多样性<br>• 到 2020 年阻止欧盟地区生物多样性的流失和生态服务功能的退化并尽力恢复它们 | • 自然 2000 生态网的 50% 是森林或其它林地 |
| 6. 毁林<br>• 到 2030 年阻止全球森林覆盖率的降低，2020 年将目前热带雨林地区毁林至少减少一半 | • 全球森林覆盖约 30%。目前，欧洲森林在增加，而毁林成为全球性问题，因毁林导致的 $CO_2$ 排放约占全球 $CO_2$ 排放的 20%，超过欧盟温室气体总排放 |

## 三、欧洲森林新战略提出三项指导原则、关注八大领域

欧盟森林新战略坚持三项指导原则，即森林可持续管理和多功能经营，以平衡方式提供多种产品和服务并确保森林保护；提高资源利用效率，优化

森林和林业部门对农村发展、经济增长和创造就业机会的贡献；坚持承担全球森林责任，促进可持续生产和消费。新战略到2020年的主要目标是确保欧盟所有森林均得到可持续管理，同时欧盟在促进森林可持续管理和减少全球毁林方面的贡献得到增强。为此，一要有助于平衡各方面对森林功能的需求，并提供重要的生态系统服务；二要为林业和整个林业价值链成为生物基经济(bio-based economy)中有活力和有竞争力的贡献方打下基础。

欧洲森林新战略关注的主题是“森林可持续管理，实现重大社会目标”，具体分解为八大领域：

### (一)支持农村和城市社区(城乡发展)

社会发展对森林有越来越多的需求。森林覆盖欧洲农村大部分地区，森林支持经济福利、提供就业机会，对农村人口至关重要。可持续、训练有素和安全保障的劳动力是更具竞争力的森林部门的支柱之一。经营良好的森林以及合格的森林管理人员、工人和企业家，为发展可持续和具有竞争力的林业打下坚实基础。委员会认为，农村发展基金(rural development funds)应当用于支持实施森林可持续管理。成员国应利用新的农村发展法规(rural development regulation)创造的机遇，将资金优先用于下述领域：促进林业技术现代化；优化林业部门对生物经济(bio-economy)的贡献；改善森林生态系统的弹性、环境服务价值和减缓潜力；实现自然和生物多样性保护目标；适应气候变化；保护遗传资源；森林保护和信息共享；增加新的林地，建立农林复合系统(agro-forestry)。

欧委会指出，这一领域有五个战略方向：①成员国应利用农村发展基金，提高竞争力，促进经济活动和生活质量多样化，并提供特定的环境公共品①(environmental public goods)，提高森林可持续管理的社会功能。②欧委会和成员国应根据农村发展政策评估并改进林业措施的效果。③作为成员国援助现代化一揽子计划(state aid modernisation package)简化目标的一部分，欧委

---

① 根据2013年2月7日欧洲议会形成的长年金融架构(Multiannual Financial Framework)决议提出的建议，倡导支持欧盟共同农业政策第二支柱，推动农村发展更加“公平”(主要指消除负面激励补贴)和“绿色”。在共同农业政策改革的进程中，欧委会建议，未来农民获得农业补贴时将纳入更多的强制性绿色标准，支持农村发展计划侧重提供“公共产品”——更清洁的空气、森林、水资源和生物多样性等要求。欧委会提出未来采取的措施包括通过增加补贴的方式鼓励农民在农地上植树造林；在自然保护区造林；保护生物多样性；提倡生态休耕；在秋季收获后立即播种，保证冬天绿色覆盖率；鼓励农作物轮种等等。

会建议将大企业纳入集体豁免，并正在修订林业部门的集体豁免①(block exemptions)条件。④农村发展资金支持，鼓励会员国开展下述三项活动：提升意识的森林咨询系统、培训、加强当地森林所有者和政府之间的沟通。⑤欧委会和成员国应当通过森林可持续管理改进森林效益的估值方法，并协调各种森林产品和服务之间的平衡。

### (二)培育欧盟基于森林的产业部门、生物能源和绿色经济的竞争力和可持续发展(林业产业)

木材是一种天然、可再生、可重复利用和可回收的原料。如果它来自可持续管理的森林，将会最大限度地减少加工利用过程对气候和环境产生的负面影响，同时保障生计，实现了可持续发展。总体而言，欧盟58%的采伐木质生物质由林业产业部门加工，占制造业国内生产总值的7%，创造近350万个就业岗位，有助于实现产业政策目标。然而林业产业未来竞争力的提高，要求新的资源和能源效率以及环境无害的工艺和产品。因此，先进的木基材料和木基化学品(wood-based materials and chemicals)，将在欧盟的生物经济中发挥重要作用。欧委会一份幕僚工作文件(Staff Working Document)介绍了欧盟林业产业的子行业及其经济和科技展望，分析了目前面临的主要挑战并确定补救行动(2013～2020年)，以提高其全球竞争力。

剩余42%的木质生物质作为能源，已占到欧盟能源总消费的5%。根据国家可再生能源行动计划，到2020年生物质能仍是可再生能源的主要来源。欧委会目前正在评估，是否制定新措施，以解决利用固态和气态生物质加热、制冷和发电中的可持续问题。因此，基于森林的生物质以及非木质林产品，正在从市场获得效益，为低碳和绿色经济创造工作机会并促进收入多样化。

关于这一领域，欧委会提出7个战略方向：①探索并促进木材以“可持续、可再生、气候和环境友好，并不对森林及其生态系统服务产生破坏的”方式进行利用；评估森林生物质和采伐木质林产品作为原料和能源替代品产生的“气候效益”(climate benefits)，以及评估森林生物质利用过程中激励措施产生的市场扭曲(market distortions)影响。②到2014年底，制定客观的、雄心勃勃的和浅显易懂的森林可持续经营标准，同时欧委会应提出适当的措施，使该标准适用于不同的政策背景，且并不针对森林生物质的最终用途。③评估木材供应潜力，为促进可持续木材(资源)调集动员(wood mobilisation)，同时为提高木材企业生产过程中的资源和能源效率，特别是基于森林的产业部门、

---

① 林业部门未享受《欧盟运行条约》(The Treaty on the Functioning of European Union)附件一和第42条规定的豁免(实践中也有欧盟法院的一个判例作为支撑)，其完全适用于所有的竞争规则。根据运行条约108(3)款的规定，成员国必须向欧盟通知其计划的援助措施，并在得到欧盟批准后方可实施。

中小企业、微型企业(micro-firms)，须制定有效的实践指导。④推动欧盟林业产业部门产品的市场增长和国际化。改进林业部门信息系统，特别是关于家具可持续生产和消费的信息。⑤改善进口条件和原料出口信息，方便欧盟林业产业产品和原材料通过双边贸易协定，进入第三方市场。⑥支持欧洲林业技术平台(Forest-based Sector Technology Platform)并鼓励开展新的倡议活动，如公司伙伴关系(如以生物为基础的部门，研究并创新出各种提高资源和能源效率的产品和工艺)。⑦2014 年发起一项欧盟立法，影响欧洲林业产业价值链的累积成本评估(cumulative cost assessment)。评估结果有助于进行更广泛的影响分析，包括政策和立法成本、福利和连贯性影响。

**(三)气候变化下的森林**(气候变化)

森林易受气候变化影响。因此，它需保持和提升自己的弹性及适应能力，包括采取防火等适应性措施(如适当的树种、植物新品种等)。同时，假如森林碳汇在碳循环中的地位得到维持和增强，以及通过提供作为碳储存和碳替代(替代高碳密度原料和燃料)的生物原料，森林减缓气候变化的功能就会得到加强。欧盟最近通过了核算、监测和报告 LULUCF 的新规则，根据新要求，成员国将提供它们增强碳汇和减少森林部门排放的新计划。欧盟及其成员国也就 2020 年京都议定书第二承诺期 LULUCF 相关部门减排作出承诺。

森林可通过调节气温、降低风速和减少径流，减轻极端天气影响。就气候变化领域，欧盟提出两个战略方向：①鉴于欧盟生活基金子项目以及农村发展基金支持限制排放的增加生物生产力的森林管理措施，成员国应示范如何通过减排措施(包括木材大量利用)，提升森林减缓气候变化的潜力。成员国应于 2014 年中期执行该活动。②成员国应示范如何基于“欧洲森林战略适应气候变化行动和森林保护和信息绿皮书”增强森林的适应能力和弹性，如缩短知识差距和将适应行动纳入森林政策主流(mainstreaming)。

**(四)保护森林并增强生态系统服务**(生态系统服务)

森林为城乡社区提供生态服务，并承载丰富的生物多样性。森林承受巨大压力，如栖息地破碎化、外来入侵物种蔓延、气候变化、水资源短缺、火灾、风暴和害虫，需要加强保护。欧盟法规涵盖了植物、植物产品以及危害植物健康的物质。

森林保护目标应努力维持、增强和恢复森林生态系统的弹性和多功能性，将其打造为欧盟绿色基础设施的核心部分(core part)，使其提供关键环境服务和原料。

为增强森林应对未来威胁的能力，应提高遗传多样性并保护濒危遗传资源。大自然对其的影响具有跨域性，因此应在欧盟层面制订行动计划。

森林管理计划以及基于森林可持续经营的管理工具，有助于以平衡方式提供多重产品和服务。森林管理计划处于欧盟2020生物多样性战略和欧盟农村发展基金的核心。本战略包括森林管理计划并促进和支持该计划的实施。

关于这一领域，分别在成员国和欧盟层面提出战略方向。

成员国层面包括五个战略方向：①成员国在欧盟帮助下，基于生态系统及其服务现状的制图和评估，制定生态系统服务估值的概念框架(conceptual framework)，到2020年将其纳入欧盟和国家层面的核算体系中。②成员国通过把可持续林业实践纳入根据水框架指令的河川流域治理计划项目措施(Programme of Measures of River Basin Management Plans)和农村发展规划项目(Rural Development Programmes)中，应维持和提高森林覆盖率，以实现土壤保护、水质和水量调节。③到2020年，成员国应通过实施欧盟自然立法和确保国家森林计划有助于自然2000生态网的充分管理，在森林物种和栖息地方面取得重大和显著的进展。④成员国应基于优先恢复框架(Restoration Prioritisation Framework)，实施2011~2020年生物多样性战略计划并实现爱知生物多样性目标。⑤成员国应加强森林遗传资源保护(树种多样性)以及物种多样性和种群多样性保护。委员会特别通过农村发展规划进行支持。

欧盟层面包括四个战略方向：①欧盟将监测成员国实施森林管理计划的进展情况，并监测生物多样性和自然2000生态网保护目标纳入其中的情况；②欧盟应与成员国基于"与邻国加强合作，以及加强研究和植物健康体制的持续评估(Plant Health Regime)"，共同增强森林应对虫害的能力。③欧盟将评估影响并考虑延长遵守国际植物检疫措施第15项标准/国际贸易木质包装材料管理指南(International Standard for Phytosanitary Measures No. 15)关于木质包装材料的义务。④欧盟将向荒漠化公约提供相关信息和数据支持行动计划，以保护受土地退化和荒漠化影响程度最深地区的森林和土壤。

### (五)把握森林现状并监测森林动态(林业信息)

增强森林的知识基础，须更好地了解林业部门面临来自环境和社会方面的复杂的挑战。制图和评估森林生态系统及其服务的现状，要求优化欧盟森林信息。在国际、泛欧间和国家数据采集系统合作基础上，以及在详细分析欧盟所面临挑战的基础上，相关变量和参数将在欧盟层面上进行协调。欧盟项目(如生活项目)可以帮助调动所需的资源。委员会和成员国已经开发了一种关于森林信息的模块系统，关于生物量和生物多样性的工作正在进行。

欧盟及其成员国将聚焦五个战略方向：①将通过收集泛欧森林和森林资源多功能用途的统一信息，并通过把多种系统如欧盟森林火灾信息系统(EFFIS)和欧洲森林数据中心(EFDAC)纳入"把数据和模型综合为应用程序的"动态模块系统中，建立欧洲森林信息系统(Forest Information System of Europe)。②将调整采集自各成员国的森林信息，使其符合欧盟数据架构的要求

(data architecture requirements)，如欧洲空间数据基础设施(INSPIRE)、环境信息共享系统(SEIS)和欧委会地球观察计划，并符合国际和区域进程要求。③推动欧盟森林再生材料(forest reproductive material)数据库的进一步发展，包括国家登记册和地图的超链接。④委员会和各成员国将基于欧盟森林火灾信息系统、森林健康、林业统计和欧洲森林数据中心的成功经验，改进、比较和分享森林信息和监测数据。⑤委员会将制定若干模块，如森林与自然干扰(火灾和病虫害)、森林与生物经济、森林与气候变化以及森林与生态系统服务，有助于欧盟林业统计和森林环境与经济综合核算。

**(六)创新的林业和增值产品**(林业科技)

为激励林业部门创新，需要一个连贯的、雄心勃勃的欧盟基于森林的研究领域，该领域应考虑森林的特殊性如长周期性。欧盟关于研究和发展的框架规划支持林业部门。根据欧盟生物多样性战略，林业部门已被纳入第七次研究框架规划(7th Research Framework Programme)和地平线 2020 中。其目标是通过森林可持续管理提升行业的可持续发展以及对农村经济的贡献，提高其应对生物和非生物胁迫的能力，提供更好的林业生产系统和产品。

针对该领域，欧盟提出四个战略方向：①欧委会将帮助成员国和利益相关方把技术和科学知识转化为林业实践以及实现市场化，特别是通过地平线 2020 和欧洲农业生产和可持续创新伙伴关系，支持开发高附加值的新产品。②欧委会和成员国将合作推进高级研究和开发模型工具，填补数据和知识差距，以更好地理解关于森林的社会、经济和环境挑战复杂问题(如识别环境门槛)。③农业研究常设委员会(SCAR)将加强欧盟、成员国和利益相关方之间的协调、研究和创新工作。④欧委会将通过欧盟森林治理结构和其他相关论坛传播研究结果和优良实践。

**(七)共同努力协调一致管理森林，并更好地理解欧洲森林**(林业沟通)

各种涉及森林的跨领域政策问题，这些问题的目标有时会不同。因此，有必要协调、合作和沟通，实现政策连贯性和一致性。成员国就改进合作的方法选项进行了讨论，包括一套森林可持续管理的框架指令，但尚未达成一致。

目前，欧洲森林治理结构依赖于常设林业委员会。常设林业委员会(Standing Forestry Committee)应支持各种关于森林问题的论坛，确保森林相关政策的协调性和一致性。然而林委会必须做出改进，以确保对其他政策投入变动作出响应。林委会与欧盟林业和木材咨询小组(EU Advisory Group on Forestry and Cork)、栖息地委员会，以及自然 2000 生态网管理专家组一起，准备起草自然 2000 和森林指南，其将被用作最优实践指南。同时，应更多强调林委会在保持森林多功能上所起的作用。

欧盟林业和木材咨询小组将作为主要的多方利益相关者平台(main multi-stakeholder platform)，讨论林业和森林可持续管理问题，林业产业咨询委员会(Advisory Committee on Forest-based Industries)将作为讨论林业产业价值链的主要平台。这三个论坛是开发和跟进新战略的基石。

针对该领域，欧盟提出五个战略方向：①欧委会将确保常设林业委员会的工作建立在关于森林和森林部门的相关政策上，确保其遵循多功能理念管理欧洲森林。②欧委会和成员国将探索各种方法，以促进森林可持续管理、统一森林信息(harmonised forest information)及成员国间更好的合作。③欧委会将创建欧洲森林局网(European Forest Bureau Network)即国家森林清查(NFI)，以为国家森林清查数据开发统一标准。④基于由常设林业委员会制定的欧盟森林沟通战略，成员国将改进关于森林和木材的信息公开机制。⑤通过 2015 年的欧洲晴雨表调查，欧委会将进一步评估公众对森林的认识度。

## (八)全球视角的森林(林业国际合作)

在泛欧洲层面，焦点是建立具有法律约束力的森林协议。通过协议，旨在提高该地区的森林可持续管理。本战略是推动实施该协议的适宜载体。

在全球层面，欧盟是对抗毁林和森林退化的领军人物。它提倡的森林可持续管理，是保护生物多样性、防治荒漠化以及应对气候变化同时确保森林生态系统提供产品和服务的有效方式。通过该方式，可促进可持续发展并消除贫困。REDD + 、FLEGT 和欧盟木材法规旨在实现这些目标。

这一战略旨在确保欧盟和成员国关于国际层面森林相关问题的政策、目标和承诺之间的一致性。它通过制定明确和连贯的目标支持欧盟及其成员国。

针对该领域，欧盟提出五个战略方向：①欧盟和成员国关于国际层面森林相关问题的政策和承诺应具有一致性。②欧盟和成员国应促进欧洲和全球森林可持续管理。在欧盟开发合作和对外行动背景下，促进林业在向绿色经济转型中的地位。③通过 FLEGT 计划确保对全球打击非法采伐的支持。④欧盟和成员国支持发展中国家改进与森林相关的政策和法规、加强治理、评估和监测森林生态系统、提高通过 REDD + 处理毁林和森林退化驱动因素的力度。⑤欧委会将评估欧盟消费林产品和原料可能对欧盟外部毁林和森林退化造成的影响。同时，将在合适的条件下，考虑制定限制这些影响的政策选项，包括制定关于(减少)毁林和森林退化的欧盟行动计划。这将按照第七个环境行动计划进行。

## 四、欧洲森林新战略的主要保障措施

### (一)改进成员国援助林业政策

目前(2007～2013 年)，根据欧盟运行条约，为促进竞争反对垄断，成员国对林业的援助受到限制。分为两种类型，一种受到限制，一种未受到限制。具体是 A 和 B 两种类型。A 型指的是有利于直接维持或恢复森林生态、保护和旅游游憩功能，以及有利于生物多样性和健康森林生态系统；B 型指的是其他基于森林的产业活动，主要是商业提取、木材运输以及将木材或其他林业资源加工为能源产品。A 型未受到限制，可根据农业和林业指南(agricultural and forestry guidelines)又采取三种支持：①符合欧盟农村发展政策和许可援助规定的同等条件，以及符合欧洲议会 1698/2005 规定第 43－49 款规定的援助强度的森林措施。包括农地初次造林、农地初次建立农林复合系统、非农地初次造林、自然 2000 生态网支付、森林环境支付等。②根据农业和林业指南 175 点，有助于该点列出的生态、保护和旅游游憩活动，以及生物多样性和健康森林生态系统的活动。③指的是一些类似农业的活动，如购买林地、培训和咨询服务、设立林业协会。B 型中一些活动根据欧盟成员国援助框架，可以获得支持如基于共同指南的成员国环保援助。但大多数受到限制，成员国需要向欧盟执行通知义务(notification obligation)。目前正在实施集体免除规定(block exemption regulations)，某些林业活动可以免除通知要求(notification requirement)。上述提及的法律工具将于 2013 年 12 月 31 日到期。针对未来(2014～2020 年)，正在进行“作为国家援助现代化一揽子计划的一部分的”修订工作，目的是促进一个增强的、动态的和竞争力的市场(strengthened, dynamic and competitive market)。目前的林业政策支持建议，反映在欧委会 2011 年 10 月提出的 2013 后欧盟共同农业政策立法建议中，集中在欧洲促进农村发展农业基金(the European Agricultural Fund for Rural Development)文本中。主要是修改国家援助农林业部门的法律基础，将林业措施纳入农村发展战略。欧委会立法建议后制定了共同体国家援助指南指示路线图(Indicative Roadmap of the Community Guidelines for State Aid)，提出了 2014～2020 对农林业的援助，以及根据欧盟运行条约第 107、108 条款对农林业中小企业的集体免除法规。

### (二)加强成员国行动

委员会和成员国要在各自能力范围内，确保战略的实施和跟进，特别注意鼓励利益相关者的参与。应明确需要成员国进一步推进的其他领域，如森林防火、防治病虫害、促进木材可持续供给和地区/跨地区合作。

### (三)完善欧盟政策

目前，森林和林业部门获得大量的欧盟资金。根据农村发展法规(Rural

Development Regulation)实施的林业措施是本战略的资源骨干(占欧盟林业总资金的90%)。根据最新数据，2007~2013年，欧洲促进农村发展农业基金已向林业措施拨款54亿欧元。预计2014~2020年，欧洲促进农村发展农业基金对林业的支出将维持在这一水平。类似支出应专用于促进本战略目标的实现，并须确保欧盟森林根据可持续森林管理原则实施管理。生活基金(LIFE+)支持自然保护、适应气候变化、信息和保护需要；结构基金①(structural funds)支持凝聚力工程(cohesion projects)；地平线2020支持研究和创新行动，包括生物基产业的公共和私营部门伙伴关系。发展政策和气候变化政策也向第三国提供资金，特别是通过欧盟发展基金、REDD+和FLEGT。合理调配现有资源，并改善欧盟和各成员国之间的资金协调，有助于更好地实施本战略。

### (四)整合欧盟行动

为设定实现2020年森林目标的里程碑，并促进森林政策以及有关森林的政策行动的战略优先领域，欧委会将与常设林业委员会共同努力增强(森林)与有关欧盟政策的联系。必要之时，欧委会还将与其他委员会及论坛合作。鉴于欧盟资金对于森林和林业部门的重要性，有必要改进欧盟层面的讨论质量。

(摘译自：Communication from the Commission to the European Parliament, the Council, the European Economic and Social Committee and the Committee of the Regions A New EU Forest Strategy: For Forests and The Forest-based Sector)

---

① 结构基金创立于1988年，目的是促进欧洲区域经济一体化进程，实现均衡增长。资金规模约占欧盟共同财政的1/3。

# 第六节

# 生物多样性和保护区管理

## 欧盟：

## 生物多样性补偿平均3万~10万欧元/公顷
## 2013年探索建立生境银行

最近，欧盟估计其生物多样性补偿需求为5万~10万公顷/年、平均补偿成本3万~10万欧元/公顷、全球补偿市场规模为24亿美元、并探索2013生境银行①体系设计要素。

为解决生物多样性零净损失(No Net Loss)，欧盟启动了相关立法框架研究，分析生境银行(Habitat Banking)在欧盟的潜在需求和供给，研究提出生境银行体系适当的设计元素。目前，生物多样性零净损失在欧盟立法中未得到明确规定，仅仅隐含表述在一些指令中(如鸟类、栖息地、环境影响评价和战略环境评价导则指令)，而几项欧盟法律规定，需对生物多样性的损害进行赔

---

① 要了解生境银行(Habitat Banking)的含义，首先需要了解生物多样性补偿(Biodiversity Offsets)的内涵。生物多样性补偿指的是人类开发环境资源时，应遵守回避、最小化和补偿三大原则。首先，在某区域进行开发，需要进行环境影响评价，是否可以回避在此地开发，如果必须开发，那么应尽量缩小规模，如果无法缩小，那么必须进行生物多样性补偿，把此区域生境，等量移植到其他区域，等量移植被称为零净损失(No Net Loss)，假如构筑比原来更为丰富的生境称为净收益(Net Gain)。生物多样性补偿项目分三种模式，分别是补偿基金(Compensation Funds)、一次性补偿(One-Off Offsets)和补偿—信用的市场化交易(Mitigation Banking)。生境银行就是第三种模式。

偿和补救(如环境影响评价和战略环境评价导则和环境责任指令)仅覆盖欧盟10%的已开发土地，其中包括对意外事故造成的生物多样性损失影响进行补偿。此外，一些成员国在国家或地方层面也有关于此类法律的一些条款。尽管这些规定，欧盟没有具体的、连贯一致的生物多样性零净损失法律框架。

假定不考虑自然灾害造成的土地利用变化和生物多样性损失情况，在生物多样性零净损失政策框架下，欧盟由土地利用变化引发的生物多样性补偿需求为5万~10万公顷/年。假如再考虑退化引发的生物多样性和生态系统服务损失，以及欧盟的行动者和行动对全球生物多样性的影响，上述数字将会增长。为满足这种潜在需求，目前来看，恢复、增强或重建草地和湿地生境的供给能力有限，而增加沿海、淡水、森林和石楠灌丛栖息地更为有限。沙丘和岩石的栖息地难以恢复或置换，因此难以给予生物多样性补偿机会。然而，目前供给方面最大的限制是土地的可用性和可到达性。现有证据表明，欧盟生物多样性补偿的总成本可能是3万~10万欧元/公顷，某些情况下可能会更高。补偿成本仅占开发成本的一小部分。全球范围内，据估计，生物多样性补偿每年的市场价值至少为24亿美元，有可能超过40亿美元。

欧盟探讨了如何定义生物多样性补偿市场的角色和职责，如为保障该市场长期运转，对潜在的风险和不确定性建立健全的监测、执法、遵约和维护机制。

（摘译自：Exploring Potential Demand for and Supply of Habitat Banking in the EU and Appropriate Design Elements for a Habitat Banking Scheme (2013)）

## 欧盟统计局关注生态系统对人类福利贡献的指标　提出未来研究三个方向

5月27日，联合国欧洲经济委员会和欧盟统计局(Eurostat)发布的《衡量可持续发展的框架和建议指标》报告中，分析了自然资本中生态系统对人类福利贡献的测度指标。具体涉及六大类指标：①保护区面积。挪威提出的自然保护区及保存状态、联合国可持续发展委员会提出的保护区管理有效性、欧盟统计局提出的根据欧盟栖息地设计的充足栖息地、英国提出的环境计划涵盖的土地面积、新西兰提出的原生地(native land)覆盖面积。②景观质量。景观破碎度。③土壤质量。联合国可持续发展委员会提出的土地退化和土地受荒漠化影响情况、超过酸化和富营养化临界点的敏感栖息地的面积、山地国家侵蚀情况。④陆地生态系统。优先物种现状、优先栖息地现状、选定的重要物种的丰度、物种多样性、选定的本土生物种的分布、精选核心生态系统的面积、选定的害虫和杂草的分布、侵入物种的丰度和栖息地破碎度。⑤受威胁物种。受威胁物种的变化、进入物种红色名录的物种数量、未进入的数量。⑥森林。森林覆盖率、联合国可持续发展委员会提出的叶状结构损坏林木的百分比，以及处于可持续森林经营状态下的森林面积、森林生长量、采伐和枯死木、森林的生态质量。报告进一步对指标关于自然资本与人类福利的测度方法进行了描述，指出需要更多关注生物多样性和生态系统的福利效应测度。环境与经济综合核算体系(SEEA)目前正在开发关于生态系统福利的方法。报告指出，未来研究重点应关注三个方面：一是人类福祉与生态系统服务的系统关联性；二是聚焦评价生态系统退化的基础；三是试行绿色国民经济核算(Green National Accounting)。

(摘译自：Framework and suggested indicators to measure sustainable development)

# 美国湿地项目建设20年成绩突出<br>环保署新近提出流域规划<br>重视湿地恢复、增强和保护

据美国农业部自然资源保护局(USDA's Natural Resources Conservation Service)5月29日的消息，该局正在接受土地所有者申请，推动2013年的湿地保护项目(Wetlands Reserve Program)。湿地保护项目有助于土地所有者恢复和保护私人和部落土地上的湿地生态系统。过去20年(1992～2012年)，超过1.1万个私人土地所有者参与湿地保护项目，执行了超过1.3万个保护项目，保护了超过260万英亩(折合105.26万公顷)的湿地。

2012年12月，该局出版了《恢复美国湿地：一个私有土地成功保护的故事》报告，总结了湿地保护20年来十个方面的具体成绩(当时披露的数据为保护了湿地230万英亩)：①为迁徙鸟类、鱼类和其他野生动物提供栖息地。在1970年代，林鹳(wood stork)数量处于最低点，散布在佛罗里达大沼泽(Florida Everglades)。2010年，在格鲁吉亚西南部的一个湿地保护项目，发现了超过125个林鹳巢、580只牛背鹭(cattle egret)和其他各种水鸟；湿地保护项目已成为《恢复林鹳行动计划》(*Wood Stork Recovery Action Plan*)的一个要件(essential)。②改善水质和地下水补给。研究表明，水中化合物进入水道、地下

水和地表水供应之前极易流失，许多湿地可以留存至少 50% 已溶解的磷酸盐和 70% 已溶解的硝酸盐。北达科他州、南达科他州和明尼苏达州的大草原坑洼地区的研究表明，湿地保护项目每年可能减少土壤流失 12.4 万吨。③防范洪水。研究表明，在大草原坑洼地区湿地保护项目的湿地的储水量超过 2.3 万英亩 - 英尺[①](acre-feet)，以 6 英寸(约 15.24 厘米)水高计算，这将覆盖 4.6 万英亩或相当于华盛顿特区大小。④为农田经常被淹的农民提供一种替代选项。⑤提供生态教育和娱乐的机会。⑥固碳帮助减少温室气体排放。在大草原坑洼地区，估计超过 4.1 万吨的碳储存在湿地保护项目土地上的植物中。⑦帮助稀有和正在减少的物种的恢复，并阻止其进入濒危名单。⑧保护文化资源。⑨促进开放游憩空间、农村美景和风景。⑩支持地方经济。研究表明，美国公民普遍重视湿地的下述经济利益评估值：湿地改善当地社区水质和水量的能力为每英亩 800 美元以上；观鸟和狩猎每英亩超过 500 美元；作为淡水沼泽湿地并有助于附近的可持续商业和休闲渔业的能力，每英亩超过 400 美元；其他利益，如在特定地区调节洪水和影响土地价值，每英亩 200 美元以上。

美国环保署(EPA)也在 2013 年 2 月出版了《湿地补充手册：纳入流域规划的湿地》的报告(*Wetlands Supplement*: *Incorporating Wetlands into Watershed Planning*)，该报告作为美国环境保护署《流域规划手册》(*Watershed Planning Handbook*)的补充。报告目的是评估湿地功能和现状，评估结果帮助决策者决定在现在和过去的(existing and former)流域上，在哪里湿地可以得到恢复或增强；或者帮助决策者决定在哪里建设湿地，可以优化其功能帮助改善水质和实现其他流域管理计划。该补充手册强调的一个管理理念是在提供新鲜淡水时，阻止栖息地丧失、水文改变和水质变坏。

（摘译自：Migratory Species and Desertification、联合国新闻网）

## 美国渔业和野生动物局：加强“战略性生境”建设和保护 根据物种适应生态事件动态建设和管理保护区

2006 年，美国内政部渔业和野生动物局批准了战略性生境保护(Strategic Habitat Conservation)，作为该机构在 21 世纪实现其保护使命的方法。该局领

① 1 英亩 - 英尺等于 1233.5 立方米

导认为，自然资源面临前所未有的挑战，有必要制定和实施景观保护方法，让保护活动更具有战略性、科技驱动、合作性、适应性，并且便于理解。事实上，遍及全国的保护社区，人们越来越依赖战略方针，追求运用先进的科学和技术，开展最佳针对性保护，以维持整个景观中的鱼类和野生动物种群的数量。2012 年以来，包括 2013 年 5 月该局网站最新更新的消息，进一步深化完善了动物战略性生境管理方法。

制定战略性生境保护区方法的背景主要是：根据形势变化(如人为活动、气候变化、灾害等)，生物物种适应生态事件和生态过程，为了保护它们，应动态建设管理保护区。美国渔业和野生动物局认为，鱼、野生动物、植物以及它们赖以生存的生境是动态变化的(dynamic)，它们对地方到全球层面发生的生态事件和过程作出响应。因此，假如我们(指渔业和野生动物局)更好地理解物种如何应对这些不同尺度的变化，我们就可以更好地建设管理保护区，以便能在现在和未来支撑野生生命自我维持其种群数量。战略性生境保护区方法是一个适应性框架，我们根据该框架拟定日常事务履行我们的使命，实现我们的愿景。整合项目和各个伙伴方，恢复和维持物种种群的生态功能和生态进程。利用战略性生境保护区方法，是为了更好地协调目前该局各种项目和各个合作伙伴，联合起来在景观、区域和大陆尺度上都产生较好效果。该局承诺使用战略性生境保护区方法，促进和衡量生物或生态状况取得的进展。通过该方法指导的各方合作，采取保护措施帮助恢复和维持(作为整个社区和生态系统一部分的)物种种群，以及恢复和维持它们的生态功能和生态进程。

战略性生境保护区方法由五个部分组成，让该局调整项目对准目标，共同努力实现期望的生态管理目标：①生物规划(biological planning)。与合作伙伴建立共享的、可衡量的生态管理目标(如种群数量)，识别影响这些目标的瓶颈。②保护设计(conservation design)。创造政策工具，让我们能够直接行动，以最有效实现生态效果。③保护实现(conservation delivery)。与合作伙伴一起，建立并开展保护战略。④基于结果的监测(outcome-based monitoring)。评估保护行动实现生态管理目标的有效性，以进一步调整推进未来的“生物规划”和“保护实现”。⑤假设驱动的研究(assumption driven research)。测试在生物规划过程中作出的假设，以完善未来的计划和行动。监测和研究帮助我们随着时间推移，从我们的决策和活动中学习提高。

战略性生境保护区方法事实上已在美国部分州运用了 10 年以上，并在近年来积累了一些重要经验，现把两个案例的进展概述如下：①佛罗里达州的战略性生境保护区方法，反映了根据生态和科技形势变化，动态调整保护方法的做法。佛罗里达州渔业和野生动物保护委员会最初在《缩小佛罗里达野生动物生境保护系统的差距》①的报告中确定了战略性生境保护区(SHCA)。战略性生境保护区的目标是识别确定"确保佛罗里达生物多样性核心组件长期生存所需要的"最低土地面积。2006 年，根据新采集的物种数据库以及改进的分析技术(包括空间精确种群生存力(spatially explicit population viability)分析)，战略性生境保护区进行了重大修订。目前，根据战略性生境保护区规定，在私人土地上识别出重要的栖息地，以保护 30 种陆栖脊椎动物。②建设哥伦比亚高原生态区②(Columbia plateau ecoregion)，是一个多方共同努力，识别优先保护物种，建设保护区减少物种受外界干扰的一次探索。近年来，旱地倡议(Arid Lands Initiative)和华盛顿景观连接项目(Washington Connected Landscapes Project)在哥伦比亚高原生态区研究设定了重点或有代表性的物种(focal or representative species)，把战略性生境保护区方法进行了一次实践。华盛顿野生动物栖息地连接工作组(Washington wildlife habitat connectivity working group)于 2012 年出版了关于该过程的工作报告。2010 年，华盛顿景观连接项目组对华盛顿州和周边地区(如不列颠哥伦比亚省、爱达荷州、俄勒冈州)之间各种生态系统连接进行了全州分析(statewide analysis)，结果认为，哥伦比亚高原作为一个生态区，那里的原生植被群落已严重破碎化，阻碍了植物和动物的移动和适应。哥伦比亚高原属半干旱气候，支持原生的灌木草植被以及其他耐旱植物群落。但是人类活动的影响却很严重，一半以上的灌木草原已被转换为农地，而其他地方受到基础设施建设和发展的影响。剩下的自然栖息地已支离破碎，较浅的土壤层难以支撑复杂农业。水电能源是该地区经济支撑，并且近几年风力能源生产也变得很普遍。华盛顿州最急需保护的鱼类都在该区域。华盛顿野生动物栖息地连接工作组领导华盛顿景观连接项目，一方面识别景观完整性(识别人类干扰较低区域之间的生态连接)，另一方面识别重点物种。识别重点物种的过程始于动物物种保护状态以及失去栖息地连接性产生的风险评估。最初的名单，在分析风能发展等特殊因素的影响后，找到脆弱性较为突出的动物。同样的方法，列表载明了该生态区需要保护的重点植被类型。最终选定了 11 种物种(如尖尾松鸡、西部响尾蛇等)。基于这些重点物种的栖息地，考虑其生态连接的影响因素，如阻力(物种在景观中行走的困难)、栖息地价值(反映栖息地的可持续性)、栖息地集

---

① 该文件英文全称为 *Closing the Gaps in Florida's Wildlife Habitat Conservation System*。

② 美国相关部门十分重视气候变化等环境影响对生态的威胁，内政部土地管理局(BLM)为了掌握环境变化对西部生态景观的影响，2010 年推出了关于 14 个生态区的快速评估(Rapid Ecoregional Assessments)。所谓快速是指利用现有数据而不是进行新的研究，进行评估。生态区评估的目的是分析这些景观可能会受到环境变化和土地使用需求的影响。对这 14 个生态区的评估将于 2013 年和 2014 年陆续完成。

中区域(适合物种的栖息地的最密集地区)和连接网络。完成上述分析后，将在地图上制图，帮助创建一个华盛顿州内的哥伦比亚高原生态连接区，并提出相关建议。以后，将根据监测和其他领域的数据(作为战略性生境保护方法的两个重要部分)，帮助验证和调整生态连接框架的运用。

(摘译自：Thinking Bigger for Fish and Wildlife、Strategic Habitat Conservation Areas、Focal Species Case Study：The Columbia Plateau Ecoregion)

## 美国土地管理局：基建项目需加强对“生境影响”的规划分析

6月13日，美国内政部土地管理局(BLM)针对基础设施建设项目环境影响的生态补偿，发布了名为工具备忘录(Instruction Memorandum)的新政策，即指导区域减轻基建项目对物种生境影响的工具手册草案文件。这份文件将替代2008年9月30日发布的项目场地外减轻补偿(Offsite Mitigation)的管理政策，从现在开始至2014年1月17日作为临时性政策，征求各州意见以后逐步完善，作为最终政策(final policy)出台。这份文件主要产生三个层面的政策行动：①帮助制定区域减轻战略(regional mitigation strategies)；②帮助制定区域减轻规划(regional mitigation planning)。识别减轻区域以及减轻办法(如土地管理局的土地整理、基础设施拆除等)；③帮助实施减轻行动(mitigation implementation)。识别受影响地内部或外部，并开展减轻活动。文件提出了四种减轻类型，即恢复(restoration)、新建(creation)、增强(enhancement)和保护(preservation)。

6月19日，土地管理局等相关部门的领导举行了减轻基建项目生境影响的战略研讨会。会后土地管理局副局长 David J Hayes 发表言论①，指出内政部目前的减轻战略有两个核心部件，一个是在基建项目设计和开展中尽可能减轻项目环境影响，另一个是对于不能避免产生环境影响的基建项目，内政部开发了一些新的应对工具。David J Hayes 列举了“为基建项目建设选址以及识别区域减轻需求地，以通过基建项目减轻义务提供的支持实现最佳补偿”的案例工具。以下摘编了其中的三个工具：

---

① 已经以书面形式正式发布，题为 *Addressing the Environmental Impacts of Large Infrastructure Projects at the Department of the Interior*：*Making “Mitigation” Matter*。

(1)西部州长协会的关键生境评估工具(The WGA's Crucial Habitat Assessment Tools)。关键生境评估工具已运转几年，目的是识别野生动物走廊，以及其他需要高度关注的关键生境。关键生境评估工具开发、积累景观尺度的(landscape-level)数据，它很像土地管理局的生态区的快速评估(rapid ecoregional assessments)，可以直接帮助新项目减少冲突区域，同时能识别弥补项目环境影响的最佳恢复和保护需求。

(2)艾草榛鸡生境保护计划(Sage Grouse Habitat Protection Plans)。内政部和联邦、各州有关部门开展协调的规划努力，共同关注西部 11 个州艾草榛鸡的生境需求(habitat needs)，目的是避免该物种被纳入濒危物种法案名录，或者即使被纳入名录，也要减少基建项目的影响。根据联邦土地管理规划，州开发设计景观层面的管理计划，确定艾草榛鸡的定居点，制定相关的艾草榛鸡生境保护战略。这种广泛的，以科学为导向的规划工作，对可能影响艾草榛鸡的基建项目开发商的"减轻项目影响"的投资(如输电线路，石油、天然气和风力发电开发)提供了(规避)"路线图"(road map)。

(3)野生动物使用地(Working Lands for Wildlife)。渔业和野生动物局和农业部自然资源保护局正在把联邦资金投资在工作景观上(working landscapes)保护濒危物种，从艾草榛鸡和草原鸡到地鼠龟和新英格兰棉尾兔。

(摘译自：Interim Policy, Draft-Regional Mitigation Manual Section – 1794 、Department of the Interior Hosts Stakeholder Workshop on Mitigation Strategy for Large Infrastructure Projects, Addressing the Environmental Impacts of Large Infrastructure Projects at the Department of the Interior: Making "Mitigation" Matter)

# 世界自然保护联盟发布生物多样性移地保护新指南 为移地保护全过程提供详细指导

7 月 11 日，世界自然保护联盟的物种存续委员会(Species Survival Commission)发布《生物多样性放归和移地保护指南》(*Guidelines for Reintroductions and Other Conservation Translocations*)，旨在应对当前生物多样性面临的诸多威胁，如生境丧失、物种入侵和气候变化等。移地保护是人类主导的将生物多样性的组成部分转移到其自然环境之外进行保护的行为，新指南为移地保护的全过程提供了详细的技术指导，包括引种、驯化和保护等，明确了物种得以生存繁衍的栖息地环境特征及关键生态因子。同时，新指南分析了移地保护对生态系统、社会和政治的影响，并进行了风险评估和可行性研究。该指南基于原则而非案例，作为生物多样性移地保护的基本指导方针，为移地保护的进一步发展搭建了有效平台。

（摘译自：New Guidelines on Conservation Translocations Published by IUCN）

# 英国发布生物多样性补偿绿皮书<br>拟于2013年底提出国家生物多样性补偿实施计划

2013年9月5日，英国环境、食品及农村事务部(Defra)发布《英格兰生物多样性补偿(绿皮书)》(*Biodiversity offsetting in England Green Paper*)报告，分析政府推进生物多样性补偿的动因和生物多样性补偿在英格兰的实践进展，并提出咨询问题供公众评议。经评议后提出的建议，将作为2013年底国家拟定生物多样性补偿实施计划的重要内容。这份报告供公众咨询的时间是2013年9月5日至11月7日。现就绿皮书的主要内容编译整理如下：

## 一、报告背景：征求公众意见制定国家生物多样性补偿实施计划

环境、食品及农村事务部部长Owen Paterson在报告的前言中分析了发布这份报告的背景，指出英格兰面临着发展经济和改善自然环境的双重挑战。Owen Paterson从经济和自然环境两个角度分析生物多样性保护问题。从经济角度看，要科学处理好国家规划进程中生物多样性保护问题，不能因为保护生物多样性阻碍国家经济增长需要的建筑和基础设施建设，经济既不能过度耗费在生物多样性保护上，但也不能低效保护。从环境角度看，国家的自然环境不能承受侵蚀自然的错误发展方式。尽管国家规划进程已有一些做法实现了可持续发展，但是人们应当不断吸收新想法，维持和增强生态系统、空气、水和土壤，因为这些自然环境是支撑经济长期可持续增长的基础。

为了协调好经济发展和保护自然环境的关系，生态系统市场任务小组(Ecosystems Market Task Force)和自然资本委员会(Natural Capital Committee)设计了“生物多样性补偿”(biodiversity offsetting)的方式。澳大利亚、德国、印度、美国等超过20多个国家，已经在实践补偿方式。补偿就是一种经济和自然环境的平衡方式，确保发展不会产生净丧失，使其产生的任何不能避免或不可减轻的损害得到弥补，并支持实现自然环境净收益。对于开发者来说，

它可以通过规划体系，通过补偿市场获得更简单、更快捷的发展。本报告提出供公众咨询的问题，以为设计适合于英格兰的补偿计划提供参考。

## 二、国家引入生物多样性补偿体系的三个原则和两个特征

政府将引入满足下述三个原则的生物多样性补偿体系：

一是能改进规划体系中生物多样性保护要求的实现形式，为开发者提供更快捷、更低价和更确定的选择。这里的更快捷(quicker)主要包括两层意思：①形成一个简单、标准化的开发活动影响生物多样性的评估框架，加速评估过程。②必须进行补偿的开发活动，应为它们提供现成的(off-the-shelf)补偿市场，缩短就补偿进行的谈判过程。更低价(cheaper)指的是一个可以降低各方补偿成本的简单的补偿过程。补偿地应选择在远离开发地的较便宜地区。更确定(more certain)指的是一个标准的补偿框架应当让开发者明确了解规划体系的具体要求，要允许开发者在项目早期设计时充分考虑生物多样性，以便在负面影响产生之前更大程度地减轻影响。

二是系统要实现“零净损失”(no net loss)和“净收益”(net gain)。零净损失指的是在开发地区损失的生物多样性数量应当在另一地区等量补偿。净收益指的是要把补偿目标定位在增强生态联系网上。

三是避免给企业增加额外的成本。执行国家的“一进两出”(one-in, two-out)政策，即当决策者需要引入新规定并且遵守该条规定会产生一定成本，那么他们必须删除或修改现有某条规定，该规定使企业产生的成本为前述成本的两倍。

报告指出生物多样性补偿体系的两个特征：①该体系对于开发商、补偿提供商、规划部门和利益相关者来说，应当是透明和一致的机制。②该体系遵守“减缓层次”(mitigation hierarchy)的混合保护规划，遵循“避免—减少/修复—补偿”的三种选择路线，有效降低发展对当地生态造成的影响。主要解决以下问题：哪里可能成为未来发展和保护目标的兼容点或冲突点；可以避免哪些生态影响；通过补偿性保护行动可以抵消什么生态影响；生态补偿方案能从多大程度上弥补开发造成的生态影响；什么样的生态补偿方案可以以最低的风险和经费，达到最大的生态保护效果。

## 三、构建生物多样性补偿体系须解决以下重大问题

### (一)补偿度量(offsetting metric)

建立量化生物多样性影响的标准化度量。目前政府在进行的6个试点项目(于2012年4月启动至2014年4月)中推行下述度量(表)制度(表1)。该度量表按照独特性把栖息地分为高、中、低三档，按照质量又分为好、中、

差三档，再根据该栖息地的面积乘以相应的独特性和质量的档位值，就可以核算该栖息地的价值。

**表 1　英国政府正在试行的栖息地价值度量表**

<table>
<tr><td colspan="2" rowspan="2">每公顷价值多少“生物多样性单位”<br>(biodiversity units)</td><td colspan="3">栖息地独特性(distinctiveness)</td></tr>
<tr><td>低(2)</td><td>中(4)</td><td>高(6)</td></tr>
<tr><td rowspan="3">栖息地质量</td><td>好(3)</td><td>6</td><td>12</td><td>18</td></tr>
<tr><td>中(2)</td><td>4</td><td>8</td><td>12</td></tr>
<tr><td>差(1)</td><td>2</td><td>4</td><td>6</td></tr>
</table>

### (二)补偿地选址

建议尝试三种补偿地选址的办法：①开发地就地选址补偿。基于开发地边界、行政地域边界或景观边界，如自然英格兰(一个机构)的国家特征区(National Character Areas)。②混合方法选址。总的原则是，不建议进行跨国补偿。在国内，独特性较高的栖息地，应就地补偿，而独特性较低的栖息地，可在全国范围内选址补偿。③超额补偿。假如要在当地补偿战略确定的优先区进行补偿，那么该补偿项目应提供 3 倍的生物多样性补偿单位(offset units)。

### (三)合理确定补偿方式

目前主要有四种方式：①完全放任方式(fully permissive)。开发者自主选择是否利用补偿度量计算开发项目产生的影响，并进行补偿。②部分放任方式(partially permissive)。开发者可能不要求利用补偿度量计算开发项目产生的影响，并进行补偿。③统一方式(uniform approach)。超过一定补偿门槛值(thresholds on offsetting)的开发者，必须利用补偿度量计算开发项目产生的影响，并进行补偿。④社区基础设施征税(Community Infrastructure Levy)。由政府部门统一征税建立基金进行补偿。目前，由于对生物多样性补偿的成本和效益还不完全清楚，英国采用的是完全放任方式。下一步，将重点考虑以下四个问题，提出将不必要的补偿成本和补偿难题最小化的补偿体系：①生物多样性补偿的成本。有三种成本，即政府建立补偿体系的成本、异地补偿增加的成本和交易成本。②潜在的节约效益。补偿由于减少了处理成本，比现有的机制更简便更快捷。澳大利亚的经验证明，仅评估一项费用就占补偿体系总成本的一半。③创造更大的补偿市场效益。有证据表明，大型栖息地的恢复和创建具有显著的规模经济效益。如，RSPB 估计，250 公顷项目的每公顷成本是 100 公顷项目的一半。补偿市场规模过小，也容易增加交易成本。④如何最佳地创建大市场。在完全放任模式下，如何通过清晰、简单和具有吸引力的体系，以合适的尺度创造一个成功的市场。或者要求开发者参与补偿是否是其唯一的驱动方式。对这四个问题的综合考虑，决定了选择何种补偿方式。绿皮书认为，未来的一个可能选择是经济和环境平衡发展，即建立补偿门槛值，门槛值以下的不需要补偿，可以减少对这些企业的影响以促进经济发展，门槛值以上的，必须补偿，以保护环境效益。比如，Glenigan 公司提出了生物多样性补偿门槛值表(表 2)。

**表 2　纳入生物多样性补偿门槛值范围的建筑企业及补偿市场规模**

| 门槛 | 年度补偿市场规模(公顷) | 要求补偿的建筑企业 | |
|---|---|---|---|
| | | 占规划申请企业总数的百分比(%) | 占单位总数的百分比(%) |
| 无门槛 | 4040 | 100 | 100 |
| 10 个生多单位 | 2870 | 10 | 71 |
| 25 个生多单位 | 2544 | 7 | 63 |
| 200 个生多单位 | 710 | 0.4 | 18 |

### (四)正确处理受保护物种与补偿的关系

补偿体系须特别关注三种情形：①受法律严格保护的物种，如栖息地指令，补偿体系应该遵守法律要求；②某些物种具有流动迁徙性，开发者很难辨识其活动是否对物种产生影响，这就需要进行常年跟踪调查；③物种具有不同的生存繁殖能力，较难繁殖的物种，补偿相对困难。鉴于以上三种情形，建议遵循以下原则：①遵守“避免—减少/修复—补偿”的“减缓层次”原则。②对于受法律严格保护的物种，建议采取物种特有(species specific)办法，采取不同的补偿度量方法，或者保证物种能够复制生存才可启动补偿；③完善基础数据库，掌握受保护物种种群的分布和发展趋势。

### (五)合理划定补偿类型

理论上来说，任何栖息地都可以补偿，但是考虑到生态价值和政府管理成本，需要设定如下四种栖息地类型：①自由贸易(free-trading)类型。即可以在其他地方产生等量等质生物多样性单位的补偿类型。②相似栖息地(similar habitats)类型。如，在某地丧失的湿地中芦苇甸栖息地，可以通过重建沼泽地弥补，只要二者具有相同的独特性即可。③混合选择类型。澳大利亚维多利亚州试行的为此类办法，即较低独特性的栖息地可以在任意地补偿，较高独特性的栖息地必须在同级或更高一级栖息地补偿。④追加补偿类型。假定开发者想要采用不同类型的补偿，必须追加更多补偿。如，开发者造成 10 单位林地的丧失，必须补偿 15 个单位的草地。

### (六)补偿战略实施主体和管理模式

补偿战略实施主体可以采取三种模式，即地方政府主导、中央政府主导或二者混合，同时有公众提出建议。补偿战略管理模式有三种：①限制模式(prohibition model)。在规定的地方提供正确类型的栖息地。②激励模式(incentive model)。产生更多生态效益的补偿可以获得奖励，反之，不遵守补偿战略的，必须提供三倍的补偿单位。③促进推动模式(enabling model)。鼓励、指导和帮助潜在的提供者参与补偿，或参与创建生态网。

### (七)科学防范补偿提供方的风险

可建立三种应对补偿风险的办法：①金融工具(financial instrument)。要求补偿提供方建立金融工具提供收入源，如年金或信托基金，维系长期的补偿市场。如美国建立的湿地银行，该信托基金规模很大，其利息足以支付湿地银行的管理成本，不必动用本金。②公共部门信托基金。由公共部门建立基金补助补偿提供方的长期管理成本，以维持补偿项目的长期运转。如，澳大利亚新南威尔士，补偿采购费(offset purchase fee)由生物银行信托基金(Biobanking Trust Fund)统一支付。③保险池(insurance pool)。由补偿提供方集体建立保险池，以防范其金融风险或违约风险。

(摘译自：Biodiversity Offsetting in England Green Paper)

## 世界自然保护联盟分析保护区治理的重大意义和方法

随着生物多样性的日益锐减，基于重要生态系统、物种和基因多样性保护的保护区变得越来越珍贵，正逐渐成为国际社会和各国兴趣和关注的焦点。十几年前，“保护区治理”还是一个鲜为人知的概念，直到2003年第五届世界自然保护联盟世界公园大会，一些体现保护区治理的创新型方法呈现在公众面前，关于保护区治理的话题逐渐成为社会的主流。从那时起，关于保护区治理的概念和实践已经逐渐进化和巩固成一个新的快速扩张和发展的领域。2013年9月11日，世界自然保护联盟(IUCN)发布《保护区治理：从认知到行动》(Governance of Protected Areas：from understanding to action)报告。报告定义了四种形式的保护区治理，包括国营保护区、当地运转的土著人民、当地社区、公益信托和其他非政府机构建立和管理的保护区、私人经营的保护区，以及一些共同的治理安排。报告就“为何”以及“如何”治理保护区进行了描述。现将其核心内容简要编译如下：

## 一、为何提出保护区“治理”概念

关注保护区治理问题需要决策者、管理者和其他利益相关者的共同努力，从长远来看，这一切具有重大意义。原因有六：①治理是影响保护区覆盖率的最大潜在变量。在许多情况下，治理是解决问题的唯一方法，国家将能够扩大其保护区覆盖范围和“其他基于保护措施的有效区域”，来满足生物多样性公约战略规划 2011～2020 年的爱知生物多样性目标 11。②治理是决定保护区管理的效力与效率的一个主因。正因为如此，政府机关、资金机构、管理部门和社会大众都表现出极大兴趣。③治理是决策活动适当性和公平性的一个决定因素。改善治理有助于在避免不必要的成本或损害的情况下最大限度地增加保护区的生态、社会、经济和文化效益。④治理可以确保保护区更好地融入社会。保护区治理协议的内容要符合广大陆地景观/海洋景观的需要，并帮助确保各国在更广泛地决策中考虑保护区。⑤生物多样性公约各方已经同意把保护区治理作为履行公约义务的一部分。事实上，CBD 秘书处的这份文件帮助公约各方监督他们各自的进程。⑥治理促进改善，为各国在面对持续的挑战和全球变化中提供宝贵的帮助。保护区治理的机构和规则必须是动态的和具有适应性，能够应对现有的挑战和全球变化。“适应性治理”(adaptive governance)过程应该小心谨慎、消息灵通，并具有远见。

## 二、如何治理保护区

### (一)对治理进行评估和评价

评估是一个对相关的信息进行识别和分享，必要时收集更多的信息，基于相关的内容了解形势，分析形势，找出存在的问题和机遇的过程；评价是通过特定的目的、目标和价值对评估的结果进行检查，采取一系列明确的对策建议使治理接近期望的情形。针对保护区治理的评估和评价分为两个框架：

**1. 保护区系统治理的评估和评价**

主要是评估保护区系统在国家中的地位、其保护历史和保护特征、系统中单个保护区是否符合 IUCN 的定义、利用保护区系统的制图区分治理类型并识别单个保护区的分布和联系、“特别重要的生物多样性、生态系统功能和其他相关价值的领土和地区”(APIs)在国家中的地位及其保护现状，以及法律制度评价等。

**2. 单个保护区治理的评估和评价**

主要是评估当地历史、文化特征和人民对保护区的认识和实践、识别影响者和机构、评估保护区系统如何“尽可能针对性、有效、负责任、公平和尊重当地权利的”合法管辖等。

## （二）制定治理行动计划

根据治理评估和评价水平，在保护区系统和单个保护区开展改善治理的行动计划。该计划在三个层面推进：

**1. 保护区系统层面**

包括：适当改变保护区的立法和政策，鼓励多样性的、世界自然保护联盟和生物多样性公约认可的治理类型；鼓励采取法律和其他措施，认可和支持自愿性保护；采用和传播治理保护区系统的一系列良好治理原则的信息；通过透明度、问责制和公众参与的实施机制，提高保护区系统治理质量；确保保护区系统的管理者、利益相关者和所有权人之间，开展定期的信息交流和对话；确保保护区系统的法律规则都得到有效执行，并以一种统一的、非歧视的方式完成；建立一个针对保护区事项的公平的争议解决机制，并确保该机制在必要的时候能发挥作用；确定保护区治理问题的专门研究和教学机构；保证定期监测和评价保护区系统所有事项的治理。

**2. 陆地海洋景观层面**

包括：收集和审查所有特别重要的生物多样性和生态系统服务地区的治理信息；确定和协助土地、水和自然资源的准入、产权和权利问题的解决，特别是影响保护区和所有特别重要的生物多样性和生态系统服务地区的治理类型的问题；推进鼓励权力下放的多层次治理系统；消除削弱保护区治理的政策措施，包括削弱了当地机构和传统文化的制约性措施；在保护区开展一系列管理类别和治理类型的土地利用计划和海洋资源管理计划；开展提高公众参与认识和保护区治理的宣传活动；监测和评估保护区治理改革的程度、速度和成果。

**3. 单个保护区层面**

包括：确保管理者、利益相关者和所有权人之间定期开展关于治理问题的信息交流和对话；确保监督和评估治理过程的透明度、问责制和公众参与；确保权利相关者和利害关系人在保护区决策中的合法代表性；确保定期监督和评价保护区治理，包括执行相关立法和政策；确保保护区的法律规则得到有效执行，并以一种非歧视的方式完成；建立一个针对保护区事项的公平的争议解决机制，并确保该机制在必要的时候能够发挥作用。

（摘译自：Governance of Protected Areas：From understanding to action）

## 世界保护区数据库：我国陆地保护区占国土面积的比例略高于世界平均水平，但未来有较大增长压力

世界保护区数据库(WDPA)是全球保护区的核心数据库，是陆地和海洋保护区数据最完整的汇集处。WDPA 还包括地理信息系统的相关数据，其通过与不同国家和相关合作伙伴直接接洽，可提供一系列内容丰富的保护区数据，数据涵盖范围包括不同国家确定的保护地区如国家公园、自然保护区，以及国际协议和确定的保护地区，如联合国教科文组织通过的世界遗产名录、国际重要湿地名录等。

8 月 27 日，WDPA 发布的信息表明，2012 年全球保护区面积占全球陆地总面积的比例由 1990 年的 8.9% 提高到 14.6%，海洋保护区的覆盖率由 1990 年的 4.6% 提高到 9.7%。同时，WDPA 指出，2020 年，世界保护区面积至少要覆盖全球陆地和内河面积的 17%、沿海和海洋区域面积的 10%，尤其是生物多样性和生态系统服务价值高的重点地区，将得到更加有效的保护，并集合到现有保护区系统形成更广泛的自然景观区域。

中国生物多样性保护国家委员会秘书长、环保部副部长李干杰指出，截至 2012 年底，中国共建立自然保护区 2669 个，占国土面积的 14.9%，说明中国陆地保护区面积占国土面积比例略高于 14.6% 的世界平均水平，保护区建设成果显著。但是，相对于 WDPA 提出的“2020 年世界保护区面积至少要覆盖全球陆地和内河面积的 17%”目标，考虑到我国国土面积较大，未来我国保护区增长压力较大。

（摘译自：Protected Areas, A Global Perspective）

## 联合国环境署：加强 GPS 跟踪和监控动物迁徙路线，合理建设铁路和栅栏拯救濒危物种

2013 年 8 月 26 日，联合国环境署的一份报告指出，横贯中亚地区的新建铁路、公路和栅栏正日益威胁着世界上最古老的哺乳动物——濒危物种高鼻羚羊的生存。

联合国《保护野生动物迁徙物种公约》(CMS)最新一份研究报告显示，修改这些铁路、公路的设计方案，可以避免破坏高鼻羚羊的迁徙路线，从而防止该物种数量的进一步减少。仅在20世纪90年代，高鼻羚羊的数量就从100万只减少至5万只，锐减90%。

哈萨克斯坦计划到2016年修建一条长达1600千米的铁路，作为“新丝绸之路”的一部分，提高欧亚大陆间的陆路贸易。该铁路穿过无人居住的草原地区，将直接影响高鼻羚羊的迁徙路线。

该地区开采业的发展也导致了中亚其他地区修建大量的铁路、公路和栅栏。

这份由法兰克福动物园协会和野生动植物保护国际(Fauna & Flora Inter-National)支持的CMS专题研究报告，概述了这些潜在障碍的解决方案。通过使用GPS跟踪高鼻羚羊的迁徙路线，监控新建铁路、公路和栅栏，确定哪些地区是高鼻羚羊无法穿越的地段。

CMS执行秘书Bradnee Chambers表示，“该报告为决策者提供了实际的指导方案，从而减少这些基础设施建设对哈萨克斯坦独特的迁徙动物和风景的影响。”

中亚拥有全球最完整且相互关联的大草原和草地生态系统，是野生动物主要的迁徙路线。高鼻羚羊和其他物种必须迁徙到冬季牧场才能度过寒冷的冬天。日益新建的铁路和永久的火车站可能会导致高鼻羚羊无法正常迁徙，并使得它们更容易受到偷猎分子的捕获。由于雄性高鼻羚羊角是一味名贵的中药药材，高鼻羚羊角的非法贸易已经开始兴起。此外，哈萨克斯坦和乌兹别克斯坦的栅栏边境削减了高鼻羚羊的重要栖息地。

该研究报告建议马上移除边境栅栏底部的两根电线，重新设计、合理布设(smarter construction)铁路公路线，避免破坏高鼻羚羊的核心栖息地。该研究报告还表示，企业、政府机构、环保人士和当地社区需要共同合作，确保高鼻羚羊迁徙路线的畅通。必须采取必要的行动，拯救和恢复高鼻羚羊这一濒危物种的数量。

CMS于2006年通过一项恢复、保护和可持续利用高鼻羚羊的政府间谅解备忘录，希望通过提高政治承诺支持高鼻羚羊的生存，并加强对该物种的保护力度。签署该谅解备忘录的政府和组织包括：哈萨克斯坦、蒙古、俄罗斯、土库曼斯坦、乌兹别克斯坦和很多相关的野生动物保护组织。

（摘自：联合国环境署中文网）

# 澳大利亚将建设第一个流域国家级生态区

据澳大利亚可持续发展、环境、水与人口社区部网站 9 月份的消息，该部拟加强自墨累河和达令河交汇处起至库荣(Coorong)以及该河至入海口流域的生态区建设。2013 年 8 月份，该部部长在考虑濒危物种科学委员会(Threatened Species Scientific Committee)的建议后，列举了该流域应予保护的生态区。

环境部针对为何要加强墨累－达令河国家生态区建设，回答了几个重要问题：一是为何要从国家层面采取行动进行保护。主要有三个原因：①有 10 种重要的本土生物种群已经丧失或下降。②该生态区因许多活动已严重退化，包括洪水管理制度、河道整治和基础设施的影响；盐度升高；酸性硫酸盐土壤；越来越多的杂草和病虫害；以及气候变化影响。③流域区内各生态区影响不同，但总体看，以上影响都在加剧，并显现出重大负面效应。二是该区域作为第一个国家级流域生态区加强管理的法律依据。根据 1999 年的环境保护及生物多样性保护法案(The EPBC Act)，鉴于“国家环境重要性”情况，法案保护和管理全国以及世界范围内的重要植物群、动物群、生态社区以及遗产地。法案所适用的八种具有“国家环境重要性”的情况是：世界遗产地、国家遗产地、具有国际重要意义的拉姆塞尔湿地、记录在案的濒临灭绝的物种和生态社区、国际条约保护的移徙的物种、联邦海洋生态环境、核行为(包括铀的开采)以及国家遗产。该部认为，墨累－达令河流域是许多植物、动物和有机物的集合，它们濒危灭绝，应当加强保护。三是该生态区的生态重要性。该生态区有红桉林地、三个重要的拉姆塞尔湿地，以及许多其他重要的湿地。四是提出了主要的生态区建设和保护措施。具体分为监测、原生植物恢复、水利制度调整、有害植物清除、减少渔业压力、气候变化等 9 方面。其中，原生植物恢复的主要措施有四条：避免清除原生植被，并在生态区边界 50 米范围内建立缓冲区，增加原生植被建设；在河岸和滩涂补种以前生存的原生植被，特别是在库荣(Coorong)地区重建川蔓藻(Ruppia)植物群；在公有和私有土地上实施最优经营实践指南；改变现有规划制度，在未来土地规划须加强生态区保护。

(摘译自：New guide now online for River Murray—Darling to sea：a nationally protected ecological community)

## 美国国内资源部发布报告 国家野生动物保护区为地方经济作出重大贡献

美国国内资源部(又译为内政部)下属的渔业和野生动物局(简称渔野局)负责管理美国的国家野生动物保护区(National Wildlife Refuge)。该保护区成立于1903年，至今已超过百年历史，总面积约1.5亿英亩(折合6072.9万公顷)，包括560个保护区，38个湿地以及其他类型的保护区。保护区为700余种鸟类、220种哺乳动物、250种爬行动物和两栖类动物，以及1000余种鱼类提供栖息地。其主要功能是保护野生动物，同时为社会公众提供钓鱼、狩猎、野生动物观赏、环境教育等服务。据国内资源部部长萨莉·朱厄尔(Sally Jewell)2013年11月5日授权发布的报告，美国国家野生动物保护区为国家经济提供了强劲动力。该报告题为《自然的金融力量：国家野生动物保护区旅游对当地社区的经济贡献》(*Banking on Nature: The Economic Benefits to Local Communities of National Wildlife Refuge Visitation*)，报告主要对2011年开展的保护区全面调查数据，归纳总结保护区旅游业对国家经济的贡献。报告主要有三点发现：①野生动物保护区旅游业贡献了巨大的经济价值。2011财年，有4650万人到保护区旅游。旅游消费为3.5万人提供了工作，并为其带来了7.93亿美元的就业收入。②旅游活动支出中约72%的支出是非消费型活动。其中，钓鱼占27%，狩猎占7%。总支出中，23%是当地居民的消费，77%是外来居民的消费。③保护区旅游消费支出为县、州和国家带来了3.43亿美元的税收收入。

(摘译自：Banking on Nature: The Economic Benefits to Local Communities of National Wildlife Refuge Visitation)

## 美国环保署分析美沿海地区湿地的现状和趋势

沿海地区湿地为人类和环境提供了必要的生态系统服务，包括抵御洪水和控制侵蚀，为生物提供食物和栖息地，开展商业捕鱼和旅游、清洁水质，并有一定的固碳能力。2013年11月21日，美国环保署发布报告《美国本土沿海湿地的现状和趋势》(*Status and Trends of Wetlands in the Coastal Watersheds of the Conterminous United States*)，指出，2004～2009 年间，美国大西洋、太平洋、墨西哥湾和五大湖区的海岸湿地年减少 8 万英亩(折合 3.24 万公顷)，比 1998～2004 年间的年减少 5.9 万英亩有所增加。环保署分析指出，海岸湿地减少的主要原因是人为活动和自然过程：

(1)人为活动。可能导致海岸湿地减少的人为活动包括城市和农村发展、农业和造林活动等。这些土地利用变化可以间接地影响附近的湿地，通过增加分水岭地区的径流或取水量来改变水文状况。几乎 70% 的海岸湿地减少是因为发展，其中大部分损失发生在淡水湿地地区。同时，超过一半的美国人口生活在海岸地区，相比内陆地区，增加了海岸湿地的压力。

(2)自然过程。海岸湿地，尤其是河口和海洋湿地的自然改变是由高能量的自然事件造成的，如海平面上升和风暴带来的侵蚀和洪水泛滥。气候变化和海岸线防御(shoreline armoring)可能放大了这些影响。河口湿地是保护海岸线免遭侵蚀和洪水影响的典型湿地类型，但是随着海平面上升，经济开发活动阻止湿地的内陆迁移，更多的湿地将会转换为开放水域。

(摘译自：Status and Trends of Wetlands in the Coastal Watersheds of the Conterminous United States)

# 第七节

# 林产品贸易和野生动植物保护

## 澳大利亚通过禁止非法采伐木材贸易法案<br>林、农、渔业将制定办法加以落实

2012 年 11 月底，澳大利亚继欧盟和美国之后，通过了名为《非法采伐禁止法案(2012)》的法律，禁止进口和贸易非法木材。法案内容分为五部分，每部分又包括若干节，这五部分的主要内容安排如下：一是序言；二是进口，具体包括进口非法采伐的木材和进口商的尽职调查两节，主要界定非法木材的进口源和进口商的调查义务；三是加工，具体包括加工非法采伐的本国原木和加工企业的尽职调查两节，主要界定加工环节非法木材的来源和加工企业的调查义务；四是监测、调查和执法，具体包括检察官的任命、监测、调查、监测和调查的一般性规定、民事处罚条款，以及违法通知等六节；五是附则。对进口非法木材的行为主要采取罚款、监禁和没收商品的惩罚，监禁的最高期限为 5 年，罚款可以为 5.5 万~27.5 万美元。

2012 年 12 月 13 日，农业、渔业和林业部声称，要与有关产业和利益相关者进行协商，制定落实该法案的具体实施办法，并于 2013 年 5 月底前完成制定工作，以促进该国相关产业在 2014 年 11 月开始遵守该法案。

（摘译自：Illegal Logging Prohibition Act 2012）

# 联合国粮农组织认为林产品行业正步出衰退 中国和亚太区域引领全球林产品行业复苏

2012年12月18日，联合国粮农组织中文网发布信息，指出全球林产品行业正在缓慢走出经济危机，亚太地区尤其是中国引领复苏。粮农组织公布的最新数据显示，2011年全球主要林产品的平均产量比2010年增长1%～4%，说明各国正在逐步摆脱经济不景气的困境。

例如，2011年人造板和纸张的产量超过2007年危机前的水平，而且大多数区域亦出现相对强劲的增长态势；然而，2011年全球工业原木产量虽然在2010年的基础上提高了3%，但至今仍未达到危机前的水平。在纸浆和纸张市场，2007～2011年间总体增长非常缓慢，增幅每年约1%。但事实上，各区域之间的情况存在着很大差异：在亚太区域，纸浆和纸张的生产及消费正在显著增加，而欧洲和北美却呈现总体下降趋势。

## 中国在林产品市场中的地位更加稳固

中国作为林产品生产大国的重要性不断提高，已经超过加拿大，成为世界上仅次于美国的第二大锯材生产国。中国还在人造板、纸和纸板领域进一步扩大了与所有其他生产国相比的领先优势。2011年，中国的锯材产量占世界产量的11%，人造板和纸张产量则分别为38%和26%。

中国是工业原木、锯材、纸浆和废纸的最大进口国，也是人造板的最大出口国，因此在国际林产品贸易中发挥着重要作用。尽管自2007年以来国内产量大幅增加，但中国仍是世界第五大纸和纸板进口国。2011年，中国所有林产品的进口额达到430亿美元，占全球总额的16%。

## 俄罗斯的生产结构变化

俄罗斯联邦拥有世界上最广阔的森林，其生产和贸易结构在过去五年中也发生了变化：工业原木出口下降了2900万立方米，而锯材生产增加了300万立方米。同期，俄罗斯联邦还将锯材的出口量扩大了13%。

过去，俄罗斯工业原木出口量中有很大一部分运往中国。但由于俄罗斯联邦对原木出口实施限制，2007～2009年，出口量下降。尽管如此，中国工业用原木的进口数量已经回升，而且其他一些主要生产国，包括美国、加拿大和新西兰，已扩大了对中国的出口。

（摘自 FAO 中文网）

# 世界自然基金会预测 2050 年全球木材需求量将增加三倍

世界自然基金会（WWF）最新分期发布的《活着的森林报告》（*Living Forests Report*）指出，到 2050 年，随着人口和需求的增长，木材作为生物能的使用也随之增加，每年社会对森林和种植园的木材需求量将增加三倍。在法兰克福举办的国际“纸张世界”（Paper World）办公用品展提出，在未来 30 年里，纸张生产和消费可能增加一倍，总体木材消耗量可能增加三倍。WWF 全球森林计划（Global Forest Programme）主任 Rod 说，对天然林和人工林的木材需求量将增加三倍的情景预测激发我们需要建立更为良好的森林保障管理体制，否则我们会破坏更多的林地。与其它不可再生资源相比，木材具有许多优点，来自于管理良好的天然林和人工林的木材是一种可再生资源。以森林资源为基础的行业面临的关键挑战是，如何在提供更多木制产品的同时对自然产生最小的影响。这一挑战覆盖整个供应链，从木材来源和如何生长到怎样明智有效地采伐、加工、利用和再利用。WWF 森林保护目标是，到 2020 年森林砍伐和森林退化净增长为零，这意味着森林面积或森林质量没有总体损失。目标要求天然林的损失降低至接近零，从目前每年减少 1300 万公顷，并无限期地保持在这一水平。国际全球纸浆和造纸工作负责人 Emmanuelle 指出，WWF 的研究表明，使森林砍伐和森林退化零净增长，并且维持一个能满足人们需求的充满活力的木制品行业是可以实现的。如果我们的行动拖延时间越长，则需要更为困难和昂贵的解决方案。我们需要明智的消费、更高的效率、负责任的林业措施、良好的治理以及更高的透明度。

特别对于纸张，该报告概括了以下解决方案：①更多回收和低回收率国家。与未来全球更高的纸张消费量相比，如果提高回收率，社会将需要比今天更少的原材料。2020 年的情景显示，如果目前全球 53% 再生纤维的使用水平提高到 70%，即使纸张生产同比增长 25%，对原纤维的需求仍然可以降低。国家之间的废纸回收率差别很大。因此，努力改善低回收率国家的再利用率和高消费的增长，对减少天然林的压力具有特殊意义。②资源利用效率和更为公平的消费模式。更为高效的加工和制造方式可以使给定的木材量生产更多的产品。此外，目前发达国家（占世界10%的人口消耗了世界50%的纸张）的消费模式并不是可持续的。富裕国家可以减少纸张使用的浪费，而比较贫穷的国家在教育、卫生和食品安全领域需要更多的纸张。③人工林有助于缓解天然林压力。即使是更为节约的利用、更高的回收和效率，对木材的需求仍将可能增长。2020年之后，在消费量没有显著减少的情况下，保持接近于零的天然林损失，到2050年将需要多达2.5亿公顷的新人工林种植，这几乎是目前人工林种植量的一倍。因此，管理良好的人工林，特别是在目前退化土地上，有助于恢复生态系统，并将发挥越来越重要的作用。④管理良好的森林。不断增长的需求也必将推动天然林的进一步生产。该报告指出，到2050年，森林的商业性采伐可能会比现在高出25%以上。森林认证仍将是一个通过市场驱动机制以提高森林管理措施的重要工具。⑤能源挑战。到2050年，对木材能源的年需求量可能达到60亿~80亿立方米，这相当于目前所有木材需求的2倍以上。显然这对可持续的土地利用总体规划提出了挑战。WWF认为，生物能源在为农村社区替代化石燃料、增加新的收入以及增加能源安全提供多元化选择方面发挥了重要作用。然而要实现这些益处，生物能源的利用必须经过精心规划、实施和对环境和社会可持续发展的监测。管理不善的生物能源生产将破坏宝贵的生态系统、破坏粮食和水安全、危害农村社区和延续能源消耗浪费。

在未来几十年里，人类有可能以更多的方式使用更多的木材。考虑到木材和纸张需求的大规模增长，以森林资源为基础的产业是保护森林的关键。鉴于木材在以可再生资源为基础的“绿色”经济中所发挥的积极作用，森林生产必须以最高的生态和社会标准加以管理，并且木制品的利用和回收必须变得更加有效。

（摘自：《科学研究动态监测快报》）

# 打击涉林野生动植物犯罪及相关贸易为国际外交新热点我国既要积极作为也要灵活应对

## 一、CITES 第 16 次缔约方会议取得了显著成果 涉林野生动植物犯罪成为国际外交新热点

濒危野生动植物种国际贸易公约(CITES)第十六届缔约方大会(COP16)于 3 月 3 ~ 14 日在泰国曼谷举行，来自全球 177 个国家、土著地区、非政府组织和企业的约 2000 名代表参会。共有 55 个国家和地区提交了 70 份提案，涉及海洋物种(包括一些鲨鱼物种)、木材(包括马达加斯加的 100 多种树种)、厄瓜多尔骆马、淡水龟、蛙等动植物的保护和可持续利用，以及大象、白犀牛和北极熊的特别保护。经会议审议后，55 个提案被接受，9 个被驳回，6 个被撤销。

经过为期 2 周的艰难谈判，与会各方达成了重大共识，大会通过了包括保护珍稀树种和防止海洋物种过度开发在内的一系列决议。代表们一致通过，将数百种树种、多种乌龟和海龟，以及其他众多动植物纳入 CITES 管理之中。总体看，这次会议是对维持全球森林和海洋可持续性具有重大意义的国际会议，取得了一系列成果：

(1)确定每年 3 月 3 日为“世界野生动植物日”(CITES 于 1973 年 3 月 3 日在华盛顿签署)，并接受了南非 2016 年举办第 17 届缔约方大会的申请。

(2)135 种乌木和红木获得保护。亚洲、中美洲和马达加斯加岛共计 135 种红木和乌木的国际贸易将受公约管制。

(3)国际合作打击象牙和犀牛角非法贸易。会议首次采纳了国际合作解决这一问题的战略决定，决定增加对非洲大象基金的投入，提高对非洲大象行动计划的执行力度。

——针对犀牛角犯罪问题。会议要求，相关缔约国在一系列涵盖适当惩罚措施的相关法律下，对有组织的犯罪团体提起公诉。会议还要求各国采取更加严格的措施，对各种来源的犀牛角产品的再出口进行管理，制定并执行旨在减少犀牛角产品非法转移和消费需求的控制战略。成员国同意制定并执行这一战略，以提高公众对野生动物非法贸易造成的经济、社会和环境影响的认识。

——针对象牙犯罪问题。在大会最后一天，各国同意开启一套程序，要

求涉及非法象牙贸易的国家取缔象牙走私。大会要求这些国家在两个月内提交有明确时间节点的整改计划，并在2014年夏天举行的CITES大会之前取得进展。打击非法象牙贸易不利的国家包括菲律宾、肯尼亚、马来西亚、泰国、坦桑尼亚、乌干达、越南和中国。

根据CITES条款，若以上国家没有采取行动，CITES将启动相应程序，最终有可能导致对其进行贸易制裁。根据条约，CITES可以建议缔约方停止与不守约国家的物种贸易。

(4)加强对鲨鱼等物种的保护，将五种鲨鱼(三种双髻鲨、长鳍真鲨和鼠鲨)和两种蝠鲼列入了CITES附录Ⅱ，以规范其国际贸易保持在一个可持续的水平。

(5)野生动植物执法网络首次全球会议于3月7日召开，会议强调在打击野生动物和森林跨国有组织犯罪时跨境合作的重要性，呼吁应增强地区执法能力和协调能力，以应对来自野生动植物犯罪网络的严重威胁。会议决定成立由执行人员和专家组成的野生动物犯罪事件支持小组。在某国出现严重的与非法贸易或CITES所列物种有关的大规模偷猎事件时，派小组成员前往这一国家，并在事件发生后，尽快提供帮助并指导后续行动。

(6)支持开发野生动物执法网络或团体，在全球层面使用现有的合作安排如ICCWC(打击野生动植物犯罪国际联盟)①，以改善信息沟通、分享最佳实践和经验教训，讨论并确定打击野生动物犯罪的联合行动。

## 二、会议背景是涉林野生动植物犯罪活动日益加剧，给经济、生态和社会等方面造成危害

现在，涉林野生动植物犯罪及相关“黑色贸易”②日益肆虐，正在全球迅速蔓延，对当地社区、国际贸易秩序和国际生态治理带来冲击，产生了经济、

---

① “打击野生动植物犯罪国际联盟”全称为The International Consortium on Combating Wildlife Crime，简称为ICCWC，其合作伙伴包括CITES秘书处、联合国毒品和犯罪问题办公室、国际刑警组织、世界银行以及世界海关组织。

② 按照ICCWC的定义，“野生动物”意味着所有的动物和植物。“动物”是动物和鸟类，如老虎和隼，但也包括鱼。“植物”是指各类草木，如兰花、仙人掌之类，还包括木材和非木材林产品，其中一些是被大规模地进行非法交易。“涉林野生动植物犯罪”是指违反某国旨在保护自然资源及规范其经营利用的法律法规的行为。这可以从自然资源的非法开采，如偷猎大象，连根拔起珍稀罕见的兰花，非法采伐树木，或者使用未经许可渔网打捞鲜鱼。“犯罪”也可能包括随后的行为，如动植物产品的加工、运输、买卖、持有等。同时，“犯罪”还包括为这些犯罪所得提供金融隐蔽和洗钱。这些罪行的一些行为或许只在原产国发生，而其他行为会出现在目的地国家，犯罪所涉及的动物或植物的活体、标本或其中某部分或者衍生物在目的地国家最终消费。不管是在CTIES管辖内物种还是管辖外的物种，只要其取得、加工、运输等活动规范了当地法律法规，那么涉林野生动植物及其制品的贸易就属于非法贸易，也就是被UNEP名之为“黑色贸易”。

生态和社会等方面的危害。

目前，从全球范围来看，以非法采伐为主的涉林野生动植物犯罪主要发生在亚马孙河流域、非洲中部和东南亚的热带雨林地区。最近的研究和调研表明，仅仅是非法采伐的木材量，就占热带国家木材产量的50%~90%，也就是全球木材产量的15%~30%。全球非法采伐木材及其加工产品的经济价值，估计在300亿~1000亿美元之间，相当于全球木材交易额的10%~30%。

对于许多发展中国家而言，涉林野生动植犯罪除了产生重大的财产损失和财政收入之外，还潜在威胁着农村社区的生计，影响当地的粮食安全，并可能会破坏整个自然生态系统。另外，动物和植物的活体跨境走私，将带有风险的各种疾病传播各地。如禽流感可以扩展到食物链，从而导致畜群集体死亡，其中一些(如埃博拉病毒)甚至是致命的，直接威胁到人类健康。不仅如此，外来物种侵入栖息地，可能毁了国家或地区的天然形成的生物多样性。可以说，随着涉林野生动植物犯罪日益猖獗，一些野生动植物走私让各种未经检疫的违禁品轻易跨越国界，而且经常是数量显著，威胁到相关各国的国家安全和生态安全。

以下，挑选本次COP16会议上关注的木材、犀牛、象牙和类人猿数据，以说明涉林野生动植物犯罪产生的经济损失：

(1)*非法采伐木材尤其是珍贵木材*。据联合国环境署估计，在主要热带国家，50%~90%的树木砍伐是由有组织的犯罪团伙实行的。他们每年从非法伐木中获得300亿美元的收入，而卷入这些非法活动的穷人只能分得很少一杯羹。非法采伐还涉及一些珍贵的热带硬木，如乌木和红木。乌木和红木是制作高级家具、乐器、棋子和地板的材料。

(2)*犀牛角贸易*。亚洲传统医学和信仰、世界范围精美工艺品需求和现代的金融投机，是导致世界尤其是南非犀牛惨遭杀戮的原因。南非约有1490头黑犀牛，占这种濒危物种全球总数的1/3以上。南非还有约16275头南方白犀牛，占全球总数的93%。去年，近700头南非犀牛遭到猎杀，而2013年这一数字已经达到150头。南非犀牛角的偷猎团伙通常来自邻国。每只犀牛角他们可以赚上200美元，经过加工后在黑市中卖上几千美元。一些合法的管理机构也会去钻空子，通过狩猎许可等方式出售掠杀犀牛的机会，犀牛一旦被杀戮后牛角就被割走。去年一头猎物以13.6万美元的价格卖给了来自越南的猎杀者。

(3)*象牙非法贸易*。近10年来，非法象牙贸易增至3倍。随着非法象牙贸易的不断增长，非洲中西部的大象数量持续受到严重威胁。过去10年里，被杀戮的大象数量翻倍，非法象牙贸易增至3倍。自2009年以来，查封的大规模运往亚洲的象牙超过800千克，并在2011年达到新高。CITES网络对

40%的非洲大象数量监测显示，2011 年 1.7 万头大象被非法杀害。2012 年初的数据表明，情况没有太大改善，而且真实数字可能更高。

(4)类人猿非法贸易。据估计，野生生境每年损失近 3000 只类人猿。有记录的档案显示，在过去的 7 年中，至少 643 只黑猩猩、48 只倭黑猩猩、98 只大猩猩和 1019 只猩猩被捕获，用来进行非法贸易。而这些数字只是冰山一角。报告估计，非法贸易使非洲和东南亚森林每年损失近 3000 只类人猿(至少 2972 只)。

## 三、国际社会打击涉林野生动植物犯罪行动机制及分析

目前，从国际社会层面来看，打击涉林野生动植物犯罪主要有两个途径，一是基于 CITES 公约的贸易管制，另一是基于 ICCWC 组织的国际执法合作机制。此外，还有基于《联合国反腐败公约》所提供的手段，尤其是反洗钱的执法机制。不过，主要还是 CITES 和 ICCWC 两个途径，在曼谷召开的 CITES 第十六次缔约会所采取的行动可见一斑。

有效打击涉林野生动植物犯罪仍然面临着诸多挑战。一方面，CITES 是有很大问题的。当应对那些控制良好的合法贸易时，它非常有效；但是非法采伐的木材贸易，以及非法取得的犀牛角、象牙或类人猿的贸易，几乎完全是地下的，在没有国际联合执法机构的情况下，人们对其束手无策。另一方面，不管是国际层面还是当地层面，执法机制运行状况相当弱，在欠发达的发展中国家尤其糟糕，普遍存在主要包括法律不完善、缺乏执法设备、执法培训不足等等。

打击野生动植物犯罪之所以难以奏效，究其根源，在于没有解决当地社区经济发展和生计提高的问题。对非洲很多当地土著人群而言，要么从莫桑比克非法越境到约翰内斯堡打黑工，要么到公园里面打死一头犀牛，挣上一笔相当于一年工钱的巨款，即使被抓了也是轻微的处罚。当地人毫无疑问会选择后者，所以有人说“枪毙偷猎者并不能解决问题，这些人不过是炮灰而已”，只有减小偷猎者这个工作的吸引力，通过合理开发和利用当地资源为社区带来更多的福祉，才能真正地改善乱砍滥伐、杀戮牟利的局面。

## 四、美、欧、澳相继实施禁止非法采伐木材及相关贸易的法案

一直以来，北美、欧盟和其他一些发达国家是非法采伐木材及其制品的最终消费的目的国家或者地区。随着国际行动向前推进，美国、欧盟和澳大利亚等率先推出了禁止非法采伐木材及相关贸易的法案。2008 年美国修订了《雷斯法案》(*Lacey Act*)，2012 年底澳大利亚议会通过了《2012 年禁止非法采伐法》，《欧盟木材及木制品法规》也于 3 月 3 日实施。以下，重点介绍美国和

欧盟的最新情况：

——美国《雷斯法案》修订案及“吉普森”案件。

《雷斯法案》是美国第一部联邦自然保护法案。在2008年5月22日的修订中，《雷斯法案》将适用范围延及植物和植物产品，增加了打击非法采伐及相关贸易的内容。

2012年8月6日，美国司法部宣布，它与“吉普森”吉他公司(Gibson Guitar Corp.)之间，就“吉普森”3年前从马达加斯加和印度购买和进口非法来源的木材进入美国而违反了《雷斯法案》的案件，达成协议解决。在协议中，“吉普森”对从马达加斯加购买进口黑檀木的行为供认不讳，对相关处罚也愿意接受 。作为交易条件，司法部同意，如果“吉普森”全面履行上述义务，且保证今后不再违反《雷斯法案》，“吉普森”及其雇员因这次从马达加斯加和印度购买进口非法木材的犯罪行为，免受联邦政府提起刑事起诉。这是美国根据《雷斯法案》修正后作出的首起主要调查案件的公开协议解决，让3年来的案件调查划上了句号。更重要的是，通过此案处理，美国创立了第一个适用《雷斯法案》修正案的先例，影响到了欧盟和其他地方森林法律和规范，对美国乃至全球木制品业产生重大影响。

——《欧盟木材与木制品法规》：2013年3月3日，《欧盟木材与木制品法规》(EU TR)(欧盟第995/2010号)将正式实施。该法规要求木材生产加工销售链条上的所有厂商，必须提交木材来源地(不论是否在欧盟境内)等证明木材来源合法性的基本信息，不能提供合法性信息的木材及木制品，不能在欧盟市场销售。

## 五、我国所面临的新形势和应采取的策略

CITES第十六届缔约方大会的各项决议，以及欧盟和美国等我国林产品主要贸易伙伴采取加强木材和木制品合法性的行动，将会对当前国际林产品贸易产生重大影响，主要表现在5个方面：

(1)犀牛、象牙等(以及猿类到穿山甲和爬行类等)不同物种及其制品进出口，必须经过更加严格的CITES许可或者其他类型的合法证明。

(2)联合打击涉林野生动植物犯罪的国际执法合作将更加紧密，向更高水平推进。

(3)加速推进世界各国森林认证的进程。据估计，目前全球森林中约有10%经过认证，随着合法性要求更加严格，森林认证将有加快推进的趋势。

(4)重要热带国家原木出口量将会逐步减少。欧盟与6个主要的木材生产国(喀麦隆、中非共和国、刚果(布)、加纳、利比里亚和印度尼西亚)签订了合法木材供给双边协定，正在与越南、马来西亚等十多个热带雨林国家商议。

这些自愿协定伙伴国家必将减少出口热带原木。

(5)全球木材出口格局可能有两种趋势。一种是增加跨区贸易流动。将会增加木材合法性管理做得较好的生产国特别是发达国家的原材料供给量，减少木材非法性问题突出生产国特别是部分发展中国家供给量。另一种是木材出口比较优势从价格、劳动力等要素转变为合法性要素。

我国是林产品贸易大国，也是原木、人造板、纸浆、家具和野生动植物及其制品等进口、出口和再出口的重要国家。据统计，2011 年，我国林产品对外贸易额超过 1200 亿美元，其中进口 550 多亿、出口 650 多亿。我国所需原木和锯材，很大程度上依赖进口。这些木材和锯材在我国加工成人造板和家具等产品后，主要出口到美国、日本和欧盟国家。同时，我国野生动植物对外贸易较快发展，许多重要野生动植物物种主要依靠进口。2011 年，野生动植物出口 190.46 亿元人民币(动物 26.6 亿元，植物 163.5 亿元)，进口 1336.42 亿元(动物 16.86 亿元，植物 1319.56 亿元)。随着当前形势的变化，我国林产品贸易将会面临着新的挑战，需要采取有效策略应对。

我国应该及时做好以下方面的应对工作：

一是研究制定落实 CITES 缔约国第 16 次会议各项决议的工作方案。抓紧研究调查我国野生动植物对外贸易的基本情况。在此基础上，一方面，借助有关《濒危野生动植物种国际贸易公约》(CITES)、世界自然保护联盟(IUCN)濒危物种红色名单、国家(指美国和相关贸易伙伴国)濒危物种名单以及联合国环境署世界保护监测中心的数据，对进口木材、犀牛角、象牙等在物种层面进行风险评估；另一方面，对我国经济社会发展亟须的某些类型(如爬行类)野生动植物，推动其对外交易的合法化。

二是加快推进符合我国国情、林情又与国际接轨的森林认证工作。

三是加强多边和双边联合执法合作。其一，借助 CITES 或者 ICCWC 机制，要求信息共享和执法协作。其二，积极推动我国主要木材供应国加强立法、执法和认证工作，并与所在国的法律专家或者资质第三方联合开展对他国法律和许可的检查确认。其三，逐步建立与美国、欧盟、日本等进口国主管部门和企业的协调沟通机制，及时有效地应对随时出现的法律纠纷。

四是加强引导我国林业企业建立“尽职”(due care)内部风险控制机制，加强我国林业企业及其从业人员培训，建立企业风险防控机制，提高从业人员法律、贸易和濒危物种识别水平。

五是加强对策研究和咨询服务，为我国出口商及其业务伙伴提供更容易使用的工具和各类信息，包括满足 CITES、欧盟木材及木制品法规、《雷斯法案》和其他合法性政策要求的报关表格工具、经营指南和合法木材、野生动植物及其制品和其他林产品的采购名单。

（摘自：CITES缔约国第16次会议决议、新闻稿，以及ICCWC和UNEP等机构联合发布的《尘土中的大象——非洲大象危机》、《被偷走的猿：黑猩猩、大猩猩、倭黑猩猩和猩猩的非法贸易》等报告）

## 美国国家野生动植物保护系统运转110年发挥两大功能

据美国内政部渔业和野生动物局3月14日的消息，位于内华达州拉斯维加斯西北90英里[①]的灰草甸(Ash Meadows)国家野生动物保护区，是一个沙漠湿地生态系统，为至少25种世界上其他地方已绝迹的动物提供栖息地，它是150万英亩(折合370.5万公顷)的美国国家野生动植物保护系统(the National Wildlife Refuge System)的一部分。该系统已成功运转110年，发挥了两大功能。一种功能是为动植物提供栖息地。为超过700种鸟类、220种哺乳动物、250种爬行动物和两栖类动物和1000余种鱼类提供栖息地。超过280种受威胁或濒危的动植物受到保护。另一种功能是为人们提供休憩地。每年接待4500多万人次的休闲活动，如狩猎、钓鱼、野生动物观察、摄影、环境教育。该系统是美国内政部渔业和野生动物局的一个服务部门。

（摘译自：National Wildlife Refuge System Commemorates 110th Anniversary）

## 世界自然基金会：俄罗斯、日本加强处罚野生动植物犯罪的力度

据世界自然基金会4月18日的消息，俄罗斯和日本将提高对野生动植物犯罪的惩罚力度。根据TRAFFIC和世界自然基金会2012年对俄罗斯打击非法采伐和野生动物犯罪的评估，指出该国法律存在漏洞，允许偷猎者和贩运者承受微不足道的惩罚。2013年3月31日，俄罗斯政府提高了处罚力度，杀害或猎取野生老虎和豹子以及其他濒危物种，包括某些鸟类的罪犯，将被处

① 1英里=1.609千米

罚110万卢布(折合3.5万美元)。与此同时，日本环境省已经宣布，打算提高贩运野生动物的最高刑罚，从一年徒刑或罚款100万日元(折合1.04万美元)，增加到五年徒刑或500万日元(折合5.2万美元)。日本环境省同时计划对企业贩运野生动物的处罚力度提高100倍，届时将会处罚涉案公司1亿日元(折合104万美元)。2012年9月，新西兰宣布了类似的惩罚性措施，增加本土野生动物走私犯罪的刑罚，最多可达5年监禁，并把他们列入重罪区。

(摘译自：Japan and Russia increase penalties for wildlife crimes)

## 新西兰拟修订其1999年出台的动物福利法案

新西兰第一产业部部长纳森·盖伊(Nathan Guy)2013年5月8日说，新西兰正在加强动物保护，提出了关于动物福利的战略，并基于该战略提出了针对《1999动物福利法案》(*The Animal Welfare Act* 1999)的修正案。新西兰认为1999法案存在三个缺陷急须修正：一是强制执行力(enforcement)不够。如关于动物福利的法规不能直接强制执行、执法工具有限。二是清晰度(clarity)不高。如缺乏关于活体动物出口的明确界定、缺乏关于虐待野生动物的明确界定。三是透明度(transparency)不强。一旦实施，新的法案将出台一系列新的执法支持工具，包括即时罚款(instant fines)。新法案将制定法规，直接加强对新西兰野生动物、出口到其他国家的动物，以及用于研究、试验和教学的动物的保护。

(摘译自：Minister for Primary Industries Nathan Guy introduced the Animal Welfare Amendment Act Bill on 8 May 2013)

## 国际生物多样性中心推进全球木材追踪网建设

7月8日，国际农业研究磋商组织(CGIAR)下属的国际生物多样性中心(Bioversity International)发布其2012年度报告，描述该组织关于生物多样性保护的核心研究和项目结果。报告特别强调2012年生物多样性行动如香蕉基因组测序、全球打击非法采伐的木材跟踪网络、推出新的食品和营养生物多样性项目、可可保护和利用的全球战略。报告指出，2012 年 4 月发起建立全球木材跟踪网络(GTTN)，该网络由国际生物多样性中心、德国食品、农业和消费者保护部以及国际农业研究磋商组织的森林、林木和农林业共同推进。2013 年，该网络开发的基于 DNA 和同位素的识别工具，可以确定关键材种及其来源地，使海关检查员和其他人放心地确定原木及木制品的地理起源地。

（摘译自：Bioversity International Annual Report Documents Successes in Conservation of Agricultural and Forest Biodiversity）

# 第八节 其他

## 国际 SCI 期刊文章为中国退耕还林政策建言

2012 年 11 月 30 日，国际 SCI 期刊 *Ecological Indicators* 发表了题为《基于遥感和辅助数据的替代指标在提高保护政策效率中的应用》(*Improving the efficiency of conservation policies with the use of surrogates derived from remotely sensed and ancillary data*)的文章。该研究是密歇根州立大学(Michigan State University)与中国科学院生态环境科学研究中心的科学家合作开展的“中国的大规模退耕还林计划”(China’s massive Grain to Green Program，GTGP)的成果。研究的主要目标是通过开发出一种独特的有针对性的方法，使其能够全面了解环境科学与社会科学相结合的政策制定，以及它的发展进程。退耕还林计划旨在为粮食和树苗提供现金补偿，使农民放弃农业耕种。该计划最适合不宜耕种的土地，如陡峭的山坡地和与现有森林相邻的土地。文章指出，该计划的成功不仅取决于参与计划的土地所提供的生态系统服务，而且也取决于当地人民对放弃自己的土地利用活动的意愿。研究结果表明，由于现状平整土地参与太多，以致该计划尚有改进的余地。同时研究人员也指出，政策制定者应与农民进行良好的沟通，以便更多深入地了解他们的需求。

(摘自:《科学研究动态监测快报》)。

## 国际林业研究中心强调中国林业为减贫做出的努力

据国际林业研究中心2月15日的消息，在最近出版的一份世界发展文章中，该中心专家Nicholas指出，中国南方一些边远高山贫困地区，农村家庭约有30%的生计来自于管理人工林。在Nicholas进行实地调查研究的广西壮族自治区田林县，75%的被调查人群在5年研究期间内的生活水平显著改善。田林县森林面积占全县土地总面积80%。在本研究启动的初期，当地人很多家庭每人每天生活费低于1美元。在被调查的225户家庭，最大的现金流来源(超过20%)是来自于林产品市场化销售，10%来自于农产品市场化销售，10%来自于商业贸易活动。虽然林业收入对所有的家庭都很重要，但程度有所不同，家庭越贫困，林业收入对家庭的贡献越重要。文章分析认为，土地所有权的不平等性、获取农林业外工作机会的障碍性、销售产品的市场障碍以及限价(price fixing)，阻碍贫困人群从市场(特别是木材市场)完全获利。文章进一步分析家庭资财掌握的不平等程度，影响了林业减贫的绩效。分析认为，尽管中国的土地分配政策倾向让更多的家庭持有土地，减少不平等，但是乡村中境遇已改善的家庭往往持有更多的土地而负担更少的人口。在极端案例中，最富有的家庭(取家庭资财排位前20%的家庭)从林业获取的现金收入是最贫困的家庭(取家庭资财排位后20%的家庭)的3倍。田林县的数据分析表明，这种经济上的不平等与森林和农地分配的不公平显著相关。有更多土地的家庭可选择多种投入活动，投资在获利性经营上，如家畜生产，而其他的贫困家庭只能原地不动，保持贫困。

(摘译自：Understanding the role of forest income in rural livelihoods：Insights from China)

## 英国关注如何实现大自然的经济、生态和环保价值

为核算大自然的经济、生态和环保价值，部分国家政府正在研究如何为

其定价。为此，英国政府设立了自然资本委员会(Natural Capital Committee)和生态系统市场特别工作小组(Ecosystem Markets Task Force)。2012 年，英国生态系统市场特别工作小组发布了《生态系统市场特别工作小组中期报告》。2013 年 3 月 5 日，该小组再次发布了《实现自然的价值：生态系统市场特别工作小组终期报告》。终期报告就政府和企业如何在新的生态系统服务市场的创设和运营中出力，提出了 5 条建议。一是生物多样性补偿(Biodiversity Offsetting)。通过对大自然管理的规划和发展确保(生物多样性)净收益。二是关闭利用农场废物生产能源的食物循环链。三是改善地方木质燃料供应链。积极支持地方经济可持续管理。四是支持以自然为基础的认证和标签。让消费者为消费大自然负责和付费。五是水循环流域管理。把自然的价值纳入水、废水和洪水的管理中。对每一条建议，报告从经济价值和对自然产生的效益两个方面，分析了实现大自然价值的机会。

(摘译自：Realising Nature's Value：Ecosystem Markets Task Force Final Report，March 2013)

## 联合国开发署：
## 气候变化加剧生态损失　限制人们谋生机会

2013 年 3 月 15 日，联合国开发计划署发布了《2013 年人类发展报告》，这份涵盖 187 个国家和地区的报告通过考察人民健康、教育和收入情况得出 2012 年各国人类发展指数。挪威、澳大利亚和美国领衔榜单，而饱受冲突煎熬的刚果民主共和国和遭干旱影响的尼日尔得分最低，中国排名第 101 位，与 2011 年指数排名持平。以下就该报告涉及林业发展的内容摘录如下：

### 一、南方国家崛起速度和规模史无前例

2013 年报告的主题是《南方的崛起：多元化世界中的人类进步》，这是报告首次将近年来在人类发展方面取得显著成果的发展中国家作为主题。根据报告，150 年来首次出现三大领先发展中国家(巴西、中国和印度)经济总产出与加拿大、法国、德国、意大利、英国和美国这 6 个传统北方工业强国的总产出基本持平的现象，并预计到 2020 年，前者会高于后者。另外，到 2030 年，超过 80% 的中产阶级人口将生活在南方国家，其中 2/3 的新增中产阶级来自亚太地区。数十亿人将受过良好教育，更加社会化和国际化，虽然南方

国家中产阶级的收入仍低于北方国家。

报告警告，在环境问题上，如果不采取协调统一的全球行动来预防环境灾害，那么到2050年，极端贫困人口的人数最多可能增加30亿。

## 二、气候变化加剧长期环境威胁，生态损失限制人们谋生机会

虽然如气候变化、森林砍伐、空气和水源污染以及自然灾害等环境威胁影响着每一个人，但其对贫困国家和贫困群体的伤害却最深。气候变化正在加剧长期环境威胁，而生态损失则限制着人们（尤其是穷人）的谋生机会。尽管低人类发展指数国家在全球气候变化过程中起的作用最小，但遭受的损失却可能最为严重，其年降水量将大量减少，气候将更加变化无常，从而严重影响农业生产和民众生计。这些损失的规模之大凸显出采取应对措施的紧迫性。政策不作为的代价可能很高。不作为的时间越长，代价越高。为确保经济和社会可持续发展，政府需采取一些在低排放、适应气候变化战略和创新型公私融资机制等方面与人类发展和气候变化目标相一致的新政策和体制结构调整。

## 三、非洲国家木材出口向中国等新兴市场转变，产生难以预知的影响

从传统市场向新兴市场的转移正在对许多国家产生难以预知的影响。以非洲的木材产业为例，目前该产业已从主要面向欧洲市场转变为主要面向中国市场。因为就绝对需求量而言，中国是最重要的市场，因此将业务重点放在中国是明智之举。但中国对出口商的技术标准要求却比欧盟宽松。这些标准范围很广，包括产品规范、第三方认证机构对森林可持续性的认证和规定甲醛释放量的各种健康法规。迄今没有迹象表明，向新兴市场的转移伴随着技术标准要求的提高，而技术标准要求的提高则可能需要提升工人技能和能力。

（摘自：《2013年人类发展报告》）

# 联合国粮农组织：应对甲型 H7N9 禽流感病毒需要采取有力生物安保措施

## 一、2013 年春季以来动物疾病全球频发　新型禽流感病毒最近在我国出现

2013 年春季以来，在世界各地，各种动物疾病频繁爆发（附件 1：世界各国 2013 年 3 ~ 4 月上报联合国粮农组织（FAO）的动物疾病事件）。我国地域辽阔、情况复杂、人口众多、对外经贸往来频繁，加之最近候鸟迁移，这些因素可能造成一些动物疾病被带入我国境内，最近出现的 H7N9 禽流感就是一种新的动物疾病病毒，给我国造成了沉重的人身财产损失和巨大的经济社会影响。

H7N9 型禽流感是一种新型禽流感，于 2013 年 3 月底在上海和安徽两地率先发现。H7N9 型禽流感是全球首次发现的新亚型流感病毒，尚未纳入我国法定报告传染病监测报告系统，并且至 2013 年 4 月初尚未有疫苗推出。被该病毒感染均在早期出现发热等症状，至 2013 年 4 月尚未证实此类病毒是否具有人传染人的特性。2013 年 4 月经调查，H7N9 禽流感病毒基因来自于东亚地区野鸟和中国上海、浙江、江苏鸡群的基因重配。截至 2013 年 4 月 11 日，全国共报告 38 例确诊病例，其中死亡 10 人，1 人康复出院。病例分布于上海（18 例，死亡 6 例）、江苏（12 例，死亡 1 例）、安徽（2 例，死亡 1 例）、浙江（6 例，死亡 2 例）4 省市的 20 个地市级区域。

## 二、粮农组织支持中国和周边国家开展疾病检测和动物卫生管理

有力的生物安保和卫生措施对减少甲型 H7N9 禽流感病毒传播至关重要。2013 年 4 月 5 日，粮农组织指出应对当前在中国发生的甲型 H7N9 禽流感病毒采取有力的生物安保措施。与包括 H5N1 型高致病性禽流感病毒在内的其他流感毒株不同，这种新型病毒在家禽中很难被检测到，因为它给动物造成的患病迹象几乎看不到或微乎其微。

“与导致鸡群大量死亡的 H5N1 型病毒不同，对于这种病毒我们无法立即发出疫情警报。这意味着农民可能不知道病毒正在他们饲养的家禽中传播。生物安保和卫生措施将帮助人们预防病毒在看似健康的禽类或其它动物中传

播。”粮农组织首席兽医官胡安·卢布罗斯说。

粮农组织赞扬中国快速通报了人类感染的病例，并随后向公众发布有关此病毒性质的详细信息和其他预防措施。根据这些信息，粮农组织和国际科学界对该病毒序列进行了分析，希望能更好地认识其相关特性以及对人类和动物的潜在影响。

“这种病毒很难被检测到，因此良好的生物安保措施在减少病毒向人类和动物传播风险方面的作用变得更加重要。农民、畜牧生产者、运输人员、市场人员和消费者采纳良好的生物安保和卫生措施，将是保护食物链的首选和最有效的方式，”卢布罗斯说。

目前正在对这种新型病毒开展评估，粮农组织借此机会再次推荐以下标准的预防措施：

- 将所有畜禽与人类和生活区分开。与受感染动物密切接触会增加人类患病的危险。由于感染甲型 H7N9 病毒的禽类没有明显的患病迹象，因此确保人、禽分离至关重要。
- 确保野生鸟类远离家禽和其他动物；将不同类型的禽类和动物种类分开饲养。可以使用屏障、围栏或围网，将不同品种分隔开来，帮助防止疾病的传播。
- 向当地兽医(或公众卫生)主管部门报告动物患病或死亡情况。如果做不到，可以告诉邻居或社区负责人。重要的是向主管部门报告家禽、养殖鸟类、野生鸟类或其它动物中出现所有患病或突发性和不明原因死亡的迹象，以便主管部门采取安全的处置措施，并帮助遏制病毒的传播。
- 经常洗手可以杀灭和清除病毒，尤其是在接触禽类或其他动物、烹饪或制备动物产品之后，以及吃饭之前。
- 确保禽肉产品煮熟后食用。
- 不要吃病禽或死禽、养殖鸟类、野生鸟类或其他动物，而且不要将这些产品送予或出售给他人。也不要用这种动物来喂养其他动物。
- 如果在接触家禽、养殖和野生鸟类或其他动物之后出现发热症状，应立即向医生咨询。
- 如果确认人类受到的威胁源自动物，最好采取扑杀措施，但应以人道的方式进行，并给予适当的赔偿。

粮农组织正在通过其国家和区域办事处，以及世界卫生组织和世界动物卫生组织等主要合作伙伴构成的广泛网络，对相关情况进行密切监测。

针对这一情况，粮农组织和世界动物卫生组织参考中心、中国农业科学院哈尔滨兽医研究所牵头开展实验室分析。科学界和粮农组织目前正致力于优化诊断方法，以便更好地检测这一新型流感病毒。

## 三、我国林业部门抓紧应对野生鸟类 H7N9 禽流感疫情趋势

为探讨 H7N9 禽流感病毒的可能来源、传播机理，研判野鸟在疫情传播中的作用以及对公共卫生安全的潜在危害，4 月 10 日，国家林业局邀请中国疾病预防控制中心、军事医学科学院、中国科学院、浙江大学、东北林业大学、中国林科院等单位，医学、兽医、鸟类迁徙等多领域的专家，召开了野生鸟类 H7N9 禽流感趋势会商与风险研判会。专家们对病毒特点、疫情发展趋势等重要问题充分讨论会商后认为：

一是引发此次疫情的 H7N9 禽流感病毒是一种全新的基因重配病毒，部分基因与亚欧候鸟上的毒株亲缘关系较近；不能排除候鸟等野生动物将病毒带入我国的可能，但经易感宿主重组变异形成新的重配病毒，对人的致病力增强并引发疫情的可能性更大。

二是该种病毒在疫情出现以前已完成变异进化，且可能在长三角地区的疫源物种中已存在一段时间，但由于对疫源物种致病力较低、难以察觉等原因，未引起各界的关注和跟进调查监测。

三是候鸟等野生动物直接将 H7N9 禽流感病毒传播给人的可能性较低，而病毒通过中间宿主对人感染并引发疫情的可能性较大。

四是从溯源的角度来看，摸清宿主野生动物特别是潜在疫源候鸟的带毒情况，对做好下一步疫情防控工作意义重大。从现阶段国内外研究成果看，雁鸭类、鸻鹬类等候鸟应视为潜在的疫源野生动物，并作为下一步溯源调查的重点目标物种。

五是候鸟迁徙规律显示，当前候鸟处于迁徙高峰期，雁鸭类、鸻鹬类等候鸟已大规模北迁，野生动物疫源疫病监测、溯源排查的重点应当在继续做好疫区及其周边地区溯源工作的同时，将监测范围扩大到华北、东北等候鸟迁徙关联区域。

（摘录整理自 FAO、国家卫生和计划生育委员会、国家林业局网站，2013 - 04 - 12）

## 附件 1

**世界各国 2013 年 3～4 月上报 FAO 的动物疾病事件**

| 报告时间 | 国家(地区) | 疾病类型 | 病例 |
|---|---|---|---|
| 2013/4/11 | 尼泊尔中部 | 高致病性禽流感(Highly pathogenic avian influenza)(H5N1) | 未指明的禽鸟(死亡 1800 例，记录病例 1800 例，有危险 4 千例，销毁 2200 只) |
| 2013/4/10 | 中国浙江省<br>浙北活禽市场 | 低致病性禽流感<br>(Low pathogenic avian influenza)(H7N9) | 2 例未指明的禽鸟 |
| 2013/4/10 | 中国安徽省<br>徽商城活禽市场 | 低致病性禽流感<br>(Low pathogenic avian influenza)(H7N9) | 1 例未指明的禽鸟 |
| 2013/4/10 | 中国江苏省<br>北海活禽市场 | 低致病性禽流感<br>(Low pathogenic avian influenza)(H7N9) | 2 例未指明的禽鸟 |
| 2013/4/10 | 中国江苏省<br>银青活禽市场 | 低致病性禽流感<br>(Low pathogenic avian influenza)(H7N9) | 8 例未指明的禽鸟 |
| 2013/4/10 | 中国江苏省<br>新造村活禽市场 | 低致病性禽流感<br>(Low pathogenic avian influenza)(H7N9) | 1 例未指明的禽鸟 |
| 2013/4/07 | 以色列<br>海法 | 新城疫(Newcastle Disease) | 火鸡(死亡 700 例，记录病例 3 千例，有危险 34 万例，销毁 33300 只) |
| 2013/4/06 | 尼泊尔东部<br>门格尔巴雷<br>(Mechinagar) | 高致病性禽流感(Highly pathogenic avian influenza)(H5N1) | 未指明的禽鸟(死亡 250 例，记录病例 250 例，有危险 15 例，销毁 3750 只) |
| 2013/4/06 | 尼泊尔东部<br>Bahundagi | 高致病性禽流感(Highly pathogenic avian influenza)(H5N1) | 鸡(死亡 6 例，记录病例 6 例，有危险 4000 例) |
| 2013/4/05 | 中国上海市<br>景川市场 | 低致病性禽流感<br>(Low pathogenic avian influenza)(H7N9) | 1 例未指明的禽鸟 |
| 2013/4/05 | 中国上海市<br>凤庄市场 | 低致病性禽流感<br>(Low pathogenic avian influenza)(H7N9) | 2 例鸡，2 例鸽子，4 例未指明的禽鸟 |

（续）

| 报告时间 | 国家(地区) | 疾病类型 | 病例 |
|---|---|---|---|
| 2013/4/05 | 中国江苏省<br>南京市 | 低致病性禽流感<br>(Low pathogenic avian influenza)<br>(H7N9) | |
| 2013/4/04 | 中国上海市<br>沪淮农产品市场 | 低致病性禽流感<br>(Low pathogenic avian influenza)<br>(H7N9) | 1 例鸽子 |
| 2013/4/04 | 中国上海市松江区；<br>江苏省如皋市 | 低致病性禽流感<br>(Low pathogenic avian influenza)<br>(H7N9) | |
| 2013/4/04 | 尼泊尔中部<br>奇旺(Chitwan) | 高致病性禽流感<br>(Highly pathogenic avian influenza)<br>(H5N1) | 鸡 |
| 2013/4/04 | 俄罗斯联邦<br>赤塔州 | 口蹄疫(Foot and mouth disease)(A 型) | 牛(记录病例 682 例，有危险 4398 例)；羊(有危险 11324 例)；猪(有危险 995 例) |
| 2013/4/04 | 俄联邦北奥塞梯-阿兰共和国；<br>赤塔州 | 非洲猪瘟(African swine fever) | 猪(死亡 49 例，记录病例 49 例，有危险 163 例；销毁 114 头) |
| 2013/4/03 | 中国浙江省<br>杭州市 | 低致病性禽流感<br>(Low pathogenic avian influenza)<br>(H7N9) | |
| 2013/4/02 | 中国江苏省常州市；<br>江苏省苏州市吴江区；<br>江苏省江宁区 | 低致病性禽流感<br>(Low pathogenic avian influenza)<br>(H7N9) | |
| 2013/3/30 | 日本新泻 | 高致病性禽流感<br>(Highly pathogenic avian influenza)<br>(H5N1) | 大天鹅(死亡 1 例) |
| 2013/3/27 | 黑山共和国，<br>扎布利亚克 | Q 热(Q fever)(立克次氏体病) | 羊(记录病例 7 例，有危险 106 例) |
| 2013/3/27 | 黑山共和国<br>比耶洛波列 | Q 热(Q fever)(立克次氏体病) | 山羊(记录病例 25 例，有危险 29 例) |

（续）

| 报告时间 | 国家(地区) | 疾病类型 | 病例 |
|---|---|---|---|
| 2013/3/26 | 秘鲁阿亚库乔；阿普里马克；圣马丁；瓦努科；卡哈马卡 | 狂犬病(Rabies) | 牛(死亡6例，记录病例6例，有危险52例)；羊(记录病例2例；猪(记录病例1例)；马(记录病例2例) |
| 2013/3/26 | 秘鲁阿亚库乔 | 猪瘟(Classical swine fever) | 猪(死亡1例，记录病例2例，有危险87例) |
| 2013/3/26 | 秘鲁瓦努科；安卡锡 | 猪瘟(Classical swine fever) | 猪(死亡2例，记录病例29例，有危险44例) |
| 2013/3/26 | 秘鲁卡哈马卡 | 疱疹性口炎(Vesicular stomatitis) | 牛(记录病例1例，有危险2例) |
| 2013/3/26 | 秘鲁利马 | 新城疫(Newcastle Disease ) | 未指明的禽鸟(死亡3例，记录病例7例，有危险247例) |
| 2013/3/26 | 埃及吉萨市 | 高致病性禽流感(Highly pathogenic avian influenza)(H5) | 鸡(记录病例30例，销毁30只) |
| 2013/3/26 | 瑞士沃州 | 牛结核病(Bovine tuberculosis) | 牛(记录病例1例，有危险84例，销毁1头) |
| 2013/3/25 | 拉脱维亚 Kraslavas 县 | 猪瘟(Classical swine fever) | 野猪(有危险84例，销毁1头) |
| 2013/3/24 | 以色列北部 | 新城疫(Newcastle Disease ) | 未指明的禽鸟(死亡30例，销毁10650只，有危险10680例) |
| 2013/3/22 | 越南河靖省 | 口蹄疫(Foot and mouth disease) | 牛和猪 |
| 2013/3/22 | 贝宁共和国阿塔克拉省 | 炭疽(病)(Anthrax) | 牛(死亡2例，记录病例2例，有危险67例) |
| 2013/3/21 | 埃及苏伊士；谢赫村 | 高致病性禽流感(Highly pathogenic avian influenza)(H5) | 鸡(记录病例70例，销毁70只)；鸭(死亡11例，记录病例17例，销毁17只) |
| 2013/3/20 | 荷兰弗莱福兰省 | 低致病性禽流感(Low pathogenic avian influenza)(H7N3) | 未指明的禽鸟(记录病例60例，销毁23440只，有危险23500例) |
| 2013/3/18 | 中国青海省城北区 | 口蹄疫(Foot and mouth disease) | 牛(记录病例2例，销毁63头，有危险63例) |

数据来源：FAO，全球动物疾病信息系统（EMPRES-i）

## 英国环境大臣称赞树木健康和植物生物安全报告

5 月 20 日，英国环境大臣 Owen Paterson 赞扬《任务专家组关于树木健康和植物生物安全的终稿报告》(*Tree Health and Plant Biosecurity Expert Taskforce Final Report*)，呼吁每个人参加到保护树木和植物健康的"战斗"中。近年来，一些新的和以前未确认的害虫和病原体已成为英国农作物和其他植物的主要威胁。随着全球化贸易和旅游升级，植物和植物产品进入英国的数量和种类迅速增加，这些风险也在快速增加。另一方面，极端天气事件频率变化，可能引发新的害虫和病原体威胁，进一步放大目前存在的影响。该报告提出了八条建议：开发英国植物健康重大风险登记系统；任命植物健康官员，负责管理该系统，为管理这些风险提供战略和战术领导；为预测、监控和控制害虫和病原体传播的准备工作和应急计划，设计并实施相关程序；评估、简化并加强治理和立法；改进来自欧盟或其他地区的流行病学情报的利用，并努力改善欧盟树木健康和植物生物安全有关法规；加强生物安全，减少边境、英国境内的风险；开发一个现代的、用户友好的系统，为树木健康和植物生物安全信息提供快速和智能的访问；解决关键技能的短缺。

（摘译自：Environment Secretary welcomes taskforce report into tree and plant health）

## 澳大利亚出台国家干旱计划改革方案启动治理荒漠化农村金融新政策

据澳大利亚农业、渔业和林业部政府网 5 月 3 日的消息，从 2014 年 7 月 1 日起，将启动新的防治荒漠化农村金融支持政策。新政策的目的是为了帮助农民针对荒漠化和其他方面的影响做好提前应对和加强管理，而不是等待，直到农民处于危机中，再提供援助。目前，澳大利亚防治荒漠化的农村金融政策，是根据《1992 农户援助法案》(*Farm Household Support Act* 1992）及其修正案制定的"异常情况"(exceptional circumstances）救助服务。"异常情况"是指平均为 20～25 年一遇的罕见严重并且对农业收入造成长时间（超过 12 个月）不利影响的自然灾害。“异常情况”救助是指在发生异常情况时，由联邦政府实施的旨在缓解这种“异常情况”给农业生产经营者造成损失的救助服务。“异常情况”的具体内容，一是由农林部负责审查和宣布一定的受灾地区为“异常情况”地区；二是处于“异常情况”地区内的符合条件的农场主可以向澳大利亚联邦综合服务局（Centrelink）申请利率补贴（interest rate subsidies）和收入补助（income support）方面的救助服务。在利率补贴上，第一年为50%，第二年为80%；一个农场主在12个月内最多可获得补贴10万澳元，5年内最多可达50万澳元。在获得补贴期间，农场主还可以重新申请新的贷款利率补贴。

将于2014年启动的新金融政策名为国家干旱计划改革方案（National Drought Program Reform Package），届时处于金融困难的农户即使没有出现“异常情况”，也能获得金融援助。它将为农户提供等同于“开始新工作补贴”（newstart allowance）或“青年补贴”（youth allowance）价值的津贴，每两周发放一次，一共发放三年。国家干旱计划改革方案包括五项内容：新的农户津贴；农场管理储蓄和税收对策；农场业务培训的国家方法；提供社会支持服务的协调、合作方法；指导农民决策的工具和技术。新的政策方案，不仅包含干旱情况下的财政援助，还帮助改善农场经营管理技能或新工具或技术，促进农场科学决策，帮助农民提早应对干旱或其他挑战。

（摘译自：US urban trees store carbon，provide billions in economic value）。

# 后　记

经过努力，《气候变化、生物多样性和荒漠化问题动态参考年度辑要》(以下简称《辑要》)与读者见面了。《辑要》密切跟踪国际生态治理进程和各国生态建设情况，力图及时、客观、准确地搜集、分析、整理国际气候变化、生物多样性和荒漠化领域的重要行动和政策信息，供有关领导和管理部门了解情况和决策参考。

此项工作得到了国家林业局局领导的亲切关心，得到了各司局、各单位的大力协助，得到了国家林业局有关专家的悉心指导。在此，谨向关心、支持这项工作的领导、专家和有关单位表示衷心感谢!

气候变化、生物多样性和荒漠化等问题覆盖面广，涉及许多方面的内容。我们深知工作有许多不完善的地方，今后会倍加努力，希望得到各界人士的关心和支持，对我们工作提供宝贵意见。

国家林业局经济发展研究中心

地址：北京市东城区和平里东街18号，100714

电话：(010)84239163

E-mail:climate&forest@126.com